U039

图解
液压气动技术与实训

TUJIE YEYA QIDONG JISHU YU SHIXUN　　周曲珠　张立新　编著

中国电力出版社
CHINA ELECTRIC POWER PRESS

内容提要

本书采用图解的形式由浅入深地介绍了液压与气动技术及其典型应用。全书共11章，内容包括绪论、液压流体力学基本知识、液压基本回路、液压动力元件、液压执行元件、液压控制元件、辅助装置、典型液压系统、气压传动元件、气动回路及其应用以及液压与气动实训项目。本书旨在以最通俗、最直接有效的方式帮助广大读者理解和掌握液压与气动技术及其应用方面的知识。

本书可作为大中专院校机电一体化、自动化、机械制造专业师生的教材或参考用书，还可作为工矿企业初、中级工程技术人员的入门读物和工作参考书。

图书在版编目（CIP）数据

图解液压气动技术与实训／周曲珠，张立新编著 . —北京：中国电力出版社，2015.1（2021.1 重印）
ISBN 978-7-5123-6074-7

Ⅰ.①图… Ⅱ.①周…②张… Ⅲ.①液压传动-图解②气压传动-图解 Ⅳ.①TH137-64②TH138-64

中国版本图书馆 CIP 数据核字（2014）第 135913 号

中国电力出版社出版、发行
（北京市东城区北京站西街 19 号 100005 http：//www. cepp. sgcc. com. cn）
北京博图彩色印刷有限公司印刷
各地新华书店经售

*

2015 年 1 月第一版 2021 年 1 月北京第三次印刷
787 毫米×1092 毫米 16 开本 17.5 印张 418 千字
印数 3501—4000 册 定价 **39.00** 元

 **前 言**

液压与气动技术是利用流体为工作介质进行能量转换的传动形式，在工业生产的各个领域都已经得到广泛的应用。机械及自动化技术人员在生产实践中会接触到各种各样的液压与气动系统原理图，这些原理图都比较抽象，本书从元件的工作原理、基本回路到典型系统的应用，都是以图为主，以图解的形式形象直观解读其工作原理，以帮助初学者和广大工程技术人员掌握液压与气动技术，提高大家识读液压、气动系统图的能力和技巧，本书突出了"新颖"和"实用"的特点。

本书第1章绪论部分介绍了液压与气压传动的特点、应用、组成、作用、图形符号及本书写作方法和特点，第2章介绍了流体力学方面的基础知识，第3章介绍了液压基本回路，由回路出发来认识液压元件的工作原理，第4章是液压动力元件，第5章是液压执行元件，第6章是液压控制元件部分，介绍了各种阀的工作原理，第7章是辅助装置，第8章介绍了典型的液压系统，第9章介绍了气压传动元件，第10章是关于气动回路及气动技术应用案例，第11章是液压与气动技术实训，用了九个项目内容来介绍液压与气动技术的实训，便于读者更易理解和掌握液压与气压传动原理。

本书的第1、2、6、8、11章由百得（苏州）精密制造有限公司的张立新编写，第3、4、5、7、9、10章由苏州经贸职业技术学院的周曲珠编写。

由于编者水平有限，书中难免有错误和不足之处，恳请广大读者批评指正，以便进一步地修改完善。

目 录

第1章 绪 论

本章导读

- 理解液压千斤顶的工作原理，从而掌握液压传动的工作原理。
- 理解并掌握液压气动系统的四个主要组成部分：能源装置、执行装置、控制调节装置、辅助装置；掌握各部分的作用及对应的元件。
- 了解并熟悉液压气动系统的优缺点及应用。
- 了解本书的写作方法和特点，掌握如何识读液压系统图。
- 了解液压图形符号的绘制规定与液压元件的图形符号。

1.1 液压系统的优缺点及应用

液压技术至今已经有 200 多年的发展历史，但直到 20 世纪 30 年代才较普遍地应用于起重机、机床及工程机械。液压技术广泛应用于各种民用工业，它在现代农业、制造业、能源工程、化学与生化工程、交通运输与物流工程、采矿与冶金工程、油气探采与加工、建筑与公共工程、水利与环保工程、航天与海洋工程等领域获得了广泛的应用。

1. 液压传动的优点

液压传动之所以能得到广泛的应用，是因为它具有以下的主要优点：

（1）由于液压传动是油管连接，所以借助油管的连接可以方便灵活地布置传动机构，这是比机械传动优越的地方。例如，在井下抽取石油的泵可采用液压传动来驱动，以克服长驱动轴效率低的缺点。由于液压缸的推力很大，又加之极易布置，在挖掘机等重型工程机械上，已基本取代了老式的机械传动，不仅操作方便，而且外形美观大方。

（2）液压传动装置的质量轻、结构紧凑、惯性小。例如，相同功率液压马达的体积为电动机的 12%～13%。液压泵和液压马达单位功率的质量指标，目前是发电机和电动机的 1/10，液压泵和液压马达可小至 0.002 5N/W，发电机和电动机则约为 0.03N/W。

（3）可在大范围内实现无级调速。借助阀或变量泵、变量马达，可以实现无级调速，调速范围可达 1：2000，并可在液压装置运行的过程中进行调速。

（4）传递运动均匀平稳，负载变化时速度较稳定。正因为此特点，金属切削机床中的磨床传动现在几乎都采用液压传动。

（5）液压装置易于实现过载保护——借助于设置溢流阀等，同时液压件能自行润滑，因此使用寿命长。

（6）液压传动容易实现自动化——借助于各种控制阀，特别是采用液压控制和电气控制结合使用时，能很容易地实现复杂的自动工作循环，而且可以实现遥控。

（7）液压元件已实现了标准化、系列化和通用化，便于设计、制造和推广使用。

2. 液压传动的缺点

（1）液压传动是以液压油为工作介质，在相对运动表面间不可避免地存在漏油等因素，同时油液又不是绝对不可压缩的，因此使得液压传动不能保证严格的传动比，因而液压传动不宜应用在传动比要求严格的场合，例如螺纹和齿轮加工机床的传动系统。

（2）液压传动对油温的变化比较敏感，温度变化时，液体黏性变化，引起运动特性的变化，使得工作的稳定性受到影响，所以它不宜在温度变化很大的环境条件下工作。

（3）为了减少泄漏，以及为了满足某些性能上的要求，液压元件的配合件制造精度要求较高，加工工艺较复杂。

（4）液压传动要求有单独的能源，不像电源那样使用方便。

（5）液压系统发生故障不易检查和排除。

（6）由于采用油管传输压力油，距离越长，沿程压力损失越大，故不宜远距离输送动力。

总之，液压传动的优点是主要的，随着设计制造和使用水平的不断提高，有些缺点正在逐步加以克服。液压传动有着广泛的发展前景。

3. 液压系统的组成及作用

一个完整的、能够正常工作的液压系统，应该由能源装置、执行装置、控制调节装置和辅助装置四部分来组成，如图1-1所示。

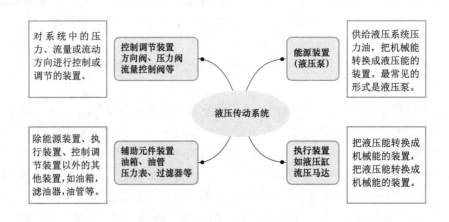

图1-1 液压传动系统组成及作用

图1-2所示是以液压为动力驱动工作台运动的系统。工作台的移动速度是通过节流阀来调节的。为了克服移动工作台时所受到的各种阻力，液压缸必须产生一个足够大的

推力，这个推力是由液压缸中的油液压力所产生的。要克服的阻力越大，缸中的油液压力就越高；反之，压力就越低。这种现象正说明了液压传动的一个基本原理——压力决定于负载。

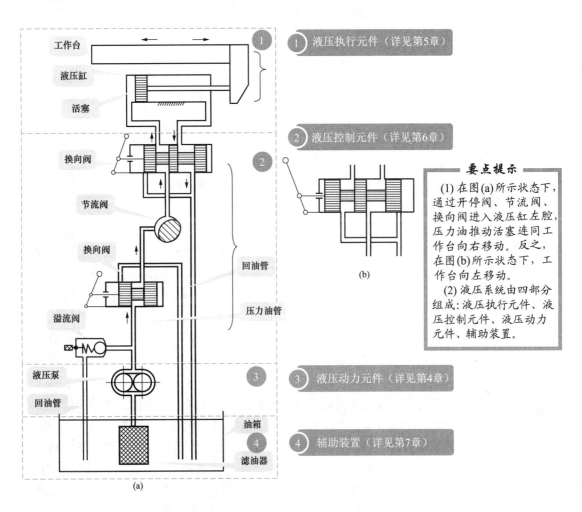

要点提示

(1) 在图(a)所示状态下，通过开停阀、节流阀、换向阀进入液压缸左腔，压力油推动活塞连同工作台向右移动。反之，在图(b)所示状态下，工作台向左移动。

(2) 液压系统由四部分组成：液压执行元件、液压控制元件、液压动力元件、辅助装置。

① 液压执行元件（详见第5章）
② 液压控制元件（详见第6章）
③ 液压动力元件（详见第4章）
④ 辅助装置（详见第7章）

图1-2 半结构式磨床工作台液压系统的工作原理图

4. 液压传动在机械中的应用

液压传动在其他机械工业部门的应用情况如表1-1所示。

表1-1　　　　　　　　　　液压传动在各类机械行业中的应用实例

行业名称	应用场所举例
工程机械	挖掘机、装载机、推土机、压路机、铲运机等
起重运输机械	汽车吊、港口龙门吊、叉车、装卸机械、带式运输机等
矿山机械	凿岩机、开掘机、开采机、破碎机、提升机、液压支架等

续表

行业名称	应用场所举例
建筑机械	打桩机、液压千斤顶、平地机等
农业机械	联合收割机、拖拉机、农具悬挂系统等
冶金机械	电炉炉顶及电极升降机、轧钢机、压力机等
轻工机械	打包机、注塑机、校直机、橡胶硫化机、造纸机等
汽车工业	自卸式汽车、平板车、高空作业车、汽车中的转向器、减振器等
智能机械	折臂式小汽车装卸器、数字式体育锻炼机、模拟驾驶舱、机器人等

5. 气动技术的发展现状

气压传动与控制简称"气动技术"。人们利用空气的能量完成各种工作的历史可以追溯到远古时代，但作为气动技术应用的雏形，大约开始于 1776 年发明能产生 1 个大气压左右压力的空气压缩机。1880 年，人们第一次利用气缸做成气动制动装置，将它成功地应用到火车的制动上。20 世纪 30 年代初，气动技术成功地应用于自动门的开闭及各种机械的辅助动作上。进入 20 世纪 70 年代，随着工业机械化和自动化的发展，气动技术才广泛地应用在生产自动化的各个领域，形成现代气动技术。

（1）汽车制造工业。

现代汽车制造工厂的生产线，尤其是主要工艺的焊接生产线，几乎无一例外地采用了气动技术。如车身在每个工序的移动、车身外壳被真空吸盘吸起和放下、在指定工位的夹紧和定位、点焊机焊头的快速接近、减速软着陆后的变压控制点焊，都采用了各种特殊功能的气缸及相应的气动控制系统。高频的点焊、力控的准确性及完成整个工序过程的高度自动化，堪称是最有代表性的气动技术应用之一。另外，搬运装置中使用的高速气缸（最大速度达 3m/s）、复合控制阀的比例控制技术都代表了当今气动技术的新发展。

（2）电子、半导体制造行业。

在彩电、冰箱等家用电器产品的装配生产线上，在半导体芯片、印制电路等各种电子产品的装配流水线上，可以看到各种大小不一、形状不同的气缸、气爪，以及许多灵巧的真空吸盘将物品轻轻吸住，运送到指定位置上。对加速度限制十分严格的芯片搬运系统，采用了平稳加速的 SIN 气缸。

（3）生产自动化的实现。

气动技术主要用于比较繁重的作业领域作为辅助传动。在缝纫机、手表、自行车、洗衣机、自动和半自动机床等许多行业的零件加工和组装生产线上，工件的搬运、转位、定位、夹紧、进给、装卸、装配、清洗、检测等许多工序中都使用气动技术。

近年来，气动行业发展很快。20 世纪 70 年代，液压与气动元件的产值比约为 9∶1，30 多年后的今天，在工业技术发达的欧美、日本等国家，该比例已达 5∶4，甚至接近 5∶5。

由于气动元件的单价比液压元件便宜，在相同产值的情况下，气动元件的使用量及使用范围已远远超过了液压行业。气动行业的知名企业有日本的 SMC、德国的 FESTO、英国的 NORGREN 和美国的 PARKER 等。

6. 气压传动系统的组成

气压传动，是以压缩空气为工作介质进行能量传递和信号传递的一门技术。气压传动的工作原理是利用空气压缩机把电动机或其他原动机输出的机械能转换为空气的压力能，然后在控制元件的作用下，通过执行元件把压力能转换为直线运动或回转运动形式的机械能，从而完成各种动作，并对外做功。因此，气压传动系统和液压传动系统类似，也是由四部分组成的，如图 1-3 所示。

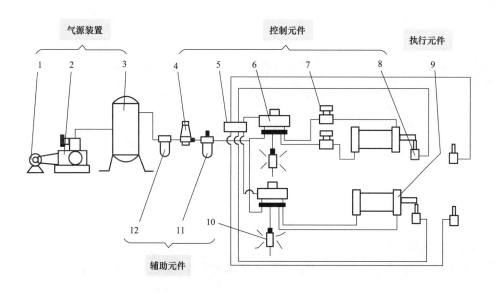

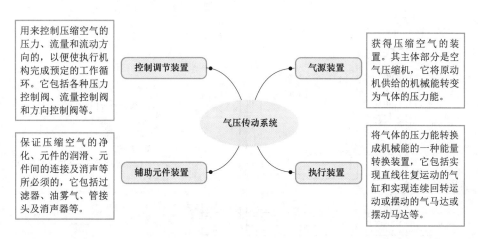

图 1-3　气压传动系统的组成

1—电动机；2—空气压缩机；3—储气罐；4—压力控制阀；5—逻辑元件；6—方向控制阀；
7—流量控制阀；8—行程阀；9—气缸；10—消声器；11—油雾器；12—空气过滤器

1.2 液压传动的工作原理及其组成

1. 概述

一般，一部完整的机器主要由三部分组成，即原动机、传动机构和工作机。原动机包括电动机、内燃机等。工作机是完成该机器工作任务的直接部分，如车床的刀架、车刀、卡盘等。为适应工作机工作力和工作速度变化反应较宽的要求以及其他操作性能（如停止、换向等）的要求，在原动机和工作机之间设置了传动装置（或称传动机构）。

传动机构通常分为机械传动、电气传动和流体传动，如图1-4所示。其中流体传动的分类如图1-5所示。

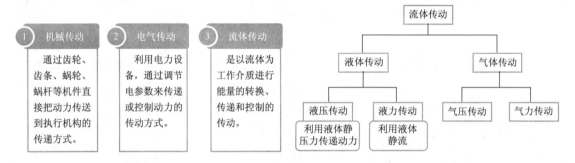

图 1-4 传动机构的分类　　　　　　　　图 1-5 流体传动的分类

2. 液压传动的工作原理

本节以液压千斤顶的工作原理来说明液压传动的工作原理，如图1-6所示。

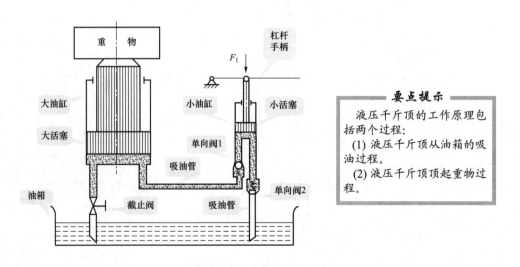

要点提示

液压千斤顶的工作原理包括两个过程：

(1) 液压千斤顶从油箱的吸油过程。

(2) 液压千斤顶顶起重物过程。

图 1-6 液压千斤顶的工作原理

其动作过程可以采用对应的工作状态展开图表示，如图1-7和图1-8所示。

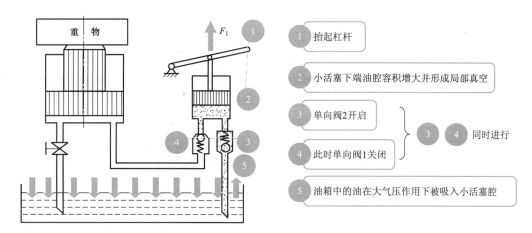

图 1-7　千斤顶从油箱吸油的工作状态

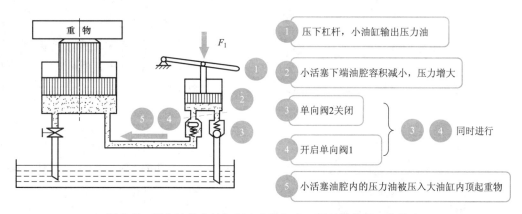

图 1-8　压力油从小油缸压入大油缸中，顶起重物的工作状态

通过对液压千斤顶工作过程的分析，可以初步了解到液压传动的基本工作原理。液压传动是利用有压力的油液作为传递动力的工作介质，是一个先将机械能转换为压力能，又将压力能转换为机械能的不同能量的转换过程。

3. 液压传动的特点

从液压千斤顶的工作原理可以看出，液压传动是利用具有一定压力的液体来传递运动和动力的；液压传动装置本质上是一种能量转换装置，它首先将机械能转换为液压能，然后又将液压能转换为机械能而做功；液压传动必须在密封容器内进行，并且容积要能发生交替变化。

1.3　液压传动系统的图形符号

1. 液压系统图的定义和类型

在液压传动和控制技术中，一般用标准图形符号或半结构式将各个液压元件及它们之间的连接与控制方式画在图纸上，这就是液压系统图。液压系统及其组成元件可采用装配结构图、结构原理图和图形符号等表达方法。

2. 结构原理图

图 1-5 至图 1-7 所示的液压系统图，其中的元件都是用结构（或半结构式）图形画出的示意图，又称为结构原理图。这种图形较直观，易于为初学者接受，但图形绘制比较复杂，尤其是在负载动作要求较多且复杂的情况下，绘制这种半结构式系统原理示意图比较困难，也不能直接地反映各元件的职能作用，分析系统的性能也比较复杂。

3. 图形符号图

目前，国内外都广泛采用元件的图形符号来绘制液压系统图，这种图形符号脱离元件的具体结构，只表示元件的功能，使系统图简化，原理简单明了，便于阅读、分析、设计和绘制。图 1-9 即为用图形符号绘制的图 1-2 所示的液压系统原理图。

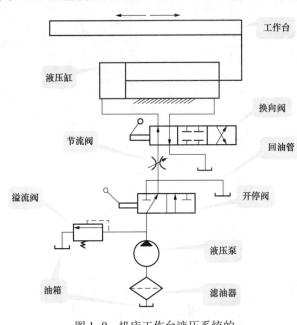

图 1-9　机床工作台液压系统的
工作原理图（图形符号）

4. 装配结构图

液压系统装配结构图能准确地表达出系统和元件的结构形状、几何尺寸和装配关系，但是绘制复杂，不能直观地表示出各元件在传动系统中的功能作用。这种结构装配图主要用于施工设计、制造、安装和拆卸及维修等场合，而在分析系统时一般不需要采用。

1.4　本书的写作方法和特点

为了帮助读者更好地读懂本书和有效地使用本书，本书在描述上特作如下约定。

（1）为了更好地贯彻行业技术规范和便于技术资料的交流、传播，本书所采用的液压图形符号均采用国家统一规定的符号。

（2）液压传动油路三种状态的表示方法。为了读图清晰直观，所有元器件的常态按国家标准画出且背景色为白色，对于高压管路、中压管路、低压回油路分别用黑色实线来表示，控制油路用虚线表示，流动液体用红色箭头（进油路用红色实线箭头，回油路用红色虚线箭头）加以区分，如图 1-10 所示。

（3）采用在液压控制回路图上添加注释的描述方法。为了简化文字描述，在液压控制原理图中各元器件的旁边注明了其名称，从而使图文对照更加方便直观，如图 1-9 所示。

（4）对于典型的液压系统，根据其工作过程采用油路进出顺序文字描述和工作状态展开图画法的描述方法，来形象地描述油路的各种工作状态（每幅油路图对应一种特定的工作状态），动作过程较多的系统采用电磁铁动作顺序表。如图 1-10 所示的 YA32-200 型四柱万能液压机液压系统的电磁铁动作顺序见表 1-2，其主缸快速下行的工作状态如图 1-11 所示。

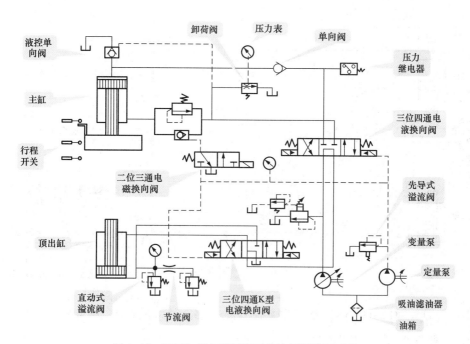

图 1-10 YA32-200 型四柱万能液压机液压系统

表 1-2 电磁铁的动作顺序

动作	元件	1YA	2YA	3YA	4YA	5YA
主 缸	快速下行	+	−	−	−	+
	慢速加压	+	−	−	−	−
	保 压	−	−	−	−	−
	泄压回程	−	+	−	−	−
	停 止	−	−	−	−	−
顶出缸	顶 出	−	−	+	−	−
	退 回	−	−	−	+	−
	压 边	+	−	±	−	−

注 "+"表示电磁铁得电,"−"表示电磁铁失电。

主缸的快速下行过程:按下启动按钮,电磁铁 1YA、5YA 得电,阀 7 切换到右位,并通过阀 8 右位开启液控单向阀 9。

进油路:泵 1→阀 6 右位→单向阀 13→主缸 16 上腔。

回油路:主缸 16 下腔→液控单向阀 9→阀 6 右位→阀 21 中位→油箱。

此时,主缸 16 在自重作用下快速下降,置于液压缸顶部的充液箱 15 内的油液经液控单向阀 14 进入主缸上腔补油。

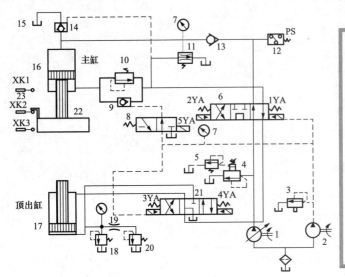

图 1-11　YA32-200 型四柱万能液压机主缸快速下行液压系统图

1.5　如何识读液压系统图

液压系统种类繁多，在识读液压系统图时，首先要分辨清楚系统图的类型。

液压传动系统可按照油液流在主回路中的循环方式分为开式系统和闭式系统。常见的液压传动系统大部分都是开式系统，如图 1-12 所示，开式系统的特点是，液压泵从油箱吸取油液，经换向阀送入执行元件（液压缸或液压马达），执行元件的回油经换向阀返回油箱，工作油液在油箱中冷却及分离沉淀杂质后再进入工作循环，循环油路在油箱中断开，执行元件往往是采用单出杆双作用液压缸，运动方向靠换向阀、运动速度靠流量阀来进行调节，在进回油的油路上的流量不相等，但也不会影响系统的正常工作。

在闭式系统内，液压泵输出的油液直接进入执行元件，执行元件的回油与液压泵的吸油管直接相连。如图 1-13 所示，执行元件通常是能连续旋转的液压马达，如图 1-13（a）所示，液压泵常用双向变量液压泵，以适应液压马达转速和旋转方向变化的要求，用补油泵来补充液压泵和液压马达的泄漏。如果执行元件是单出杆双作用液压缸，如图 1-13（b）所示，在往复运动时，进回油流量不相等，就要采取补油或排油的措施。

在液压缸活塞杆伸出时，有杆腔的回油不足以满足无杆腔所需的油液，补油泵的流量除了补充液压泵的泄漏外，必须补足两腔进回油流量的差值。

学会看懂液压系统图，对于设备操作人员、设备维修人员和有关工程技术人员来说是非常重要的。在识读

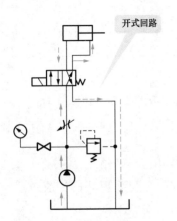

图 1-12　开式液压传动系统

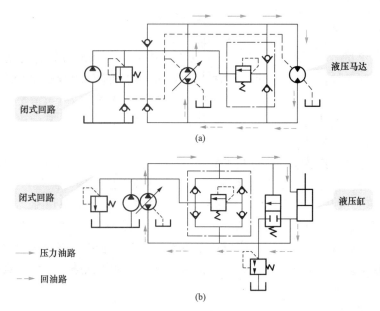

图 1-13　闭式液压传动系统

（a）液压马达的闭式回路；（b）液压缸的闭式回路

液压系统图时，不但要了解该液压系统的结构、性能、技术参数、使用和操作要点，而且要了解该液压传动的动作原理，了解使用、操作和调整的方法。

1. 识读液压系统图的基本要求

（1）熟悉各液压元件（特别是各种阀和变量机构）的工作原理和特性。

（2）了解油路的进、出分支情况以及系统的综合功能。

（3）熟悉液压系统中的各种控制方式及液压图形符号的含义与标注。

（4）掌握液压传动的基础知识，了解液压系统的液压回路及液压元件的组成，各液压传动的基本参数等。

除以上所述的基本要求以外，还应多读多练，特别要多读各种典型设备的液压系统图，了解各自的特点，这样就可以起到"触类旁通"、"举一反三"和"熟能生巧"的作用。

2. 液压系统图的识读方法

在识读设备的液压系统图时，可以运用以下一些识读液压系统图的基本方法。

（1）根据液压系统图的标题名称，了解该液压系统所要完成的任务，需要完成的工作循环，以及所需要具备的特性，并根据图上所附的循环图及电磁铁工作表估计该液压系统实现的工作循环所需具有的特性或应满足的要求。当然这种估计不会是全部准确的，但往往能为进一步读图打下一定的基础。

（2）在查阅液压系统图中所有的液压元件及它们连接的关系时，首先找出液压泵，其次找出执行机构（液压缸或液压马达）；然后是各种控制操纵装置及变量机构，最后是辅助装置。要特别注意各种控制操作装置（尤其是换向阀、压力阀如顺序阀等元件）以及变量机构的工作原理、控制方式及各种发信号的元件（如挡块、行程开关、压力继电器等）的

11

内在关系。要弄清楚各个液压元件的类型、性能和规格，要特别弄清它们的工作原理和性能，估计它们在系统中的作用。

（3）对于复杂的液压系统图，要以执行元件为中心，将系统分解为若干个子系统。在分析执行机构实现各种动作的油路时，最好从执行机构的两个油口开始到液压泵，将各液压元件及各油路分别编码表示，以便于用简要的方法画出油路路线。分析清楚驱动执行机构的油路，即主油路及控制油路。画油路时，要按每一个执行机构来画，从液压泵开始，到执行机构，再回到油箱，形成一个循环。

液压系统有各种工作状态。在分析油路路线时，可先按图面所示状态进行分析，然后再分析其他工作状态。在分析每一工作状态时，首先要分析换向阀和其他一些控制操作元件（开停阀、顺序阀、先导型溢流阀等）的通路状态和控制油路的通路情况，然后再分别分析各个主油路。要特别注意液压系统中的一个工作状态转换到另一个工作状态，是由哪些元件发出信号的，是使哪些换向阀或其他操纵控制元件动作改变通路状态而实现的。对于一个工作循环，应在一个动作的油路分析完以后，接着做下一个动作油路的分析，直到全部动作的油路分析依次做完为止。

3. 液压系统图的识读步骤

掌握了一些基本的识图方法后，在阅读、分析液压系统图时，可以按以下几个步骤进行。

（1）了解液压设备的任务以及完成该任务应具备的动作要求和特性，即弄清任务和要求。

（2）在液压系统图中找出实现上述动作要求所需的执行元件，并搞清其类型、工作原理及性能。

（3）找出系统的动力元件，并弄清其类型、工作原理、性能以及吸排油情况。

（4）理清各执行元件与动力元件的油路联系，并找出该油路上相关的控制元件，弄清其类型、工作原理及性能，从而将一个复杂的系统分解成一个个子系统。

（5）分析各子系统的工作原理，即分析各子系统由哪些基本回路所组成，每个元件在回路中的功用及其相互间的关系，实现各执行元件的各种动作的操作方法，弄清油液流动路线。写出进、回油路线，从而弄清各子系统的基本工作原理。

（6）分析各子系统之间的关系，如动作顺序、互锁、同步、防干扰等，搞清这些关系是如何实现的。

在读懂系统图后，归纳出系统的特点，加深对系统的理解。

阅读液压系统图应注意以下两点：

（1）液压系统图中的符号只表示液压元件的职能和各元件的连通方式，而不表示元件的具体结构和参数。

（2）各元件在系统图中的位置及相对位置关系，并不代表它们在实际设备中的位置及相对位置关系。

1.6 液压图形符号的绘制规定与液压元件的图形符号

为了帮助读者更好地读懂本书和有效地使用本书，本书在描述上特作如下约定。

（1）为了更好地贯彻行业技术规范和便于技术资料的交流、传播，本书所采用的液压图形符号均采用国家统一规定的符号，而所有的液压图形符号都是由一些最基本的符号要素组成的，为了表达各种液压元器件的功能，在符号要素的基础上，还需要用到一些线条、图形和文字。符号要素和功能要素如表 1-3、表 1-4 所示。

表 1-3　　　　　　　　　　　　符　号　要　素

名称	符　号	用途或符号解释	名称	符　号	用途或符号解释	名称	符　号	用途或符号解释
实线	图线宽度 b 按 GB/T 4457.4 规定	工作管路 控制供给管路 回油管路 电气线路	小圆	$\frac{1}{3}l_1$	单向元件 旋转接头 机械铰链滚轮		$l_2>l_1$	缸、阀
虚线	$\frac{1}{3}b$	控制管路 泄油管路或放气管路 过滤器 过渡位置	圆点	$(\frac{1}{8}\sim\frac{1}{5})l_1$	管路连接点，滚轮轴	长方形	$\frac{1}{4}l_1$	活塞
点画线	$\frac{1}{3}b$	组合元件框线	半圆	l_1	限定旋转角度的马达或泵		$l_1\leqslant l_2\leqslant 2l_1$	某种控制方法
双线	$\frac{1}{5}l_1$	机械连接的轴、操纵杆、活塞杆等	正方形	l_1	控制元件 除电动机外的原动机		$\frac{1}{4}l_1$	执行器中的缓冲器
大圆		一般能量转换元件（泵、马达、压缩机）			调节器件（过滤器、分离器、油雾器和热交换器等）	半矩形	$\frac{1}{2}l_1$	油箱
中圆	$\frac{3}{4}l_1$	测量仪表		$\frac{1}{2}l_1$ $\frac{1}{2}l_1$	蓄能器重锤	囊形	$2l_1$	压力油箱 气罐 蓄能器 辅助气瓶

表1-4 　　　　　　　　　　　　　　　　功　能　要　素

名称	符　号	用途或符号解释	名称	符　号	用途或符号解释	名称	符　号	用途或符号解释
正三角形	▶ ▷	传压方向、流体种类	长斜箭头	↗	可调性符号（可调节的泵、弹簧、电磁铁等）	其他	↓	温度指示或温度控制
实心正三角形	▶	液压	弧线箭头	90°	旋转运动方向		M	原动机
空心正三角形	▷	气动 注：包括排气	其他	⚡	电气符号		W	弹簧
							⌣	节流
直箭头或斜箭头	↗ ↑ ≈30° 0.3l	直线运动 流体流过阀的通路和方向 热流方向		⊥	封闭油、气路或油气口		90° ◁▷	单向阀简化符号的阀座
				\ /	电磁操纵路		🔺	固定符号

（2）控制机构符号的绘制规划。

控制机构符号的绘制规划如表1-5所示。

表1-5 　　　　　　　　　　　　控制机构符号的绘制规划

符号种类	符号绘制规划	图　例
能量控制和调节元件符号	能量控制和调节元件符号由一个长方形（包括正方形，下同）或相互邻接的几个长方形的构成	
	流动通路、连接点、单向及节流等功能符号，除另有规定者外，均绘制在相应的主符号中	流路　节流功能　连接点
	外部连接口，以一定间隔与长方形相交	$\frac{1}{4}l_1$ $\frac{1}{2}l_1$ $\frac{1}{4}l_1$　$\frac{1}{4}l_1$ $\frac{1}{2}l_1$ $\frac{1}{4}l_1$　$\frac{1}{4}l_1$
	两通阀的外部连接口绘制在长方形中间	$\frac{1}{2}l_1$ $\frac{1}{2}l_1$
	泄油管路符号绘制在长方形的顶角处	
	旋转型能量转换元件的泄油管路符号绘制在与主管路符号成45°的方向，和主符号相交	

符号种类	符号绘制规划			图 例	
能量控制和调节元件符号	过渡位置的绘制，把相邻动作位置的长方形拉开，其间上下边框用虚线				
	具有数个不同动作位置及节流程度连续变化的中间位置的阀，在长方形上下外侧画上平行线				
	为便于绘制，具有两个不同动作位置的阀，可用一般符号表示。其间，表示流动方向的箭头应绘制在符号中	名称	详细	简化	
		二通阀（常闭可变节流）			
		二通阀（常开可变节流）			
		三通阀（常开可变节流）			
	阀的控制机构符号可以绘制在长方形端部的任意位置上				
单一控制机构符号	表示可调节元件的可调节箭头可以延长或转折，与控制机构符号相连				
	双向控制的控制机构符号，原则上只需绘制一个				
	在双作用电磁铁控制符号中，当必须表示电信号和阀位置关系时，采用两个单作用电磁铁符号				
复合控制机构符号	单一控制方向的控制符号绘制在被控制符号要素的邻接处				
	三位或三位以上阀的中间位置控制符号绘制在该长方形内边框线向上或向下的延长线上				
	在不被错误解读时，三位阀的中间位置的控制符号也可以绘制在长方形的端线上				
	压力对中时，可以将功能要素的正三角形绘制在长方形端线上				
	先导控制（间接压力控制）元件中的内容控制管路和内部泄油管路，在简化符号中通常可省略				

续表

符号种类	符号绘制规划	图 例
复合控制机构符号	先导控制（间接压力控制）元件中的单一外部控制管路和外部泄油管路仅绘制在简化符号的一端；任何附加的控制管路和泄油管路绘制在另一端；元件符号，必须绘制出所有的外部连接口	
	选择控制的控制符号并列绘制，必要时，也可以绘制在相应长方形边框线的延长线上	
	顺序控制的控制符号按顺序依次排列	

（3）旋转式能量转换元件的标注符号规则与符号示例。

旋转式能量转换元件的标注符号规则如表 1-6 所示。

表 1-6 旋转式能量转换元件的标注符号规则

名 称	标 注 规 则
旋转方向	旋转方向用从功率输入指向功率输出的围绕主符号的同心箭头表示双向旋转的元件仅需标注其中一个旋转方向，通轴式元件应选定一端
泵的旋转方向	泵的旋转方向用从传动轴指向输出管路的箭头表示
马达的旋转方向	马达的旋转方向用从输入管路指向传动轴的箭头表示
泵—马达的旋转方向	泵—马达的旋转方向的规定与"泵的旋转方向"的规定相同
控制位置	控制位置用位置指示线及其上的标注来表示
控制位置指示线	控制位置指示线为垂直于可调节箭头的一根直线，其交点即为元件的静止位置
控制位置标注	控制位置标注用 M、ϕ、N 表示，ϕ 表示零排量位置，M 和 N 表示最大排量的极限控制位置 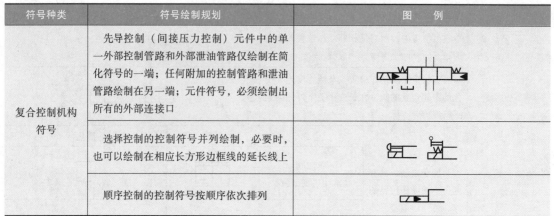
旋转方向和控制位置关系	旋转方向和控制位置关系必须表示时，控制位置的标注表示在同心箭头的顶端附近；两个旋转方向的控制特性不同时，在旋转方向的箭头顶端附近分别表示出不同特性的标注

旋转式能量转换元件的标注符号示例如表 1-7 所示。

表 1-7 旋转式能量转换元件的标注符号示例

名 称	符 号	说 明	名 称	符 号	说 明
定量液压马达		单向旋转，不指示和流动方向有关的旋转方向箭头	定量液压泵—马达	B A	双向旋转，泵功能时，输入轴右向旋转时，A 口为输出口

续表

名 称	符 号	说 明	名 称	符 号	说 明
定量液压泵或马达（可逆式旋转泵）		双向旋转，双出轴，输入轴左向旋转时，B口为输出口 B口为输入口时，输出轴左向旋转	定量液压泵或马达（可逆式旋转马达）		双向旋转，双出轴，输入轴左向旋转时，B口为输出口 B口为输入口时，输出轴左向旋转
变量液压马达		双向旋转，B口为输入口时，输出轴左向旋转	变量液压泵		单向旋转，不指示和流动方向有关的箭头
变量液压泵		单向旋转，向控制位置N方向操作时，A口为输出口	变量液压泵—马达		双向旋转，泵功能时，输入轴右向旋转，B口为输出口
变量可逆式旋转液压泵		双向旋转，输入轴右向旋转，A口为输出口，变量机构在控制位置M处	变量液压泵—马达		单向旋转，泵功能时，输入轴右向旋转，A口为输出口，变量机构在控制位置M处
变量可逆式旋转液压马达		A口为入口时，输出轴向左旋转，变量机构在控制位置N处	变量可逆式旋转泵—马达		双向旋转，泵功能时，输入轴右向旋转，A口为输出口，变量机构在控制位置N处
定量/变量可逆式旋转泵		双向旋转，输入轴右向旋转时，A口为入口，为变量液压泵功能。左向旋转时，为最大排量的定量泵			

液压控制阀的机械控制装置和控制方法如表 1-8 所示。

表 1-8 机械控制装置和控制方法

名 称		符 号	说 明	名 称		符 号	说 明
机械控制件	直线运动的杆		箭头可省略	机械控制方法	顶杆式		
	旋转运动的轴		箭头可省略		可变行程控制式		
	定位装置				弹簧控制式		
	锁定装置		*为开锁的控制方法		滚轮式		两个方向操作
	弹跳机构				单向滚轮式		仅在一个方向上操作，箭头可省略

名 称		符 号	说 明	名 称		符 号	说 明
人力控制方法	人力控制		一般符号	先导压力控制方法	液压先导卸压控制		内部压力控制，内部泄油
	按钮式						外部压力控制（带遥控泄放口）
	拉钮式				电—液先导控制		电磁铁控制、外部压力控制，外部泄油
	按—拉式				先导型压力控制阀		带压力调节弹簧，外部泄油，带遥控泄放口
	手柄式				先导型比例电磁式压力控制阀		先导级由比例电磁铁控制，内部泄油
	单向踏板式			电气控制方法	单作用电磁铁		电气引线可省略，斜线也可向右下方
	双向踏板式				双作用电磁铁		
直接压力控制方法	加压或卸压控制				单作用可调电磁操作		如比例电磁铁、力马达等
	内部压力控制	45°	控制通路在元件内部		双作用可调电磁操作		如力矩马达等
	差动控制	-2 1-		反馈控制方法	旋转运动电气控制装置		
先导压力控制方法	液压先导加压控制		内部压力控制		反馈控制		一般符号
	液压先导加压控制		外部压力控制		电反馈		由电位器、差动变压器等检测位置
	液压二级先导加压控制		内部压力控制，内部泄油		内部机械反馈		如随动阀仿形控制回路等
	气—液先导加压控制		气压外部控制，液压内部控制，外部泄油		外部压力控制		控制通路在元件外部
	电—液先导加压控制		液压外部控制，内部泄油				

（4）液压元件的标注符号。

表 1-9 为液压泵和液压马达的图形符号。由表 1-9 可知，液压泵和液压马达的主要区别为主符号中的实心正三角形的指向，主符号中的实心三角形指向外侧的为液压泵，主符号中的实心三角形指向圆心的为液压马达。

表 1-9   液压泵和液压马达的图形符号

名 称		符 号	说 明	名 称		符 号	说 明
液压泵	液压泵		一般符号	液压马达	液压马达		一般符号
	单向定量液压泵		单向旋转、单向流动、定排量		单向定量液压马达		单向流动，单向旋转
	双向定量液压泵		双向旋转，双向流动，定排量		双向定量液压马达		双向流动，双向旋转定排量
	单向变量液压泵		单向旋转，单向流动，变排量		单向变量液压马达		单向流动，单向旋转变排量
	双向变量液压泵		双向旋转，双向流动，变排量		双向变量液压马达		双向流动，双向旋转变排量
能量源	液压源	▲	一般符号		摆动马达		双向摆动，定角度
	气压源	△	一般符号	泵—马达	定量液压泵—马达		单向流动，单向旋转，定排量

流量控制阀的图形符号如表 1-10 所示。

表 1-10   流量控制阀的图形符号

名 称		符 号	说 明	名 称		符 号	说 明
节流阀	可调节流阀		详细符号	节流阀	截止阀		
			简化符号		滚轮控制节流阀（减速阀）		
	不可调节流阀		一般符号				
	单向节流阀			调速阀	调速阀		详细符号
	双单向节流阀						

续表

名称		符号	说明	名称		符号	说明
调速阀	调速阀		简化符号	同步阀	分流阀	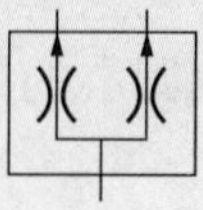	
	旁通型调速阀		简化符号		单向分流阀	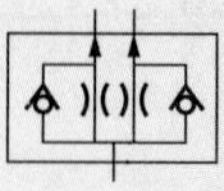	
	温度补偿型调速阀		简化符号		集流阀	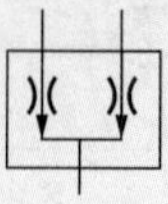	
	单向调速阀	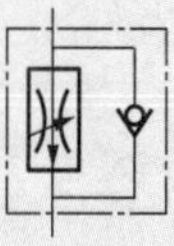	简化符号		分流集流阀	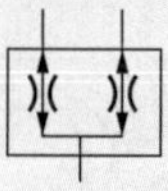	

压力控制阀的图形符号如表 1-11 所示。

表 1-11　　压力控制阀的图形符号

名称		符号	说明	名称		符号	说明
溢流阀	溢流阀	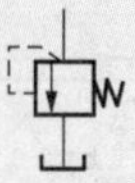	一般符号或直动型溢流阀	溢流阀	双向溢流阀	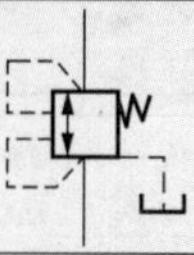	直动型，外部泄油
	先导型溢流阀	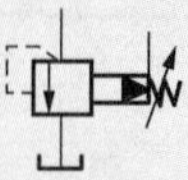		减压阀	减压阀	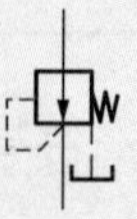	一般符号或直动型减压阀
	先导型电磁溢流阀	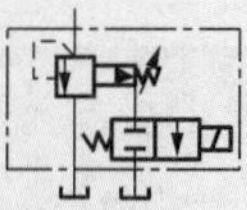	常闭		先导型减压阀	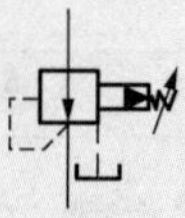	
	直动型比例溢流阀	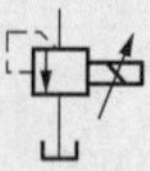			溢流减压阀	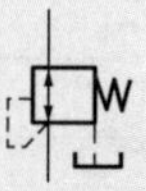	
	先导型比例溢流阀	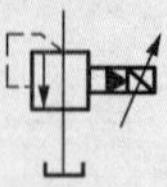			先导型比例电磁式溢流减压阀	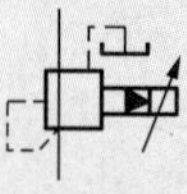	
	卸荷溢流阀	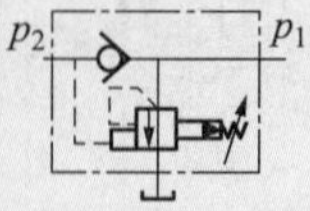	$p_2>p_1$时卸荷		定比减压阀	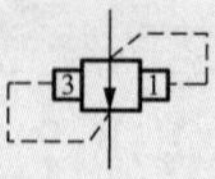	减压比为 1/3

续表

名　称		符　号	说　明	名　称		符　号	说　明
减压阀	定差减压阀			卸荷阀	卸荷阀		一般符号或直动型卸荷阀
顺序阀	顺序阀		一般符号或直动型顺序阀		先导型电磁卸荷阀		$p_1>p_2$
	先导型顺序阀			制动阀	双溢流制动阀		
	单向顺序阀（平衡阀）				溢流油桥制动阀		

　　在识读换向阀时，要注意以弹簧复位的二位四通电磁换向阀，一般控制源（如电磁铁）在阀的通路机能同侧，复位弹簧或定位机构等在阀的另一侧，如图 1-14 所示。换向阀有多个工作位置，油路的连通方式因位置不同而异，换向阀的实际工作位置应根据液压系统的实际工作状态进行判别。一般将阀两端的操纵驱动元件的电磁铁复位弹簧动力视为推力，若电磁铁没得电，此时的图形符号称阀处于右位，如图 1-14（a）所示，P、T、A、B 各油口互不相通。

　　同理，若电磁铁得电，则阀芯在电磁铁的作用下向右移动，称阀处于左位，如图 1-14（b）所示，此时 P 口与 A 口相通，B 口与 T 口相通。之所以称阀位于"左位"、"右位"是相对于图形符号而言的，并不是指阀芯的实际位置。

图 1-14　二位四通换向阀的油路连通方式
（a）电磁铁失电时；（b）电磁铁得电时

　　流体调节器的图形符号如表 1-12 所示。

表 1-12   流体调节器的图形符号

名　称		符　号	说　明	名　称		符　号	说　明
过渡器	过滤器	◇	一般符号		空气过滤器	◇	
	带污染指示器的过滤器	⊗			温度调节器	◇	
	磁性过滤器	◇		冷却器	冷却器	◇	一般符号
	带旁通阀的过滤器	◇			带冷却剂管路的冷却器	◇	
	双筒过滤器		P_1：进油 P_2：回油		加热器	◇	一般符号

油箱的图形符号如表 1-13 所示。

表 1-13   油 箱 的 图 形 符 号

名　称		符　号	说　明	名　称		符　号	说　明
通大气式	管端在液面上	⊔		油箱	管端在油箱底部	⊔	
					局部泄油或回油	⊔ ⊔	
	管端在液面下		带空气过滤器		加压油箱或密闭油箱		三条油路

检测器、指示器的图形符号如表 1-14 所示。

表 1-14   检测器、指示器的图形符号

名　称		符　号	说　明	名　称		符　号	说　明
压力检测器	压力指示器	⊗		压力检测器	电接点压力表（压力显控器）		
	压力表（计）				压差控制表		

名　称		符　号	说　明	名　称		符　号	说　明
液位计		⊖		流量检测器	累计流量计	⊖	
流量检测器	检流计（液流指示器）	⊖		温度计		⊖	
	流量计	⊗		转速仪		⊙	
				转矩仪		⊘	

蓄能器的图形符号如表 1-15 所示。

表 1-15　　　　　　　　　　蓄 能 器 的 图 形 符 号

名　称		符　号	说　明	名　称		符　号	说　明
蓄能器	蓄能器	◯	一般符号	蓄能器	重锤式	◯	
	气体隔离式	◯			弹簧式	◯	

其他辅助元件的图形符号如表 1-16 所示。

表 1-16　　　　　　　　　　其他辅助元件的图形符号

名　称		符　号	说　明	名　称		符　号	说　明
压力继电器（压力开关）		▨	详细符号	压差开关		▨	
		▨	一般符号	传感器	传感器	◯	一般符号
行程开关		▱	详细符号		压力传感器	ⓟ	
		▭	一般符号		温度传感器	ⓣ	
联轴器	联轴器	⊣⊢	一般符号	放大器		▷	
	弹性联轴器	▭					

管路、管路接口和接头元件的图形符号如表 1-17 所示。

表 1-17 管路、管路接口和接头元件的图形符号

名　称		符　号	说　明	名　称		符　号	说　明
管路	管路		压力管路回油管路	快换接头	不带单向阀的快换接头		
	连接管路		两管路相交连接		带单向阀的快换接头		
	控制管路		可表示泄油管路	旋转接头	单通路旋转接头		
	交叉管路		两管路交叉不连接				
	柔性管路				三通路旋转接头		
	单向放气装置（测压接头）						

液压缸的图形符号如表 1-18 所示。

表 1-18 液压缸的图形符号

名　称		符　号	说　明	名　称		符　号	说　明
单作用缸	单活塞杆缸		详细符号	双作用缸	单活塞杆缸		详细符号
			简化符号				简化符号
	单活塞杆缸（带弹簧复位）		详细符号		双活塞杆缸		详细符号
			简化符号				简化符号
	柱塞缸				不可调双向缓冲缸		详细符号
	伸缩缸						简化符号
双作用缸	不可调单向缓冲缸		详细符号		可调双向缓冲缸		详细符号
			简化符号				简化符号
	可调单向缓冲缸		详细符号		伸缩缸		
			简化符号				

思考与练习

1. 叙述液压千斤顶的工作原理。
2. 液压（气压）系统共由几部分组成，各部分有什么作用？
3. 液压与气压传动的优缺点在国民经济的发展中有什么作用？
4. 试述液压系统中的开式回路与闭式回路的区别。
5. 如何识读液压系统图？

第2章 液压流体力学基础知识

本 章 导 读

- 理解并掌握流体力学中压力与流量两个重要参数的相关概念及定理。
- 理解并掌握液体的静压力及其特性，掌握液体静力学的基本方程，掌握压力的表示方法及压力传递规律。
- 了解液体动力学的研究内容，掌握流动液体的流量连续性方程、伯努利方程的物理意义及其应用。
- 了解并掌握管路内液体压力损失的类型，掌握液体的流动状态及雷诺判据。
- 了解并掌握液压冲击及空穴现象的概念及其产生原因，掌握减小液压冲击及空穴现象的措施。
- 了解液体的性质，掌握黏性的概念及其物理意义，了解并掌握液压油的类型及其选用原则。

2.1 流体静力学基础

流体静力学研究液体处于相对平衡状态下的力学规律及其应用，主要涉及液体静压力及其对固体壁面的作用力。相对平衡是指液体内部质点之间没有相对运动，液体整体像刚体一样做各种运动，这其中的质点就被称为静止液体。

1. 压力的定义及单位

（1）压力的定义。

在一般情况下，压力是空间坐标和时间的标量函数。流体中某一点的压力又称为该点流体的静压，即单位面积上所受的法向力称为压力（必须注意，在物理学中称为压强）。压力通常用 p 表示。当液体面积 ΔA 上作用有法向力 ΔF 时，液体内某点处的压力 p 即为

$$p = \lim_{\Delta A \to 0} \frac{\Delta F}{\Delta A} \tag{2-1}$$

液体的静压力特性主要有：

1）液体的静压力垂直于其承压面，其方向和该面的内法线方向一致；

2）静止液体内任一点的压力在各个方向上都相等。

液压传动系统的工作原理是基于帕斯卡原理来进行压力传递和运动传递的，帕斯卡原理的主要内容是"在密闭容器内，施加于静止液体的压力将以等值同时传递到液体内各点的"。

（2）压力的单位。

压力在国际单位制（法定计量单位）及在重力单位制（非法定计量单位，通常在工程中常被使用）中的单位是不同的。

1）在国际单位制中（SI），压力的单位为 N/m^2，即 Pa（帕斯卡），由于 Pa 单位太小，因而常采用 kPa（千帕）和 MPa（兆帕）来表示。

$$1MPa = 10^3kPa = 10^6Pa$$

2）在重力单位制中，压力的单位采用 bar（巴）和 kgf/cm^2（千克力每平方厘米）

$$1bar = 1.02kgf/cm^2 = 0.1MPa = 14.5psi（磅/平方英寸）$$

（3）压力的表示方法。

根据度量基准的不同，液体压力有绝对压力和相对压力两种。如图 2-1 所示，以绝对真空为基准度量的压力称为绝对压力，以大气压 p_a 为基准度量的压力为相对压力，即相对压力=绝对压力-大气压力。相对压力又称为表压力。在液压技术中如不特别指明，压力均指相对压力。

如果液体中某点的绝对压力小于大气压力，这时比大气压小的那部分数值叫做真空度。绝对压力、表压力和真空度的关系如图 2-1 所示。

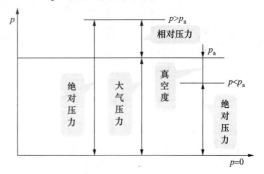

图 2-1 绝对压力、相对压力及真空度

由图 2-1 可以看出，以大气压力为计算基准时，基准以上的相对压力为正值，是表压力；基准以下的相对压力为负值，是真空度。例如，当液体内某点的绝对压力为 $3.53×10^4Pa$ 时，一个大气压是 $1.013×10^5Pa$，其相对压力为 $(p-p_a) = (3.53×10^4 - 1.013×10^5) = -6.6×10^4Pa$。

（4）液压系统中压力的形成。

如图 2-2 所示，液压泵的出油腔、液压缸左腔以及连接管道组成一个密封容积。液压泵起动后，将油箱中的油吸入这个密封容积中，活塞杆有向右运动的趋势，但因受到负载 R 的作用（包括活塞与缸体之间的摩擦力）阻碍这个密封容积的扩大，于是其中的油液受到压缩，压力就升高。当压力升高到能克服负载 R 时，活塞才能被液压油推动，此时当压力升高到能克服负载 R 时，活塞才能被液压油所推动，此时，

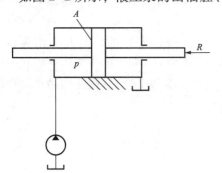

图 2-2 液压系统中压力的形成

$$p = \frac{R}{A} \qquad (2-2)$$

式中　　R——外负载；

　　　　A——活塞的有效面积。

结论：液压系统中的压力是由于油液的前面受负载阻力的阻挡，后面受液压泵输出油液的不断推动而处于一种"前阻后推"的状态下产生的，而压力的大小决定于外负载。当然，液体的自重也能产生压力，但一般较小，因而通常情况下液体自重产生的压力忽略不计。

2. 液体对固体壁面的作用力

在液压传动系统的分析中，液体由自重产生的那部分压力通常不予以考虑，从而将液体中各点的静压力看作是均匀分布。当液体与固体壁面相接触时，固体壁面将受到液压力的作用。固体壁面有平面与曲面之分，如图 2-3（a）为作用在平面上，而图 2-3（b）、（c）、（d）为液压力作用在曲面上。

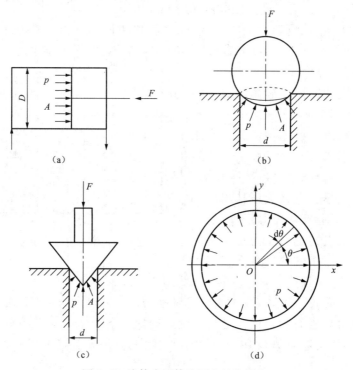

图 2-3　液体在固体壁面上的作用力

当固体壁面为一平面时，静止液体对该平面的总作用力 F 等于液体压力 p 与该平面面积 A 的乘积，其方向是垂直指向承压面的，即 $F=pA$。

当固体壁面为曲面时，曲面上各点所受的静压力的方向是变化的，但大小相等。如图 2-3（d）所示液压缸缸筒，为求压力油对右半部缸筒内壁在 x 方向上的作用力，可在内壁面上取一微小面积 $\mathrm{d}A=l\mathrm{d}s=lr\mathrm{d}\theta$（这里 l 和 r 分别为缸筒的长度和半径），则压力油作用在这块面积上的力 $\mathrm{d}F$ 的水平分量 $\mathrm{d}F_x$ 为：

$$\mathrm{d}F_x=\mathrm{d}F\cos\theta=p\mathrm{d}A\cos\theta=plr\cos\theta\mathrm{d}\theta \tag{2-3}$$

由此得压力油对缸筒内壁在 x 方向上的作用力为 F_x：

$$F_x=\int_{-\frac{\pi}{2}}^{\frac{\pi}{2}}\mathrm{d}F_x=\int_{-\frac{\pi}{2}}^{\frac{\pi}{2}}plr\cos\theta\mathrm{d}\theta=2plr=pA_x \tag{2-4}$$

式中 A_x——缸筒右半部内壁在 x 方向的投影面积，$A_x=2rl$。

因此，曲面在某一方向上所受的液压力，等于曲面在该方向的投影面积和液体压力的乘积。在图 2-3 (b)、(c) 中，液体在该部分曲面产生向上的作用力 F 等于液体压力 p 与该部分曲面在垂直方向的投影面积 A 乘积，即

$$F=pA=p\frac{\pi d^2}{4} \tag{2-5}$$

式中 d——承压部分曲面在垂直方向投影圆的直径。

3. 液压传动的基本特征

液压传动区别于其他传动方式主要有如下两个特征（由于传动中液体的压力损失相对工作压力比较小，讨论中忽略液体的压力损失和容积损失）。

（1）特征一：传递压力。

力（或力矩）的传递是按照帕斯卡原理（或静压传递原理）进行的，即在密闭容器中的静止液体，由外力作用在液面的压力能等值地传递到液体内部的所有各点，如图 2-4 所示。

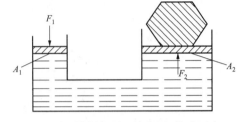

图 2-4   帕斯卡原理的应用-传递压力

$$p=\frac{F_1}{A_1}=\frac{F_2}{A_2} \tag{2-6}$$

或

$$F_2=F_1\frac{A_2}{A_1} \tag{2-7}$$

当 $A_2\gg A_1$ 时，有 $F_2\gg F_1$。利用这个原理可以制成力的放大机构，如液压千斤顶等。

（2）特征二：运动的传递。

速度或转速的传递按"容积变化相等"的原则进行。这就是有人把"液压传动"叫做"容积式液力传动"的原因。如果能设法调节进入缸体的流量，即可调节活塞的移动速度，也就是流体传动中能实现无级调速。

如果不考虑流体的可压缩性、漏损以及缸体与管路的变形，则由体积流量守恒原理可得到两活塞移动距离 s_1 和 s_2、移动速度 v_1 和 v_2 之间的关系为

$$\frac{s_2}{s_1}=\frac{v_2}{v_1}=\frac{F_1}{F_2}=\frac{A_1}{A_2} \tag{2-8}$$

及

$$q_v=A_1v_1=A_2v_2 \tag{2-9}$$

根据帕斯卡原理可以得出以下推论：

1）活塞的推力等于油压力与活塞面积的乘积。

2）油压力 p 由外负载建立，由式（2-6）可知，当 $F_2=0$ 时，$p=0$。

【例 2-1】 如图 2-5 为 49kN 的液压千斤顶，活塞 A 的直径 $D_A=1.3$cm，柱塞 B 的直径 $D_B=3.4$cm，杠杆长度 $l=25$cm，$L=750$cm，问杠杆段应加多大力才能起重 49kN 的重物？

解：由于压力决定于负载，若起重 49kN 重物所需油液压力

$$p=\frac{W}{A_B}=\frac{W}{\frac{\pi}{4}D_B^2}=\frac{49\times10^3}{\frac{\pi}{4}\times3.4^2\times10^{-4}}=53.9\,(\text{MPa})$$

作用到活塞 A 上的力 $F_A = pA_A = p\dfrac{\pi}{4}D_A^2 = 53.9 \times 10^6 \times \dfrac{\pi}{4} \times 1.3^2 \times 10^{-4} = 7.154$ （kN）

在杠杆端应施加的力 $F = \dfrac{F_A \times 25}{750} = \dfrac{7154 \times 25}{750} = 238$ （N）

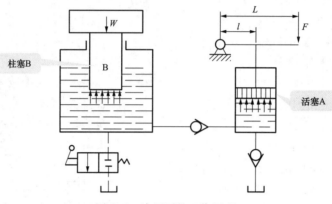

图 2-5 液压泵的工作原理

2.2 流体动力学基础

1. 流量

（1）理想液体与定常流动。

理想液体就是指没有黏性、不可压缩的液体。把既具有黏性又可压缩的液体称为实际液体。

当液体流动时，可以将流动液体中空间任一点上质点的运动参数，例如压力 p、流速 v 及密度 ρ 表示为空间坐标和时间的函数，例如：

压力	$p = p(x,y,z,t)$	(2-10)
速度	$v = v(x,y,z,t)$	(2-11)
密度	$\rho = \rho(x,y,z,t)$	(2-12)

如果空间上的运动参数 p、v 及 ρ 在不同的时间内都有确定的值，即它们只随空间点坐标的变化而变化，不随时间 t 变化，对液体的这种运动称为定常流动或恒定流动。但只要有一个运动参数随时间而变化，则就是非定常流动或非恒定流动。

定常流动时，
$$\frac{\partial p}{\partial t} = 0;\ \frac{\partial v}{\partial t} = 0;\ \frac{\partial \rho}{\partial t} = 0 \tag{2-13}$$

在流体的运动参数中，只要有一个运动参数随时间而变化，液体的运动就是非定常流动或非恒定流动。

在图 2-6（a）中，容器出流的流量被给予补偿，因此其液面高度保持不变，这样，容器中各点的液体运动参数 p、v 及 ρ 都不随时间而变，这就是定常流动。在图 2-6（b）中，当不给容器的出流给予流量补偿时，容器中各点的液体运动参数将随时间而改变，例如随着时间的消逝，液面高度逐渐减低，因此，这种流动为非定常流动。

（2）通流截面。

流场中液体质点在一段时间内运动的轨迹线称为迹线，流场中液体质点在某一瞬间运动状态的一条空间曲线称为流线，如图 2-7（a）所示。充满在流管内的流线的总体，称为流束，如图 2-7（b）所示。

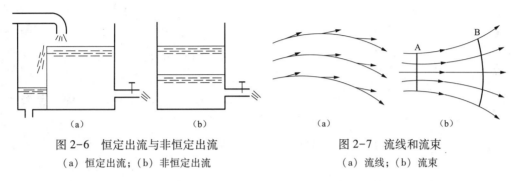

图 2-6　恒定出流与非恒定出流

（a）恒定出流；（b）非恒定出流

图 2-7　流线和流束

（a）流线；（b）流束

通流截面是指垂直于流束的截面，如图 2-7（b）所示的截面 A、B。

（3）流量和平均流速。

1）流量。单位时间内通过通流截面的液体的体积称为流量，用 q 表示，即 $q = \dfrac{V}{\Delta t}$，体积流量的单位是 m^3/s，常用单位为升/分（L/min）。

如图 2-8 所示，对微小流束，通过微小通流截面 dA 上的流量为 dq，其表达式为：

$$dq = u dA \qquad (2-14)$$

$$q = \int_A u dA \qquad (2-15)$$

2）平均流速。在实际液体流动中，由于黏性摩擦力的作用，通流截面上流速 u 的分布规律难以确定，因此引入平均流速的概念，即认为通流截面上各点的流速均为平均流速，用 v 来表示，则通过通流截面的流量就等于平均流速乘以通流截面积。令此流量与上述实际流量相等，得：

$$q = \int_A u dA = vA \qquad (2-16)$$

则平均流速为 v：

$$v = \frac{q}{A} \qquad (2-17)$$

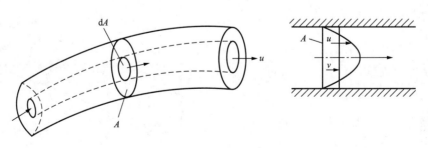

图 2-8　流量及平均流速

平均流速 v 在工程实际中具有应用价值。例如液压缸工作时，活塞运动的速度就等于缸内液体的平均流速，因而可以根据式（2-17）建立起活塞运动速度 v 与液压缸有效面积 A 和流量 q 之间的关系，当液压缸有效面积一定时，活塞运动速度决定于输出液压缸的流量。

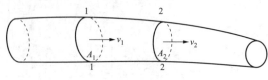

图 2-9　液流的连续性原理

（4）流量连续性原理。

连续性方程是质量守恒定律应用于运动流体的数学表达式。如图 2-9 所示，流体流过通流截面积分别为 A_1、A_2 的 1-1、2-2 截面，假定液体不可压缩，则液体在同一单位时间内流过同一通道、两个不同通流截面的液体体积应该是相等的，即 $V_1 = V_2$，即 $\rho_1 v_1 A_1 = \rho_2 v_2 A_2$，当忽略液体的可压缩性时，$\rho_1 = \rho_2$，则得：

$$v_1 A_1 = v_2 A_2 \qquad (2-18)$$

或者写成 $q = vA =$ 常量，这就是流量连续性方程。

上式表明，流速和通流面积成反比，内径大即 d 大，则 A 大，v 小。反之，内径小即 d 小，则 A 小，v 大。

2. 液体流动时的能量

（1）理想液体流动时。

理想液体是指既无黏性又不可压缩的液体。理想液体在管道中流动时，具有三种能量：即液压能（pq）、动能（$\frac{1}{2}mv^2$）、位能（mgh）。

假设液体质量为 m（其体积为 V），根据流体力学和物理学可知，在截面 1、2 处的能量分别为：

截面 1：体积为 V 的液体的压力能：$p_1 V$，动能：$\frac{1}{2}mv_1^2$，位能：mgh_1。

截面 1：体积为 V 的液体的压力能：$p_1 V$，动能：$\frac{1}{2}mv_2^2$，位能：mgh_2。

根据能量守恒定律在各截面处的总能量是相等的，即

$$p_1 V + \frac{1}{2}mv_1^2 + mgh_1 = p_2 V + \frac{1}{2}mv_2^2 + mgh_2 \qquad (2-19)$$

单位体积的液体所具有的能量则为：

$$p_1 + \frac{1}{2}\rho v_1^2 + \rho gh_1 = p_2 + \frac{1}{2}\rho v_2^2 + \rho gh_2 \qquad (2-20)$$

式（2-20）就是理想液体的伯努利方程，它是能量守恒定律在流体力学中的一种表达形式，如图 2-10 所示。它的物理意义是：流体运动时，不同性质的流体

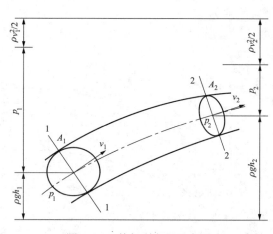

图 2-10　伯努利方程示意图

能量可以相互转换，但总的能量守恒。

（2）实际液体流动时的能量。

实际中的液体因为具有黏性，因而存在内摩擦力，而且管道形状和尺寸不是完全一样，在流动中会产生扰动造成能量损失。因而实际液体在流动时的伯努利方程为：

$$p_1+\frac{1}{2}\rho v_1^2+\rho gh_1=p_2+\frac{1}{2}\rho v_2^2+\rho gh_2+\Delta p \qquad (2-21)$$

式中，Δp 是液体从截面 1 流到截面 2 的过程中的压力损失。

在液压系统中，油管的高度一般 $h\leqslant 10\text{m}$，管内油液的平均流速也较低（一般 $v\leqslant 7\text{m/s}$），因此油液的位能和动能相对于压力能是微不足道的。

例如，设系统的工作压力 $p=5\text{MPa}$，油管高度 $h=10\text{m}$，管内的 $v=7\text{m/s}$，液体密度 $\rho=900\text{kgf/cm}^2$，那么其压力能 $p=5\text{MPa}$。

动能：$\dfrac{1}{2}\rho v^2=\dfrac{1}{2}\times 900\times 7^2(\text{Pa})\approx 23\text{kPa}=0.023\text{MPa}$

位能：$\rho gh=900\times 9.8\times 10(\text{Pa})\approx 90\text{kPa}=0.09\text{MPa}$

因此，在液压系统中，压力能要比动能与位能的和大得多。在液压系统中，动能与位能一般是忽略不计的，液体主要是依靠它的压力来做功。

因而，伯努利方程在液压系统中实用的应用形式为：

$$p_1=p_2+\Delta p$$

式中　Δp——总的压力损失。

2.3　液体在管道中的流动特性及压力损失

1. 层流、紊流与雷诺数

英国物理学家雷诺在 19 世纪末通过大量实验发现，液体在管道中流动时存在两种状态：层流和紊流。在层流时，液体质点互不干扰，液流做规则的、层次分明的稳定流动，液体的流动呈线性或层状且平行于管道轴线，如图 2-11（b）所示；而在紊流时，液体的质点运动杂乱无章，除了平行于管道轴线的运动外，还存在着剧烈的横向运动，如图 2-11（d）所示。层流和紊流是两种不同性质的流态。层流时，液体流速较低，质点受黏性制约，不能随意运动，黏性力起主导作用；紊流时，液体流速较高，黏性的制约作用减弱，惯性力起主要作用。

实验证明，液体在管中的流动状态不仅与管内液体的平均流速 v 有关，还与管径 d 及液体的运动黏度 v 有关，而上述三个因数所组成的一个无量纲数就是雷诺数，用 Re 表示：

$$Re=\frac{vd}{v} \qquad (2-22)$$

液流由层流转变为紊流时的雷诺数与由紊流转变为层流时的雷诺数是不相同的。后者较前者数值小，故将后者作为判别液流状态的依据，称为临界雷诺数 Re_c。当 $Re<Re_c$ 时，液流为层流；当 $Re>Re_c$ 时，液流为紊流。表 2-1 给出了常见管道的临界雷诺数 Re_c。

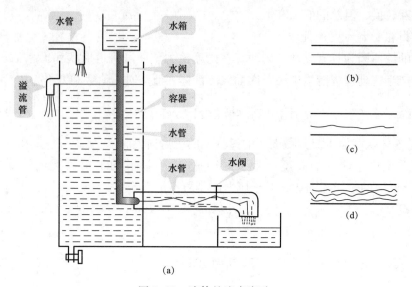

图 2-11　液体的流态实验

（a）雷诺实验装置；（b）层流状态；（c）过渡状态；（d）紊流状态

表 2-1　　　　　　　　　　　　　管 道 的 临 界 雷 诺 数

管道的材料与形状	临界雷诺数 Re_c	管道的材料与形状	临界雷诺数 Re_c
光滑的金属圆管	2000～2320	带环槽的同心环状缝隙	700
橡胶软管	1600～2000	带环槽的偏心环状缝隙	400
光滑的同心环状缝隙	1100	圆柱形滑阀阀口	260
光滑的骗心环状缝隙	1000	锥状阀口	20～100

2. 管路压力损失

流体在管内流动时由于有内摩擦力的存在以及管道形状和尺寸的变化产生的扰动造成能量损失，在实际液体流动时的伯努利方程中表现为总压力损失 Δp，包括了沿程压力损失和局部压力损失，即 $\Delta p = \Delta p_{沿程} + \Delta p_{局部}$。

（1）层流时的沿程压力损失。

图 2-12 示意了液体在等直径的水平直管中流动且流态为层流的流速分布状况。

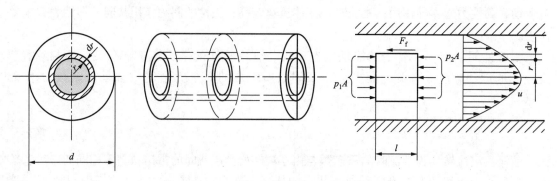

图 2-12　圆管中层流状态的流速分布

1）通流截面上的流速分布规律。

在圆管液流中取一段与管轴垂直的微小圆柱体作研究对象，设其半径为 r，长度为 l，这个微小圆柱体左右两端面上的压力分别为 p_1、p_2，其侧面还作用有内摩擦力 F_f，由于液流在作匀速运动时处于受力平衡状态，也就是所研究的微小圆柱体所受合力为零，即 $\sum F = 0$，故有

$$(p_1 - p_2)\pi r^2 = F_f \tag{2-23}$$

$$F_f = -\mu A \frac{du}{dr} = -2\pi r l \mu \frac{du}{dr} \tag{2-24}$$

式中　F_f——内摩擦力；

　　　μ——动力黏度，负号表示流速 u 随 r 的增大而减小。

若令 $\Delta p = p_1 - p_2$，则将 F_f 代入（2-24），可得

$$du = -\frac{\Delta p}{2\mu l} r dr \tag{2-25}$$

对上式积分，当 $r = R$ 时，$u = 0$，可得

$$u = \frac{\Delta p}{4\mu l}(R^2 - r^2) \tag{2-26}$$

可见管内液体质点的流速在半径方向上按抛物线规律分布，最小流速在管壁 $r = R$ 处，$u_{min} = 0$，最大流速在管轴 $r = 0$ 处，$u_{max} = \frac{\Delta p}{4\mu l}R^2 = \frac{\Delta p}{16\mu l}d^2$。

2）流量。

圆管中所取的微小截面面积 $dA = 2\pi r dr$，通过该截面的流量，根据流量连续性原理可得 $dq = udA = 2\pi u r dr = 2\pi \frac{\Delta p}{4\mu l}(R^2 - r^2) r dr$，积分可得通过该通流截面上的流量

$$q = \int_0^R 2\pi \frac{\Delta p}{4\mu l}(R^2 - r^2) r dr = \frac{\pi d^4}{128\mu l}\Delta p \tag{2-27}$$

3）平均流速。

根据平均流速 v 的定义，可得

$$v = \frac{q}{A} = \frac{d^2}{32\mu l}\Delta p \tag{2-28}$$

比较式（2-28）与 u_{max}，可见平均流速 v 为最大流速 u_{max} 的一半。

4）沿程压力损失。

根据式（2-28）可以得到沿程压力损失

$$\Delta p_\lambda = \Delta p = \frac{32\mu l v}{d^2} \tag{2-29}$$

通过式（2-29）可以看出，沿程压力损失的大小与流速 v、黏度 μ、管路长度 l 成正比，与油管内径 d 的平方成反比。

适当变换式（2-29），沿程压力损失可以改写成：

$$\Delta p_\lambda = \frac{64\mu}{dv}\frac{l}{d}\frac{\rho v^2}{2} = \frac{64}{Re}\frac{l}{d}\frac{\rho v^2}{2} = \lambda \frac{l}{d}\frac{\rho v^2}{2} \tag{2-30}$$

式中，λ 为沿程阻力系数。对于圆管层流，理论值 $\lambda = \dfrac{64}{Re}$。

工程实际中的圆管截面可能会变形，比如靠近管壁处的液层可能冷却，因此在实际计算中，金属管取 $\lambda = \dfrac{75}{Re}$，橡胶管取 $\lambda = \dfrac{80}{Re}$。

紊流时的沿程压力损失与层流时的沿程压力损失的计算公式形式相同，即 $\Delta p_{\lambda} = \lambda \dfrac{l}{d} \dfrac{\rho v^2}{2}$，只是式中的阻力系数 λ 不仅与雷诺数 Re 有关，还与管壁的粗糙度 ε 有关。

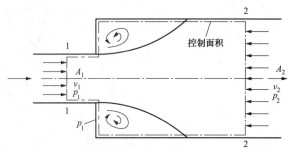

图 2-13　突然扩大处的局部损失

（2）局部压力损失。

局部压力损失是由于流道突然改变引起流速和流向的剧烈变化，形成旋涡、脱流，因而使液体质点相互撞击引起油液质点间以及质点与固体壁面间相互碰撞和剧烈摩擦而产生的压力损失。如图 2-13 所示是通流截面突然扩大产生局部压力损失。局部压力损失的阻力系数，因为影响因素较多，不容易从理论上进行。

分析计算，一般通过实验来确定，局部压力损失的计算式可以表达成如下算式：

$$\Delta p_{\xi} = \xi \rho \dfrac{v^2}{2} \qquad (2\text{-}31)$$

式中　ζ——局部阻力系数，各种结构的 ζ 值可查相关手册；

　　　v——液体的平均流速，一般情况下指局部阻力下游处的流速。

2.4　液体流经小孔及缝隙时的流量

流体从孔口出流的情况是多种多样的，从孔口边缘形状和出流情况可将孔口分为薄壁孔口和厚壁孔口。在液压系统中常常利用液压阀的小孔的开口大小来控制流量，以达到调速的目的。

1. 液体流经小孔的流量

液体流经小孔的情况可以根据孔长 l 与孔径 d 的比值分为三种情况：当 $l/d \le 0.5$ 时，称为薄壁小孔；当 $0.5 < l/d \le 4$ 时，称为短孔；当 $l/d > 4$ 时，称为细长孔。图 2-14 为液体在薄壁小孔中的流动。

根据理论分析和实验得出，各种孔口的流量压力特性均可用下列的通式表示：

$$q = KA\Delta p^m \qquad (2\text{-}32)$$

式中　q——通过小孔的流量；

　　　A——节流孔口的通流面积；

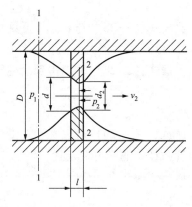

图 2-14　液体在薄壁小孔中的流动

  K——由孔口的形状、尺寸和液体性质决定的系数；

  Δp——孔前后的压力差；

  m——由节流孔的形状（即由孔的长度与孔径之比）决定的指数。薄壁小孔 $m = 0.5$，

    细长孔 $m = 1$，其他类型的孔 $m = 0.5 \sim 1$。

从上式可以看出，流经节流口的流量可以通过调节它的节流面积 A 或者改变它的前后压力差 Δp 来实现。

液体流经薄壁小孔时有如下特点。

（1）惯性力作用下液体质点突然加速。

（2）外层流线逐渐向管轴方向截面 2-2 收缩，然后再扩散。

（3）造成能量损失，并使油液发热。

（4）收缩截面面积 A_2 和孔口截面积 A 的比值称为收缩系数 C_c，即 $C_c = A_2/A$。

（5）收缩系数决定于雷诺数、孔口及其边缘形状、孔口离管道侧壁的距离等因素。

（6）管道直径 D 与小孔直径 d 之比 $D/d \geqslant 7$ 为完全收缩，液流在小孔处呈紊流状态，雷诺数较大，薄壁小孔的收缩系数 C_c 取 $0.61 \sim 0.63$，速度系数 C_v 取 $0.97 \sim 0.98$，这时 $C_d = 0.61 \sim 0.62$；反之为不完全收缩。

2. 液体流经缝隙时的流量

  元件各零件间有相对运动的配合表面之间有一定的配合间隙——缝隙，由于缝隙的水力直径较小，而液压油都具有一定的黏度，因此液压间隙中的流动一般为层流。

  缝隙中的油液由于存在压差和缝隙的壁面具有相对运动而产生流动，即压差流是由于缝隙两端压差的作用；另一种是由于组成缝隙的壁面具有相对运动而使缝隙中油液流动称为剪切流。

  液压油在缝隙两端压差的作用下由高压区经过缝隙向低压区流动（称为内泄漏）或向大气中流动（称为外泄漏）。间隙过大，会造成泄漏；间隙过小，会使零件卡死。如图 2-15 所示。内泄漏的损失转换为热能，使油温升高，外泄漏污染环境，两者均影响系统的性能与效率，因此，研究液体流经间隙的泄漏量、压差与间隙量之间的关系，对提高元件性能及保证系统正常工作是必要的。

  液体流经平行平板间隙的情况一般是既受压差 $\Delta p = p_1 - p_2$ 的作用，同时又受到平行平板间相对运动的作用。如图 2-16 所示为平行平板间隙流动。

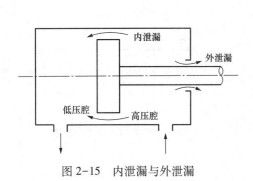

图 2-15 内泄漏与外泄漏

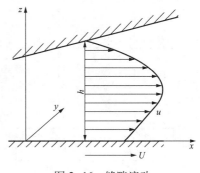

图 2-16 缝隙流动

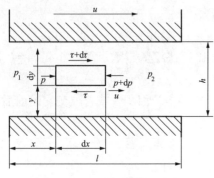

图 2-17　平行平板间隙流动

设平板长为 l，缝隙宽为 b（图中未画出），两平行平板间的间隙为 h，且 $l \gg h$，$b \gg h$，液体不可压缩，质量力忽略不计，黏度不变。缝隙内的油液以速度 u 运动，在液体中取一个微元体 $\mathrm{d}x\mathrm{d}y$（宽度方向取单位长），作用在它与液流相垂直的两个表面上的压力为 p 和 $p+\mathrm{d}p$，作用在它与液流相平行的上下两个表面上的切应力为 τ 和 $\tau+\mathrm{d}\tau$，因此它的受力平衡方程为

$$p\mathrm{d}y+(\tau+\mathrm{d}\tau)\mathrm{d}x=(p+\mathrm{d}p)\mathrm{d}y+\tau\mathrm{d}x \quad (2\text{-}33)$$

经过整理并将式（2-20）代入后有：

$$\frac{\mathrm{d}^2 u}{\mathrm{d}y^2}=\frac{1}{\mu}\cdot\frac{\mathrm{d}p}{\mathrm{d}x}$$

对上式二次积分可得：

$$u=\frac{y^2}{2\mu}\frac{\mathrm{d}p}{\mathrm{d}x}+C_1 y+C_2 \quad (2\text{-}34)$$

式中　C_1、C_2——积分常数。

下面分两种情况进行讨论。

（1）固定平行平板间隙流动（压差流动）且 $u=0$。

上、下两平板均固定不动，液体在间隙两端的压差的作用下在间隙中流动，称为压差流动。

将边界条件：当 $y=0$ 时，$u=0$；当 $y=h$ 时，$u=0$，代入式（2-34），得到液体流经平行平板时的流量为

$$q=\frac{bh^3}{12\mu l}\Delta p \quad (2\text{-}35)$$

从式（2-35）可以看出，在间隙中的速度分布规律呈抛物线状，如图 2-18 所示，通过间隙的流量与间隙的三次方成正比，因此必须严格控制间隙量，以减小泄漏。

（2）相对运动平行平板间的缝隙流动。

若一个平板以一定速度相对另一固定平板运动，如图 2-19 所示。在无压差作用下，由于液体的黏性，缝隙间的液体仍会产生流动，此流动称为剪切流动，这种情况下通过该缝隙的流量为

$$q=\frac{v}{2}b\delta \quad (2\text{-}36)$$

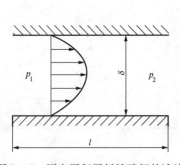

图 2-18　固定平行平板缝隙间的液流

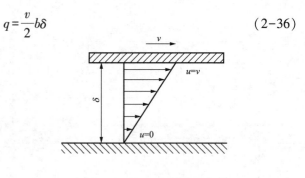

图 2-19　相对运动平行平扳缝隙间的液流

在压差作用下，液体流经相对运动平行平板缝隙的流量应为压差流动和剪切流动两种流量的叠加，即

$$q = \frac{bh^3}{12\mu l}\Delta p \pm \frac{bh}{2}u_0 \tag{2-37}$$

式（2-37）中正负号的确定：当长平板相对于短平板的运动方向和压差流动方向一致时，取"+"号；反之取"-"号。

此外，如果将泄漏所造成的功率损失写成：

$$P_l = \Delta q p = \Delta p \left(\frac{bh^3}{12\mu l}\Delta p \pm \frac{bh}{2}u_0\right) \tag{2-38}$$

由上式得出结论：间隙 h 越小，泄漏功率损失也越小。但是 h 的减小会使液压元件中的摩擦功率损失增大，因而间隙 h 有一个使这两种功率损失之和达到最小的最佳值，并不是越小越好。

3. 圆柱环形间隙流动

在液压传动系统中，流体流经同心和偏心环形缝隙是最常见的情况，如液压缸缸体与活塞之间的缝隙、阀套与阀芯之间的缝隙等。

（1）同心环形间隙在压差作用下的流动。图 2-20 所示为同心环形间隙流动，图 2-21 表示了偏心环状间隙的简图。

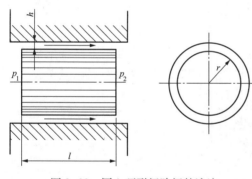

图 2-20　同心环形间隙间的液流

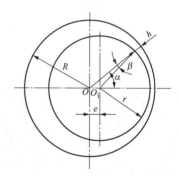

图 2-21　偏心环状间隙中的液流

当 $h/r \ll 1$ 时，可以将环形间隙间的流动近似地看作是平行平板间隙间的流动，只要将 $b = \pi d$ 代入式（2-37），就可得到这种情况下的流动，即：

$$q = \frac{\pi dh^3}{12\mu l}\Delta p \pm \frac{\pi dh}{2}u_0 \tag{2-39}$$

该式中"+"号和"-"号的确定同式（2-37）。

（2）偏心环形间隙在压差作用下的流动，在这种情况下内外环间无相对运动，也就是没有剪切流动只有压差流动。液压元件中经常出现偏心环状的情况，例如活塞与油缸不同心时就形成了偏向环状间隙。这时的流量 q 为：

$$q = \frac{\pi Dh^3 \Delta p}{12\mu l}(1 + 1.5\varepsilon^2) \tag{2-40}$$

如果内外圆柱表面既有相对运动且又存在压差的流动，那么通过整个偏心环形间隙的流量 q 为：

$$q = \frac{\pi D h^3 \Delta p}{12\mu l}(1+1.5\varepsilon^2) \pm \frac{\pi dhv}{2} \tag{2-41}$$

式中　D——$2R$-大圆直径；

$\quad\quad d$——$2r$-小圆直径。

由式（2-40）可以看出，当 $\varepsilon=0$，即为同心环状间隙。当 $\varepsilon=1$，即最大偏心 $e=h_0$ 时，其流量为同心时流量的 2.5 倍，这说明偏心对泄漏量的影响。所以对液压元件的同心度应有适当要求。

式中等号右边第一项为压差流动的流量，第二项为纯剪切流动的泄漏，当长圆柱表面相对短圆柱表面的运动方向与压差流动方向一致时取"+"号，反之取"-"号，当内外圆柱同心（$\varepsilon=0$）时，即为式（2-39）。

4. 流经平行圆盘间隙的径向流动

柱塞泵的滑履与斜盘之间、某些端面与推力静压轴承之间、油缸体与配流盘间的缝隙中的液体流动都是平行圆盘间隙的径向流动。

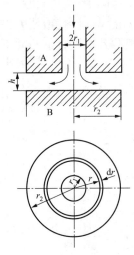

图 2-22　平行圆盘间隙

如图 2-22 所示，两平行圆盘 A 和 B 之间的间隙为 h，液流由圆盘中心孔流入，在压差的作用下向四周径向流出。由于间隙很小，液流呈层流，因为流动是径向的，所以对称于中心轴线。

在半径 r 处取宽度为 dr 的液层，将液层展开，可近似看作平行平板间的间隙流动，在 r 处的流速为 u_r，因此其压力沿径向的分布规律：

$$p = \frac{6\mu q}{\pi h^3}\ln\frac{r_2}{r_1}+p_2 \tag{2-42}$$

当 $r=r_1$ 时，$p=p_1$，则：

$$\Delta p = p_1-p_2 = \frac{6\mu q}{\pi h^3}\ln\frac{r_2}{r_1}$$

由上式可得流量为：

$$q = \frac{\pi h^3 \Delta p}{6\mu\ln\dfrac{r_2}{r_1}} \tag{2-43}$$

作用于平面上的总液压力为：

$$F = \pi r_1^2 p_1 + \int_{r_1}^{r_2} p_2 2\pi r\mathrm{d}r \tag{2-44}$$

5. 圆锥状环形间隙流动

图 2-23 所示为圆锥状环形间隙的流动。若将这一间隙展开成平面，则是一个扇形，相当于平行圆盘间隙的一部分，所以可根据平行圆盘间隙流动的流量公式，导出这种流动的流量公式为：

$$q = \frac{\pi h^3 \sin\alpha}{6\mu \ln \dfrac{r_2}{r_1}} \qquad (2-45)$$

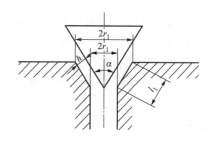

2.5　液压冲击及空穴现象

1. 液压冲击现象

（1）定义。

在液压系统中，由于某种原因（当极快地换向或关闭液压回路时）而引起油液的压力在瞬间急剧升高，形成较大的压力峰值的现象称为液压冲击（水力学中称为水锤现象）。产生液压冲击的压力峰值可以是工作压力的几倍，因而常常使某些液压元件如压力继电器、顺序阀等产生误动

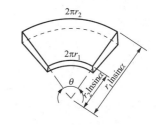

图 2-23　圆锥状环行间隙的流动

作而影响系统正常工作，甚至可能使某些液压元件、密封装置和管路损坏。在研究液压冲击时，必须把液体当作弹性物体，同时还须考虑管壁的弹性。

（2）产生液压冲击的原因。

1）液流突然停止运动时产生的液压冲击。

2）在液压系统中，高速运动的工作部件的惯性力也会引起压力冲击。

（3）减少液压冲击的措施。

减少和防止液压冲击的根本措施是避免液流速度的急剧变化，其具体办法有：

1）缓慢关闭阀门，削减冲击波的强度。

2）在阀门前设置蓄能器，以减小冲击波传播的距离。

3）应将管中流速限制在适当范围内，或采用橡胶软管，也可以减小液压冲击。

4）在系统中装置安全阀，可起卸载作用。

2. 气穴现象

在液压传动系统的油液中会不可避免地含有一些空气，这些空气一部分呈气泡状态，一部分溶于油液中。油液中能溶解的空气量比水中能溶解的更多。对于矿物型液压油，常温时在一个大气压下含有 6% ~ 12% 的溶解空气。在大气压下正常溶解于油液中的空气，当某一处的压力低于了空气分离压时，溶解于油中的空气就会从油中分离出来形成气泡，当油液中某一点处的压力低于当时温度下的蒸气压力时，油液将沸腾汽化，也在油液中形成气泡。上述两种情况都会使气泡混杂在液体中，产生气穴，使原来充满在管道或元件中的油液成为不连续状态，这种现象一般称为气穴现象。

气穴是液压系统中常出现的故障现象，它会引起液压系统工作性能恶化，除了产生振动和噪声外，还会因气泡占据一定空间而破坏液体的连续性，降低吸油管的通油能力，使容积效率降低，损坏零件，缩短液压元件和管道的寿命，造成流量和压力波动。因此我们要研究气穴的产生和危害及其对气穴故障的预防。

3. 气蚀

当气穴现象产生的气泡随着液流进入高压区时，气泡在高压作用下会迅速破裂或急剧缩小，并凝结成液体，原来气泡所占据的空间形成了局部真空，周围的高压质点以极高速度流过来填补这一空间，质点间相互碰撞而产生局部高压，形成液压冲击，压力和温度都会急剧升高，产生强烈的噪声和振动。如果这个局部液压冲击作用在零件的金属表面上，会使金属表面受到腐蚀，这种因空穴产生的腐蚀剂称为气蚀。

一般地，由于泵吸入管路连接、密封不严使空气进入管道，回油管高出油面使空气冲入油中而被泵吸油管吸入油路以及泵吸油管道阻力过大，流速过高均是造成空穴的原因。

此外，当油液流经节流部位，流速增高，压力降低，在节流部位前后压差达到一定值时也将发生节流空穴现象。

要想完全消除空穴现象是十分困难的，但可尽力加以防止，应采取如下预防措施。

（1）限制泵吸油口离油面高度，泵吸油口要有足够的管径以提高泵的自吸性能，降低管路等附件引起的压力损失，避免由于油的黏度高而产生吸油不足的现象，防止液压泵吸空，滤油器压力损失要小，自吸能力差的泵用辅助供油。

（2）降低液体中气体的含量，管路密封要好，定期检查吸油管接头的密封状况，防止空气渗入。

（3）对液压元件应选用抗腐蚀能力较强的金属材料，合理设计，提高元件的加工精度，提高元件的抗气蚀能力。

2.6 液压油

液压油在液压传动系统中不仅传递能量，而且还起着润滑、冷却和防锈的作用。液压油的基本性质以及合理选用直接影响液压系统的工作性能。

1. 液压油的主要性质

表示液压油特性的指标有很多，如密度、闪点、抗乳化性、黏性和可压缩性等，但最重要的性质是黏性和可压缩性。

（1）密度。

液体单位体积内的质量称为密度，通常用 ρ 表示：

$$\rho = \frac{m}{V} \tag{2-46}$$

式中　m——液体质量，kg；

　　　V——液体体积，m^3。

液压油的密度随压力的增加而加大，随温度的升高而减小。一般情况下，由压力和温度引起的这种变化都较小，可将其近似地视为常数。

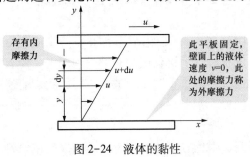

图 2-24　液体的黏性

（2）黏性。

液体流动时，由于流体与固体壁面的附着力和流体本身之间的分子运动和内聚力，使流体各处的速度产生差异。如图 2-24 所示两平行平板间充满液体，设下平面固定不动，而上平面以速度 u 运动，贴近两平面的流体必定粘附于平面上，紧贴于运动面上的流体指点必定以与运动平面相同的速度 u 运动，而紧贴于下平面的流体质点的速度为 0，平面间流体层的速度各不相同，但按一定规律分布。运动较快的流层可以带动较慢的流层，反之运动较慢的流层则又阻滞运动较快的流层，不同速度流层之间互相之间制约而产生内摩擦力，液体流动时具有内摩擦力的性质叫做流体的黏性。因此黏性既反映流动时液体内摩擦力的大小，也反映出液体的流动性能。

实验测定，液体流动时相邻液层间的内摩擦力大小为：

$$F = \mu A \frac{\mathrm{d}u}{\mathrm{d}y} \tag{2-47}$$

式中　μ——比例常数，又被称为黏性系数或黏度；

$\dfrac{\mathrm{d}u}{\mathrm{d}y}$——速度梯度。

黏度：液体黏性大小用黏度来表示。常用的黏度有动力黏度、运动黏度和相对黏度，动力黏度 μ 和运动黏度 υ 都是绝对黏度。

动力黏度 μ 直接表示的是流体的黏性即内摩擦力的大小：

$$\mu = \tau \frac{\mathrm{d}y}{\mathrm{d}u} \tag{2-48}$$

也就是当速度梯度 $\dfrac{\mathrm{d}u}{\mathrm{d}y} = 1$ 时单位面积上的内摩擦力的大小。其国际（SI）单位是牛顿、秒/米^2（N·s/m^2）。

运动黏度 υ 是指在相同温度下液体的动力黏度与它的密度之比，即

$$\upsilon = \frac{\mu}{\rho} \tag{2-49}$$

运动黏度 υ 的国际（SI）单位是米^2/秒（m^2/s），在工程实际中常用斯（St）或厘斯（cSt）来表示，$1\mathrm{cSt} = 10^{-2}\mathrm{St} = 10^{-6}\mathrm{m}^2/\mathrm{s}$。

相对黏度又称条件黏度。根据测量条件不同，各国采用的相对黏度的单位也不同。中国、前苏联、德国等采用恩氏黏度 ^0E_t，美国采用赛氏黏度 SSU，英国采用雷氏黏度 R。

$$^0E_{20} = \frac{t_1}{t_{20}} \tag{2-50}$$

式中　t_1——被测温度为 t℃ 的 200mL 液体从黏度计容器中流尽所需时间（是从容器底部的 2.8mm 的小孔流出）；

t_{20}——温度为 20℃ 的 200mL 蒸馏水从同一黏度计容器中流尽所需时间。

工业上常用 20、50、100℃ 作为测定恩氏黏度的标准温度，其相应恩氏黏度分别用 $^0E_{20}$、$^0E_{50}$、$^0E_{100}$ 表示。

（3）可压缩性。

液体受压力后其分子间的距离发生变化，也就是其容积受压力作用会发生变化，这种性质称为液体的可压缩性。当液体所受的压力增加时，其分子间的距离减小，内摩擦力增大，其黏度随之增大。

尽管矿物油的可压缩性比钢大 100~150 倍，但对一般的中、低压系统而言，其液体的可压缩性还是很小的，因而可以认为液体是不可压缩的（压力对黏度的影响忽略不计）。在

压力变化很大的高压系统中,就要考虑液体可压缩性的影响。尤其是液体中混入空气时,其可压缩性将显著增加,并将严重影响液压系统的工作性能,因而在液压系统中应使油液中的空气含量减少到最低限度。

(4)黏温特性。

液压油的黏度随温度变化的性质称为黏温特性,温度变化对液体的黏度影响较大,液体的温度升高其黏度下降。几种国产液压油的黏温特性曲线如图2-25所示。

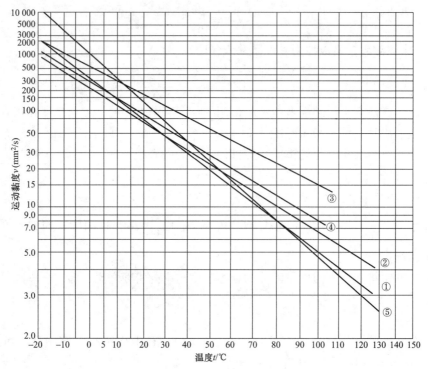

图2-25 典型液压油液的黏度—温度特性曲线
① 石油喇普通液压油;② 石油型高黏度指数液压油;③ 抗燃性水包油乳化液;
④ 抗燃性水—乙二醇液;⑤ 抗燃性磷酸酯液

2. 液压油的选用

液压系统通常采用矿物油,常用的有机械油、精密机床液压油、汽轮机油和变压器油等。一般根据液压系统的使用性能和工作环境等因素确定液压油的品种。当品种确定后,主要考虑油液的黏度。

在确定油液黏度时主要应考虑系统工作压力、环境温度及工作部件的运动速度。当系统的工作压力、环境温度较高,工作部件运动速度较低时,为了减少泄漏,宜采用黏度较高的液压油。当系统工作压力、环境温度较低,而工作部件运动速度较高时,为了减少功率损失,宜采用黏度较低的液压油。

当选购不到合适黏度的液压油时,可采用调和的方法得到满足黏度要求的调和油。

当液压油的某些性能指标不能满足某些系统较高要求时,可在油中加入各种改善其性能的添加剂,如抗氧化、抗泡沫、抗磨损、防锈以及改进黏温特性的添加剂,使之适用于特定的场合。

液压油的牌号是以其在 40℃时的运动黏度的平均值来确定的，比如 N46 的液压油是指这种油在 40℃时的运动黏度的平均值为 $46mm^2/s$。

液压油的牌号及其技术性能指标，可查阅有关液压手册。

思考与练习

1. 液体压力如何形成？常用的压力单位是什么？

2. 什么叫大气压力、相对压力、绝对压力和真空度？它们之间有什么关系？液压系统中压力指的是什么压力？

3. 某液压系统压力表的读数为 $5.9 \times 10^5 Pa$，这是什么压力？它的绝对压力又是多少？

4. 如图 2-26 所示，容器 A 内充满着 $\rho = 900 \times 10^3 kg/m^3$ 的液体，汞 U 形测压计的 $h = 1m$，$Z_A = 0.5m$，求容器 A 中的压力。

5. 什么是层流和紊流？用什么来判断液体的流动状态？雷诺数的物理意义是什么？

6. 理想液体的伯努利方程的物理意义是什么？

7. 如图 2-27 所示一个水深为 2m、水平截面积为 3m×3m 的水箱，底部接一个直径 $d = 150mm$、长 2m 的竖直管，在水箱进水量等于出水量下作恒定流动，求点 3 处的压力及出流速度，略去各种损失。

8. 何谓液体的黏性？黏性的实质是什么？什么是黏度？表示黏度有哪几种表达方法？

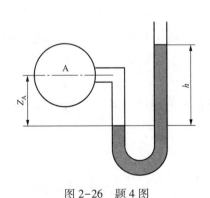

图 2-26 题 4 图

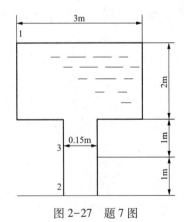

图 2-27 题 7 图

第3章　液压基本回路

本 章 导 读

- 本章重点介绍了定值控制阀的液压基本回路，并由基本回路进一步去了解液压元件的工作原理和在回路中的作用。要求熟悉并掌握方向控制回路、压力控制回路、速度控制回路及多缸动作回路的组成和工作原理。
- 本章还介绍了含有液压伺服控制元件的液压伺服控制基本回路，含有液压比例控制元件的液压比例控制基本回路，含有逻辑插装元件的插装阀基本回路。要求重点掌握逻辑插装控制方向、压力、速度控制回路的工作原理。

3.1　定值控制阀的基本回路

任何复杂的液压系统都是由简单的基本回路组成的。液压回路是指一些液压元件按照要求连接在一起完成规定的功能的系统。液压基本回路的作用是用来控制介质的压力、控制流量的大小、控制执行元件的运动方向，因此液压基本回路可以按照在系统中的功能分成三大类：压力控制回路、流量（或速度）控制回路、方向控制回路以及多缸工作回路，如图3-1所示。

3.1.1　方向控制回路

在液压系统中，利用方向阀控制油液的流通、切断和换向，从而控制执行元件的启动、停止及改变执行元件运动方向的回路，称方向控制回路。方向控制回路有换向回路和锁紧回路。

1. 换向回路

运动部件的换向，一般可采用各种换向阀来实现。在容积调速的闭式回路中，也可以利用双向变量泵控制油液的流动方向来实现液压缸（或液压马达）的换向。

（1）用电液换向阀进行换向。

图3-2所示为电液换向阀的换向回路。换向的平稳性由电液换向阀的可调节流阀保证，本回路适用于流量较大的场合。

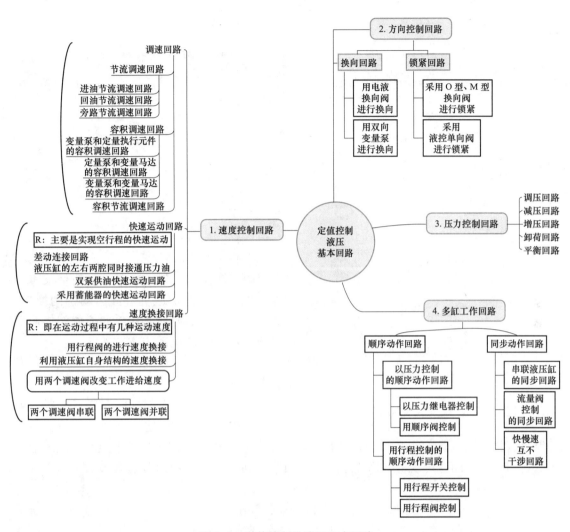

图 3-1 定值控制的液压基本回路

(a)   (b)

图 3-2 采用电液换向阀的换向回路（一）
（a）左位；（b）中位

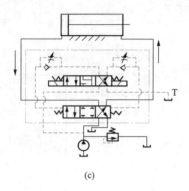

(c)

图 3-2 采用电液换向阀的换向回路（二）

（c）右位

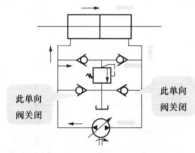

此单向阀关闭

此单向阀关闭

图 3-3 双向变量泵换向回路

（2）双向变量泵换向回路。

在容积调速回路中，常常利用双向变量泵直接改变输油方向，以实现液压缸或液压马达的换向，如图 3-3 所示。这种换向回路比普通换向阀换向平稳，多用于大功率的液压系统中，如龙门刨床、拉床等液压系统。

2. 锁紧回路

锁紧回路是用于使工作部件能在任意位置上停留，或者用于在停止工作时防止在受力的情况下发生移动。锁紧回路通常采用 O 型或 M 型机能的三位换向阀，在阀芯处于中位时，液压缸的进、出口都被封闭，可以将活塞锁紧。这种锁紧回路由于受到滑阀泄漏的影响，锁紧效果较差。

图 3-4 为采用 O 型换向阀的锁紧回路。这种采用 O、M 型换向阀的锁紧回路，由于滑阀式换向阀不可避免地存在泄漏，密封性能较差，锁紧效果差，只适用于短时间的锁紧或锁紧程度要求不高的场合。

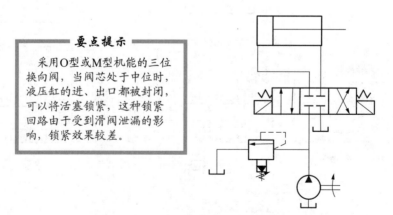

图 3-4 采用 O 型机能换向阀的锁紧回路

图 3-5 是采用液控单向阀的锁紧回路。在液压缸的进、回油路中都串接液控单向阀（又称液压锁），活塞可以在行程的任何位置锁紧。其锁紧精度只受液压缸内少量的内泄漏影响，因此，锁紧精度较高。假如采用 O 型机能，在换向阀中位时，由于液控单向阀的控制腔压力油被闭死而不能使其立即关闭，直至由换向阀的内泄漏使控制腔泄压后，液控单向阀才能关闭，影响其锁紧精度。

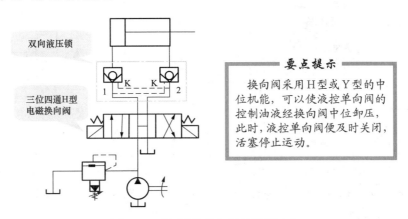

双向液压锁

三位四通 H 型
电磁换向阀

要点提示

换向阀采用 H 型或 Y 型的中位机能，可以使液控单向阀的控制油液经换向阀中位卸压，此时，液控单向阀便及时关闭，活塞停止运动。

图 3-5　采用液控单向阀的锁紧回路

3.1.2　速度控制回路

速度控制回路包括调速回路、快速运动回路及速度换接回路。

1. 调速回路

调速回路主要有三种方式，即节流调速回路、容积调速回路和容积节流调速回路。

（1）节流调速回路。

节流调速回路是用调节流量阀的通流截面积的大小来改变进入执行机构的流量，以调节其运动速度。按流量阀相对于执行机构的安装位置不同，又可分为进油节流、回油节流和旁路节流等三种调速回路。

进油节流与回油节流调速回路又称定压式节流调速回路，由节流阀、定量泵、溢流阀和执行机构等组成。其回路工作压力（即泵的输出压力）p 由溢流阀调定后，基本不变。回路中进入液压缸的流量由节流阀调节，定量泵输出的多余油液经溢流阀流回油箱，溢流阀必须处于工作状态，这是调速回路正常工作的必要条件。

1）进油节流调速回路。

进油节流调速回路是将节流阀串联在执行机构的进油路上，其调速原理如图 3-6 所示。系统用定量泵供油，流量恒定，调节节流阀的开口大小就可改变进入油缸中的油量，从而改变活塞的运动速度 $v = \dfrac{q}{A}$。

根据流量控制阀和换向阀在回路中的位置不同，又可将它分为单向和双向调速两种情况。图 3-6（a）为双向进油调速，图 3-6（b）为单向进油调速。

进油节流调速回路的优点是：液压缸回油腔和回油管中压力较低，如采用单出杆活塞液压缸，使油液进入无杆腔中，其有效工作面积较大，可以得到较大的推力和较低的运动速

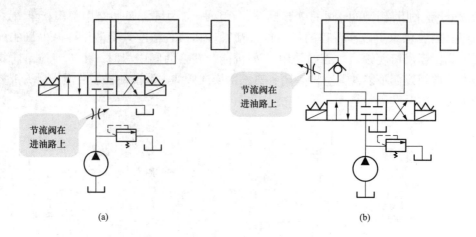

图 3-6　进油节流调速回路

（a）双向进油调速；（b）单向进油调速

度，这种回路只能用于阻力负载，多用于要求冲击小、负载变动小的液压系统中。

2）回油节流调速回路。

回油节流调速回路将节流阀安装在执行元件（液压缸）的回油路上，其调速原理如图 3-7 所示。

系统用定量泵供油，调节节流阀的开口面积便可改变进入液压缸输出的流量，从而改变执行元件的运动速度。同进油节流调速一样，也可以将它分为单向和双向调速两种情况，图 3-7（a）为双向回油调速，图 3-7（b）为单向回油调速。

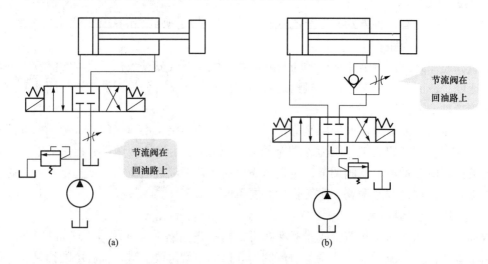

图 3-7　回油节流调速回路

（a）双向回油调速；（b）单向回油调速

节流阀安装在液压缸与油箱之间，液压缸回油腔具有背压，相对进油调速而言，运动比较平稳，回油节流调速可获得最小稳定速度。

这种回路由于存在背压适用于具有超越负载的工况，一般应用于功率不大，有负值负载和负载变化较大的情况下；或者要求运动平稳性较高的液压系统中，如铣床、钻床、平面磨床、轴承磨床和进行精密镗削的组合机床。

从停车后启动冲击小和便于实现压力控制的方便性而言，进口节流调速比出口节流调速更方便，又由于出口节流调速在轻载工作时，背压力很大，而影响密封，加大泄漏。故实际应用中普遍采用进油节流调速，并在回油路上加一背压阀以提高运动的平稳性。

3）旁路节流调速回路。

这种回路由定量泵、安全阀、液压缸和节流阀组成，节流阀安装在与液压缸并联的旁油路上，其调速原理如图 3-8 所示。

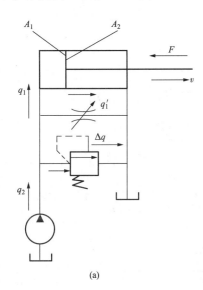 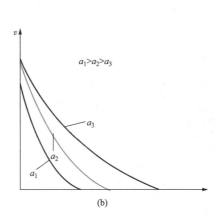

(a)　　　　　　　　　　　　　　　　(b)

图 3-8　旁路节流调速回路

(a) 回路简图；(b) 速度负载特性

定量泵输出的流量 q_B，一部分（q_1）进入液压缸，一部分（q_2）通过节流阀流回油箱。溢流阀在这里起安全作用，回路正常工作时，溢流阀不打开，当供油压力超过正常工作压力时，溢流阀才打开，以防过载。溢流阀的调节压力应大于回路正常工作压力，在这种回路中，缸的进油压力 p_1 等于泵的供油压力 p_B，它随负载变化而变化，溢流阀的调节压力一般为缸克服最大负载所需的工作压力的 p_{max} 的 1.1~1.3 倍。

4）采用调速阀的节流调速回路。

前面介绍的三种基本回路其速度的稳定性均随负载的变化而变化，对于一些负载变化较大，对速度稳定性要求较高的液压系统，可采用调速阀来改善其速度—负载特性。在此回路中，调速阀上的压差 Δp 包括两部分：节流口的压差和定差输出减压口上的压差。所以调速阀的调节压差比采用节流阀时要大，一般 $\Delta p \geq 5 \times 10^5 \text{Pa}$，高压调速阀则达 $10 \times 10^5 \text{Pa}$。这样泵的供油压力 ρ_B 相应地比采用节流阀时也要调得高些，故其功率损失也要大些。

采用调速阀也可按其安装位置不同，分为进油节流、回油节流、旁路节流三种基本调速回路。

图 3-9 为调速阀进油调速回路。其工作原理与采用节流的进油节流阀调速回路相似。在这里当负载 F 变化而使 ρ_1 变化时，由于调速阀中的定差输出减压阀的调节作用，使调速阀中的节流阀的前后压差 Δp 保持不变，从而使流经调速阀的流量 q_1 不变，所以活塞的运动

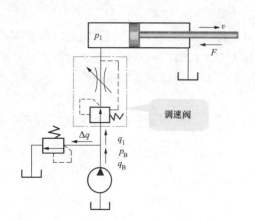

图 3-9 调速阀进油节流调速回路

速度 v 也不变。

图 3-10（a）所示为单调速阀桥式双向节流调速回路，图示液压缸向右时为进油节流调速，向左时为回油节流调速。图 3-10（b）为用不同流量控制阀对液压缸的左、右行程分别进行进/回油路调速控制，可以根据不同的要求分别调节相应的调速阀实现对左右行程速度的调节。

综上所述，采用调速阀的节流调速回路的低速稳定性、回路刚度、调速范围等，要比采用节流阀的节流调速回路都好，所以它在机床液压系统中获得广泛的应用。

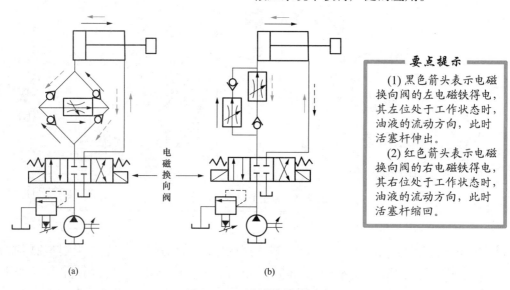

要点提示

（1）黑色箭头表示电磁换向阀的左电磁铁得电，其左位处于工作状态时，油液的流动方向，此时活塞杆伸出。

（2）红色箭头表示电磁换向阀的右电磁铁得电，其右位处于工作状态时，油液的流动方向，此时活塞杆缩回。

图 3-10　双向节流调速回路
（a）单调速阀桥式双向节流调速回路；（b）不同流量控制阀的进/回油路调速控制

（2）容积调速回路。

容积调速回路是通过调节变量泵或变量马达的排量来调速的。

节流调速回路效率低、发热大，只适用于小功率系统。容积调速回路是通过改变回路中液压泵或液压马达的排量来实现调速的。其主要优点是功率损失小（没有溢流损失和节流损失），且其工作压力随负载变化，所以效率高、油的温度低，适用于高速、大功率系统。

按油路循环方式不同，容积调速回路有开式回路和闭式回路两种。开式回路中［如图 3-11（a）所示］泵从油箱吸油，执行机构的回油直接回到油箱，油箱容积大，油液能得到较充分冷却，但空气和脏物易进入回路。闭式回路中［如图 3-11（b）所示］，液压泵将油输出进入执行机构的进油腔，又从执行机构的回油腔吸油。闭式回路结构紧凑，只需很小的补油箱，但冷却条件差。为了补偿工作中油液的泄漏，一般设补油泵，补油泵的流量为

主泵流量的 $10\% \sim 15\%$ 。压力调节为 $3\times10^5 \sim 10\times10^5\mathrm{Pa}$ 。容积调速回路通常有三种基本形式：变量泵和定量液动机的容积调速回路，定量泵和变量马达的容积调速回路，变量泵和变量马达的容积调速回路。

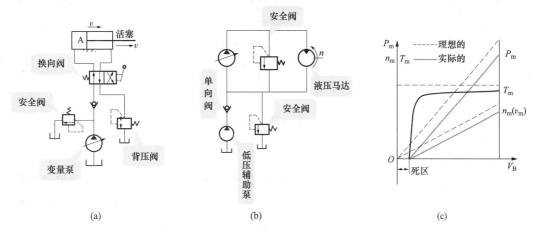

图 3-11　变量泵定量液动机容积调速回路

（a）开式回路；（b）闭式回路；（c）闭式回路的特性曲线

1）变量泵和定量执行元件的容积调速回路。

这种调速回路可由变量泵与液压缸或变量泵与定量液压马达组成。其回路原理如图 3-11 所示，图 3-11（a）为变量泵与液压缸所组成的开式容积调速回路；图 3-11（b）为变量泵与定量液压马达组成的闭式容积调速回路。

工作原理：图 3-11（a）中活塞的运动速度 v 由变量泵调节，图 3-11（b）所示为采用变量泵来调节液压马达的转速，安全阀用来防止过载，低压辅助泵用来补油，其补油压力由低压溢流阀来调节。

因此，变量泵和定量执行元件所组成的容积调速回路为恒转矩输出，可正反向实现无级调速，调速范围较大。适用于调速范围较大，要求恒扭矩输出的场合，如大型机床的主运动或进给系统中。

2）定量泵和变量马达容积调速回路。

定量泵与变量马达容积调速回路如图 3-12 所示。图 3-12（a）为开式回路，图 3-12（b）为闭式回路，此种回路属恒功率调速。其转矩特性和功率特性见图 3-12（c）所示。

综上所述，定量泵变量马达容积调速回路，由于不能用改变马达的排量来实现平稳换向，调速范围比较小（一般为 3~4），因而较少单独应用。

3）变量泵和变量马达的容积调速回路。

这种调速回路是上述两种调速回路的组合，其调速特性也具有两者之特点。

图 3-13 所示为其工作原理与调速特性，由双向变量泵 2 和双向变量马达 9 等组成闭式容积调速回路。

该回路的工作原理：调节变量泵 2 的排量 V_B 和变量马达 9 的排量 V_m，都可调节马达的转速 n_m；液控换向阀 7 和溢流阀 8 用于改善回路工作性能，当高、低压油路压差 (p_B-p_0) 大于一定值时，液动滑阀 7 处于上位或下位，使低压油路与溢流阀 8 接通，部分低压热油经

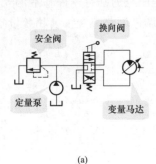
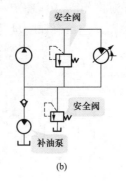
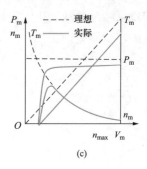

(a)   (b)   (c)

图 3-12　定量泵变量马达容积调速回路

（a）开式回路；（b）闭式回路；（c）工作特性曲线

7、8 流回油箱。因此，溢流阀 8 的调节压力应比溢流阀 10 的调节压力低些。为合理地利用变量泵和变量马达调速中各自的优点，克服其缺点，在实际应用时，一般采用分段调速的方法，分段调速的特性曲线如图 3-13（b）所示。

<table>
<tr><td>

■ 要点提示

　（1）补油泵 1 通过单向阀 3 和 4 向低压腔补油，其补油压力由溢流阀 10 来调节；

　（2）安全阀 5 和 6 分别用以防止正反两个方向的高压过载。

</td><td>

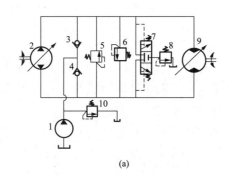

(a)

</td><td>

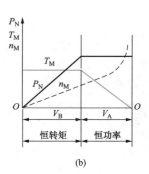

(b)

</td></tr>
</table>

图 3-13　变量泵变量马达的容积调速回路

（a）工作原理；（b）调速特性

1—补油泵；2—变量泵；3、4—单向阀；7—换向阀；5、6、8、10—溢流阀；9—双向变量马达

　　这种容积调速回路的调速范围是变量泵调节范围和变量马达调节范围之乘积，所以其调速范围大（可达 100），并且有较高的效率，它适用于大功率的场合，如矿山机械、起重机械以及大型机床的主运动液压系统。

　　（3）容积节流调速回路。

　　容积节流调速回路是用限压变量泵供油，由流量阀调节进入执行机构的流量，并使变量泵的流量与流量阀的调节流量相适应来实现调速。此外，还可采用几个定量泵并联，按不同的速度需要，用启动一个泵或几个泵供油来实现分级调速。

　　容积节流调速回路的基本工作原理是采用压力补偿式变量泵供油、调速阀（或节流阀）调节进入液压缸的流量并使泵的输出流量自动地与液压缸所需流量相适应。

　　常用的容积节流调速回路有：限压式变量泵与调速阀等组成的容积节流调速回路，变压式变量泵与节流阀等组成的容积调速回路。

　　图 3-14 所示为限压式变量泵与调速阀组成的调速回路工作原理和工作特性图。在图示

位置，活塞 4 快速向右运动，泵 1 按快速运动要求调节其输出流量 q_{max}，同时调节限压式变量泵的压力调节螺钉，使泵的限定压力 p_c 大于快速运动所需压力 ［图 3-14 (b) 中 AB 段］。当换向阀 3 通电，泵输出的压力油经调速阀 2 进入缸 4，其回油经背压阀 5 回油箱。调节调速阀 2 的流量 q_1 就可调节活塞的运动速度 v，由于 $q_1 < q_B$，压力油迫使泵的出口与调速阀进口之间的油压憋高，即泵的供油压力升高，泵的流量便自动减小到 $q_B \approx q_1$ 为止。

这种调速回路的运动稳定性、速度负载特性、承载能力和调速范围均与采用调速阀的节流调速回路相同。图 3-14 (b) 所示为其调速特性，由图可知，此回路只有节流损失而无溢流损失。

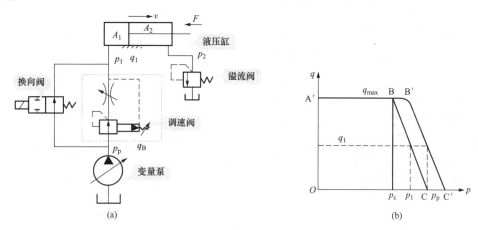

图 3-14 限压式变量泵调速阀容积节流调速回路

(a) 工作原理；(b) 调速特性图

综上所述，限压式变量泵与调速阀等组成的容积节流调速回路，具有效率较高、调速较稳定、结构较简单等优点。目前已广泛应用于负载变化不大的中、小功率组合机床的液压系统中。

(4) 调速回路的比较和选用。

调速回路的比较见表 3-1。

表 3-1 调 速 回 路 的 比 较

回路类 主要性能		节流调速回路				容积调速回路	容积节流调速回路	
		用节流阀		用调速阀			限压式	稳流式
		进回油	旁路	进回油	旁路			
机械特性	速度稳定性	较差	差	好		较好	好	
	承载能力	较好	较差	好		较好	好	
调速范围		较大	小	较大		大	较大	
功率特性	效率	低	较高	低	较高	最高	较高	高
	发热	大	较小	大	较小	最小	较小	小
适用范围		小功率、轻载的中、低压系统				大功率、重载高速的中、高压系统	中、小功率的中压系统	

调速回路的选用主要考虑以下问题：

1）执行机构的负载性质、运动速度、速度稳定性等要求负载小，且工作中负载变化也小的系统可采用节流阀节流调速；在工作中负载变化较大且要求低速稳定性好的系统，宜采用调速阀的节流调速或容积节流调速；负载大、运动速度高、油的温升要求小的系统，宜采用容积调速回路。

一般来说，功率在3kW以下的液压系统宜采用节流调速；3~5kW范围宜采用容积节流调速；功率在5kW以上的宜采用容积调速回路。

2）工作环境要求。处于温度较高的环境下工作，且要求整个液压装置体积小、质量轻的情况，宜采用闭式回路的容积调速。

3）经济性要求。节流调速回路的成本低，功率损失大，效率也低；容积调速回路因变量泵、变量马达的结构较复杂，所以价格高，但其效率高、功率损失小；而容积节流调速则介于两者之间，所以需综合分析选用哪种回路。

2. 快速运动回路

为了提高生产效率，机床工作部件常常要求实现空行程（或空载）的快速运动，这时要求液压系统流量大而压力低，这和工作运动时一般需要的流量较小和压力较高的情况正好相反。对快速运动回路的要求主要是在快速运动时，尽量减小需要液压泵输出的流量，或者在加大液压泵的输出流量后，系统在工作运动时又不至于引起过多的能量消耗。以下介绍几种机床上常用的快速运动回路。

（1）差动连接回路。

图3-15是用于快、慢速转换的，其中快速运动采用差动连接的回路，其运动图解见图3-16。当快速运动结束，工作部件上的挡铁压下机动换向阀时，泵的压力升高，外控顺序阀打开，液压缸右腔的回油只能经调速阀流回油箱，这时是工作进给；当换向阀右端的电磁铁通电时，活塞向左快速退回（非差动连接）。采用差动连接的快速回路方法简单，较经济，但快、慢速度的换接不够平稳。

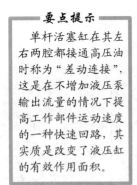

要点提示

单杆活塞缸在其左右两腔都接通高压油时称为"差动连接"，这是在不增加液压泵输出流量的情况下提高工作部件运动速度的一种快速回路，其实质是改变了液压缸的有效作用面积。

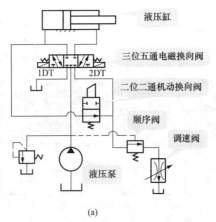

液压缸
三位五通电磁换向阀
二位二通机动换向阀
顺序阀
调速阀
液压泵

(a)

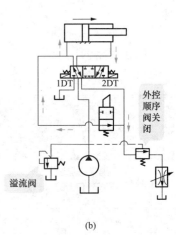

外控顺序阀关闭
溢流阀

(b)

图3-15　能实现差动连接的工作进给回路

（a）中位；（b）左位（差动连接）

必须注意，差动油路的换向阀和油管通道应按差动时的流量选择，不然流动液阻过大，会使液压泵的部分油从溢流阀流回油箱，速度减慢，甚至不起差动作用。

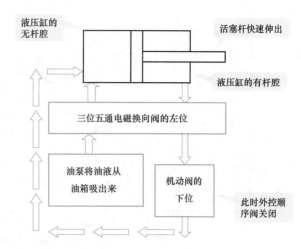

要点提示

当换向阀左端的电磁铁通电时，阀左位工作，液压泵输出的压力油同缸右腔的油经电磁换向阀的左位、机动换向阀的下位（此时外控顺序阀关闭）也进入液压缸的左腔，实现了差动连接，使活塞向右快速运动。

图 3-16　差动连接液压缸工作进给油路走向示意图

（2）双泵供油的快速运动回路。

这是利用低压大流量泵和高压小流量泵并联为系统供油的回路，见图 3-17。其中，高压小流量泵用来实现工作进给运动，低压大流量泵用以实现快速运动。

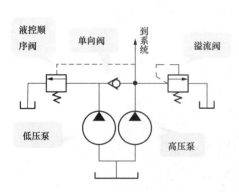

要点提示

(1) 在快速运动时，低压泵输出的油经单向阀和高压泵输出的油共同向系统供油。

(2) 在工作进给时，系统压力升高，打开液控顺序阀(卸荷阀)使低压泵卸荷，此时单向阀关闭，由高压泵单独向系统供油。

(3) 溢流阀控制高压泵的供油压力，其设定压力是根据系统所需最大工作压力来调节的，而卸荷阀使低压泵在快速运动时供油，在工作进给时则卸荷，因此它的调整压力应比快速运动时系统所需的压力要高，但比溢流阀的调整压力低。

图 3-17　双泵供油回路

双泵供油回路功率利用合理、效率高，并且速度换接较平稳，在快、慢速度相差较大的机床中应用很广泛，缺点是要用一个双联泵，油路系统也稍复杂。

（3）采用蓄能器的快速运动回路

如图 3-18 所示的这种回路用于系统短期需要大流量的场合。当液压缸停止工作时，液压泵向蓄能器充油，油液压力升至液控顺序阀 3 的调定压力时，液控顺序阀 3 被开启，液压泵卸荷；当液压缸工作时，由液压泵和蓄能器同时向液压缸供油，活塞能获得较大的运动速度。这种回路可以采用小容量液压泵，利用蓄能器实现短期大量供油，减小能量损耗。

3. 速度换接回路

速度换接回路用来实现运动速度的变换，即在原来设计或调节好的几种运动速度中，从一种速度换成另一种速度。对这种回路的要求是速度换接要平稳，即不允许在速度变换的过程中有前冲（速度突然增加）现象。下面介绍几种回路的换接方法及特点。

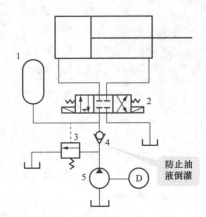

要点提示

蓄能器，是一种储存压力液体的液压元件。当液压传动系统需要时，蓄能器所储存的压力液体在其加载装置作用下被释放出来，输送到液压传动系统中去工作；而当液压传动系统中工作液体过剩时，这些多余的液体又会克服加载装置的作用力，进入蓄能储存起来。

1
2
3 4
防止油液倒灌
5 D

图 3-18 采用蓄能器的快速运动回路

1—蓄能器；2—电磁换向阀；3—液控顺序阀；4—单向阀；5—液压泵

（1）快速运动。

图 3-19 是用单向行程节流阀换接的快速运动（简称快进）和工作进给运动（简称工进）的速度换接回路。

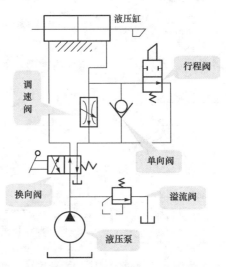

要点提示

一种速度是行程阀被压下换向，液压缸右腔的回油经过调速阀来实现，另一种速度是行程阀没有被压下换向，液压缸右腔的回油经过行程阀来实现。

液压缸
行程阀
调速阀
单向阀
换向阀
溢流阀
液压泵

图 3-19 用行程节流阀的速度换接回路

在图示位置液压缸右腔的回油可经行程阀和换向阀流回油箱，使活塞快速向右运动。当快速运动到达所需位置时，活塞上挡块压下行程阀，将其通路关闭，这时液压缸右腔的回油就必须经过节流阀流回油箱，活塞的运动转换为工作进给运动（简称工进）。当操纵换向阀使活塞换向后，压力油可经换向阀和单向阀进入液压缸右腔，使活塞快速向左退回。

（2）工作进给运动的换接回路。

在这种速度换接回路中，因为行程阀的通油路是由液压缸活塞的行程控制阀芯移动而逐渐关闭的，所以换接时的位置精度高，冲出量小，运动速度的变换也比较平稳。这种回路在机床液压系统中应用较多，它的缺点是行程阀的安装位置受一定限制（要由挡铁压下），所以有时管路连接稍复杂。行程阀也可以用电磁换向阀来代替，这时电磁阀的安装位置不受限制（挡铁只需要压下行程开关），但其换接精度及速度变换的平稳性较差。

图 3-20 是利用液压缸本身的管路连接实现的速度换接回路。在图示位置时，活塞快速向右移动，液压缸右腔的回油经油路和换向阀流回油箱。当活塞运动到将油路封闭后，液压缸右腔的回油须经调速阀流回油箱，活塞则由快速运动变换为工作进给运动。其运动图解见图 3-21。

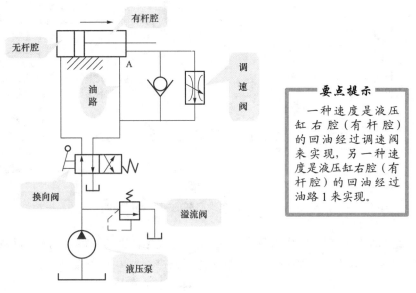

图 3-20　利用液压缸自身结构的速度换接回路

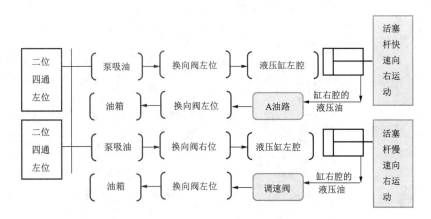

图 3-21　利用液压缸自身结构的速度换接运动油路走向运动图解

这种速度换接回路方法简单，换接较可靠，但速度换接的位置不能调整，工作行程也不能过长以免活塞过宽，所以仅适用于工作情况固定的场合。这种回路也常用作活塞运动到达端部时的缓冲制动回路。

（3）两种工作进给速度的换接回路。

对于某些自动机床、注塑机等，需要在自动工作循环中变换两种以上的工作进给速度，这时需要采用两种（或多种）工作进给速度的换接回路。

图 3-22 是两个调速阀串联的速度换接回路。这种回路在工作时调速阀 1 一直工作，它

限制着进入液压缸或调速阀2的流量，因此在速度换接时不会使液压缸产生前冲现象，换接平稳性较好。在调速阀2工作时，油液需经两个调速阀，故能量损失较大。

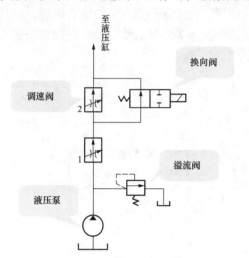

要点提示

(1) 液压泵输出的压力油经调速阀1和电磁阀进入液压缸，这时的流量由调速阀1控制，可以获得进给速度1。

(2) 换向阀通电，其右位接入回路，则液压泵输出的压力油先经调速阀1，再经调速阀2进入液压缸，这时的流量应由调速阀2控制，可以获得第二种工作进给速度。

(3) 两个调速阀串联式回路中调速阀2的节流口应调得比调速阀1小，否则调速阀2速度换接回路将不起作用。

图 3-22　两个调速阀串联的速度换接回路

图3-23是两个调速阀并联以实现两种工作进给速度换接的回路。这种回路中两个调速阀的节流口可以单独调节，互不影响，即第一种工作进给速度和第二种工作进给速度互相间没有什么限制。但一个调速阀工作时，另一个调速阀中没有油液通过，它的减压阀则处于完全打开的位置，在速度换接开始的瞬间不能起减压作用，容易出现部件突然前冲的现象。图 3-23（b）为另一种调速阀并联的速度换接回路。

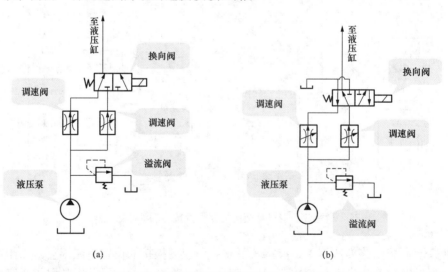

(a)　　　　　　　　　　　　　　(b)

图 3-23　两个调速阀并联的速度换接回路

在这个回路中，两个调速阀始终处于工作状态，在由一种工作进给速度转换为另一种工作进给速度时，不会出现工作部件突然前冲现象，因而工作可靠。但是液压系统在工作中总有一定量的油液通过不起调速作用的那个调速阀流回油箱，造成能量损失，使系统发热。

3.1.3　压力控制回路

压力控制回路是用压力阀来控制和调节液压系统主油路或某一支路的压力，以满足执行元件速度换接回路所需的力或力矩的要求。

液压系统的工作压力取决于负载的大小。执行元件所受到的总负载即总阻力包括工作负载、执行元件由于自重和机械摩擦所产生的摩擦阻力，以及油液在管路中流动时所产生的沿程阻力和局部阻力等。为使系统保持一定的工作压力，或在一定的压力范围内工作，或能在几种不同压力下工作，就需要调整和控制整个系统的压力。压力控制回路可以相应地分成调（限）压回路、减压回路、增压回路、卸荷回路和保压回路。

1. 调压及限压回路

调压回路用来调定和限定液压系统的最高工作压力，或者使执行元件在工作过程的不同阶段能够实现多种不同的压力变换，这一功能一般由溢流阀来实现。图 3-24（a）所示的是单级调压回路。图 3-24（b）所示为二级调压回路，该回路可实现两种不同的系统压力控制。图 3-24（c）所示为三级调压回路，三级压力分别由溢流阀 1、2、3 调定。

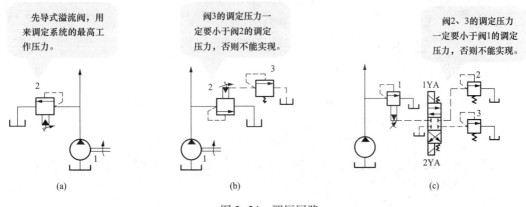

图 3-24　调压回路
（a）一级调压回路；（b）二级调压回路；（c）三级调压回路

通过调节溢流阀的压力，可以改变泵的输出压力。当溢流阀的调定压力确定后，液压泵就在溢流阀的调定压力下工作，从而实现了对液压系统进行调压和稳压控制。如果将液压泵 1 改换为变量泵，这时溢流阀将作为安全阀来使用，液压泵的工作压力低于溢流阀的调定压力，这时溢流阀不工作，当系统出现故障，液压泵的工作压力上升时，一旦压力达到溢流阀的调定压力，溢流阀将开启，并将液压泵的工作压力限制在溢流阀的调定压力下，使液压系统不致因压力过载而受到破坏，从而保护了液压系统。

多级限压回路的方式很多，主要有以下 4 种：

（1）通过换向阀换接远程调压阀来控制主溢流阀的压力，能变换的压力级数与远程调压阀的数量相同。如图 3-24（c）所示。阀 1 是主溢流阀，可通过变化不同的远程调压阀 2、3 的压力来改变系统的压力。

（2）通过换向阀换接不同设定压力的溢流阀，用这种办法可以改变不同的压力系统，压力等级数与溢流阀数量相同。如图 3-25（a）所示。溢流阀 1 及 2 分别设定不同的压力，换向阀 3 则换接不同的压力。

（3）通过凸轮改变溢流阀弹簧的压紧力以改变溢流阀的设定压力。如图3-25（b）所示。这种调压方法可实现无级调压。

（4）利用比例阀限压，如图3-25（c）所示，图中阀1为主溢流阀，电液比例溢流阀2作先导溢流阀用。系统的压力由输入至电液比例溢流阀的电液比例电磁铁的电流 I 而定。压力随电流给定值的增加而升高，这种回路不仅对系统进行远程调压，而且很容易改变系统的工作压力，克服传统液压系统多元件的缺点。阀3为系统的安全阀。

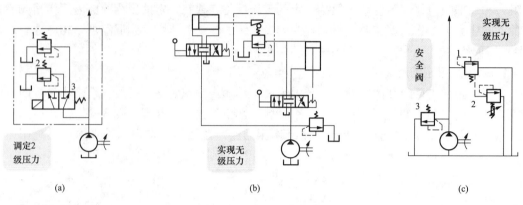

图3-25　多级限压回路

2. 减压回路

当系统中某个执行元件所需的压力与油源压力不同时，就需要变压回路来满足要求，变压回路包括减压回路和增压回路两种。

最常见的减压回路为通过定值减压阀与主油路相连，如图3-26（a）所示。图3-26（b）所示为利用先导型减压阀1的远控口接一远控溢流阀2，则可由阀1、阀2各调得一种低压。

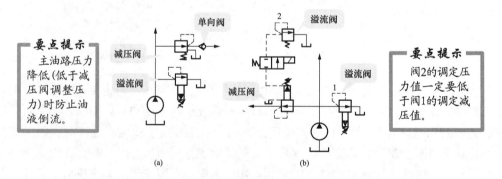

图3-26　减压回路
（a）直动型减压阀的减压回路；（b）先导型减压阀的减压回路

为了使减压回路工作可靠，减压阀的最低调整压力不应小于0.5MPa，最高调整压力至少应比系统压力小0.5MPa。当减压回路中的执行元件需要调速时，调速元件应放在减压阀的后面，以避免减压阀泄漏（指由减压阀泄油口流回油箱的油液）对执行元件的速度产生影响。

3. 增压回路

如果系统或系统的某一支油路需要压力较高但流量又不大的压力油，而采用高压泵又不经济，或者根本就没有必要增设高压力的液压泵时，就常采用增压回路，这样不仅易于选择液压泵，而且系统工作较可靠，噪声小。增压回路中提高压力的主要元件是增压缸或增压器。

（1）间歇式增压回路。图 3-27（a）是间歇式增压回路，又称单作用增压缸的增压回路。增压液压缸 1 的活塞大端与油源 P_0 接通时，在换向阀换向后因为只有活塞右移时才对高压系统供油，所以是间歇供油方式。单向阀 4 是防止高压油流入油箱。

（2）连续式增压回路。又称双作用增压缸的增压回路。如图 3-27（b）所示的采用双作用增压缸的增压回路，能连续输出高压油，在图示位置，液压泵输出的压力油经换向阀 5 和单向阀 1 进入增压缸左端大、小活塞腔，右端大活塞腔的回油通油箱，右端小活塞腔增压后的高压油经单向阀 4 输出，此时单向阀 2、3 被关闭。当增压缸活塞移到右端时，换向阀得电换向，增压缸活塞向左移动。同理，左端小活塞腔输出的高压油经单向阀 3 输出，这样，增压缸的活塞不断往复运动，两端便交替输出高压油，从而实现了连续增压。

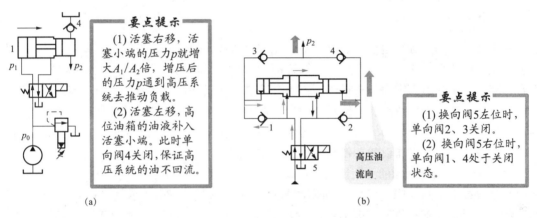

要点提示

(1) 活塞右移，活塞小端的压力 p 就增大 A_1/A_2 倍，增压后的压力 p 通到高压系统去推动负载。

(2) 活塞左移，高位油箱的油液补入活塞小端。此时单向阀 4 关闭，保证高压系统的油不回流。

要点提示

(1) 换向阀 5 左位时，单向阀 2、3 关闭。

(2) 换向阀 5 右位时，单向阀 1、4 处于关闭状态。

高压油流向

(a)　　　　　　　　　　　　(b)

图 3-27　增压回路
（a）间歇式；（b）连续式

4. 卸荷回路

在负载不做功或做功很小的情况下使全部或部分油源压力降为零压（油箱压力）的回路称为卸荷回路，又称卸载回路。这种回路可减少功率损耗，降低系统发热，延长泵和电动机的寿命。液压泵的卸荷有流量卸荷和压力卸荷两种，前者主要是使用变量泵，使变量泵仅为补偿泄漏而以最小流量运转，此方法比较简单，但泵仍处在高压状态下运行，磨损比较严重；压力卸荷的方法是使泵在接近零压下运转，主要有两种办法可以卸荷：一种是用换向阀直接接油箱使系统压力变零；另一种是用换向阀接溢流阀遥控口使溢流阀全开，从而使液压压力变零。

（1）用换向阀直接卸荷。

换向阀卸荷回路 M、H 和 K 型中位机能的三位换向阀处于中位时泵即卸荷，如图 3-28 所示为采用 M 型中位机能的电液换向阀的卸荷回路，这种回路切换时压力冲击小，但回路中必须设置单向阀，以使系统能保持 0.3MPa 左右的压力，供操纵控制油路之用。

（2）用先导型溢流阀的远程控制口卸荷。

图 3-29 中若去掉远程调压阀 3，使先导型溢流阀的远程控制口直接与二位二通电磁阀

相连，便构成 种用先导型溢流阀的卸荷回路，这种卸荷回路卸荷压力小，切换时冲击也小。

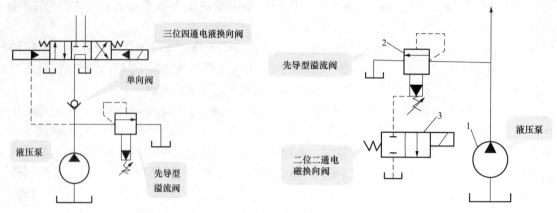

图 3-28 M 型中位机能卸荷回路　　　　　图 3-29 溢流阀远控口卸荷

5. 平衡回路

对于许多沿垂直方向运动的执行机构，比如机床或其他机电设备等，这些机床设备的执行装置无论液压系统在工作或停止时，始终都会受到执行机构的较大重力负载的作用。如果没有相应的平衡措施将重力负载平衡掉，将会造成机床设备执行装置的自行下滑或操作时的动作失控，其后果十分危险。平衡回路的功能在于使液压执行元件的回油路上始终保持一定的背压力以平衡掉执行机构的重力负载对液压元件的作用力，使之不会因自重作用而自行下滑，实现液压系统对机床设备动作的平稳、可靠控制。

（1）采用单向顺序阀的平衡回路。

它是通过平衡阀来限制液压缸动作的最低压力，如图 3-30 所示。平衡阀（单向顺序阀）的作用是限制液压缸下降时有杆腔的最低压力，只有有杆腔压力大于平衡阀设定压力时液压缸才下降。

（2）采用液控顺序阀的平衡回路。

图 3-31 为采用液控顺序阀的平衡回路。当活塞下行时，控制压力油打开液控顺序阀，

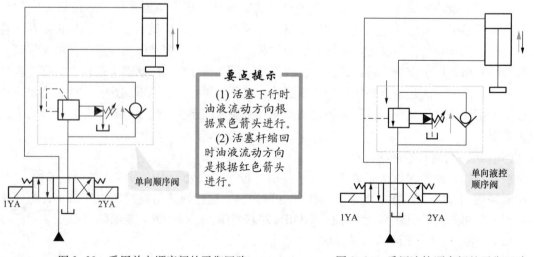

要点提示

(1) 活塞下行时油液流动方向根据黑色箭头进行。

(2) 活塞杆缩回时油液流动方向是根据红色箭头进行。

图 3-30 采用单向顺序阀的平衡回路　　　　图 3-31 采用液控顺序阀的平衡回路

背压消失，因而回路效率较高；当停止工作时，液控顺序阀关闭以防止活塞和工作部件因自重而下降。这种平衡回路的优点是只有上腔进油时活塞才下行，比较安全可靠；缺点是活塞下行时平稳性较差。这是因为活塞下行时，液压缸上腔油压降低，将使液控顺序阀关闭。当顺序阀关闭时，因活塞停止下行，使液压缸上腔油压升高，又打开液控顺序阀。因此液控顺序阀始终工作于启闭的过渡状态，因而影响工作的平稳性。这种回路适用于运动部件质量不很大、停留时间较短的液压系统中。

（3）采用液控单向阀的平衡回路。

图 3-32 所示的电磁换向阀处于不同状态时的油路图。

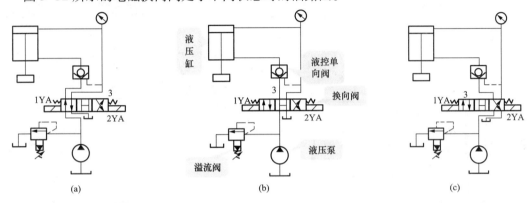

图 3-32　采用液控单向阀的平衡回路
（a）左位；（b）中位；（c）右位

当阀 3 处于中位时，液控单向阀将回路锁紧，并且重物的质量越大，液压缸下腔的油压越高，液控单向阀关得越紧，其密封性越好。因此这种回路能将重物较长时间地停留在空中某一位置而不滑下，平衡效果较好。该回路在回转式起重机的变幅机构中有所应用。

为了维持系统压力稳定或防止局部压力波动影响其他部分，如在液压卸荷并要求局部系统仍要维持原来的压力时，就需采用保压回路来实现其功能。保压回路包括夹紧回路、平衡回路、最低压力保持回路等。

3.1.4　多缸动作回路

一些机械，特别是自动化机床，在一个工作循环中往往有两个及两个以上的执行元件工作，控制多个执行元件的回路包括多缸顺序动作回路和多缸同步动作回路。

1. 顺序动作回路

在多缸工作的液压系统中，往往要求各执行元件严格地按照预先给定的顺序动作。例如，自动车床中刀架的纵横向运动，夹紧机构的定位和夹紧等。

顺序动作回路按其控制方式不同，分为压力控制、行程控制和时间控制三类，其中前两类用得较多。

（1）以压力控制的顺序动作回路。

压力控制就是利用油路本身的压力变化来控制液压缸的先后动作顺序，它主要利用压力继电器和顺序阀来控制顺序动作。

1）用压力继电器控制的顺序回路。

图 3-33 是机床的夹紧、进给系统，要求的动作顺序是：先将工件夹紧，然后动力滑台进行切削加工，动作循环开始时，二位四通电磁阀处于图示位置，液压泵输出的压力油进入夹紧缸的右腔，左腔回油，活塞向左移动。

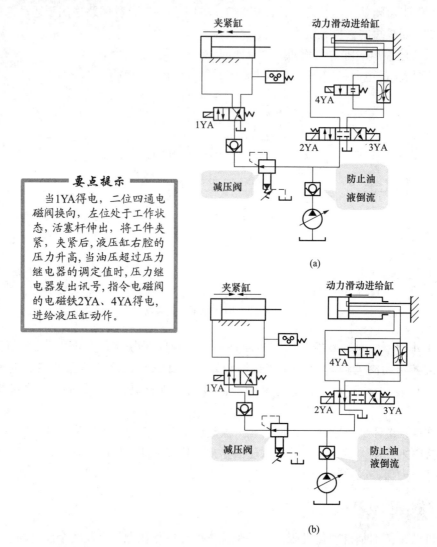

要点提示

当1YA得电，二位四通电磁阀换向，左位处于工作状态，活塞杆伸出，将工件夹紧，夹紧后，液压缸右腔的压力升高，当油压超过压力继电器的调定值时，压力继电器发出讯号，指令电磁阀的电磁铁2YA、4YA得电，进给液压缸动作。

图 3-33 压力继电器控制的顺序回路
（a）夹紧缸活塞杆缩回松开工件，进给缸不动作；（b）夹紧缸活塞伸出夹紧工件，进给缸向左进给

压力继电器控制的顺序回路如图 3-33 所示。油路中要求先夹紧后进给，工件没有夹紧则不能进给，这一严格的顺序是由压力继电器保证的。压力继电器的调整压力应比减压阀的调整压力低 $3 \times 10^5 \sim 5 \times 10^5$ Pa。

2）用顺序阀控制的顺序动作回路。

图 3-34 是采用两个单向顺序阀的压力控制顺序动作回路。其中单向顺序阀 4 控制两液压缸前进时的先后顺序，单向顺序阀 3 控制两液压缸后退时的先后顺序。

当电磁换向阀的左电磁铁1YA得电时，压力油进入液压缸1的左腔，右腔经阀3中的单向阀回油，此时由于压力较低，顺序阀4关闭，缸1的活塞先动。当液压缸1的活塞运动至终点时，油压升高，当油压升至单向顺序阀4的调定压力时，顺序阀开启，压力油进入液压缸2的左腔，右腔直接回油，缸2的活塞向右移动，如图3-34（b）所示。当液压缸2的活塞右移达到终点后，电磁换向阀的左电磁铁失电复位，右电磁铁得电时，此时压力油进入液压缸2的右腔，左腔经阀4中的单向阀回油，使缸2的活塞向左返回，到达终点时，油压升高打开顺序阀3进入液压缸1的有杆腔，其活塞返回。

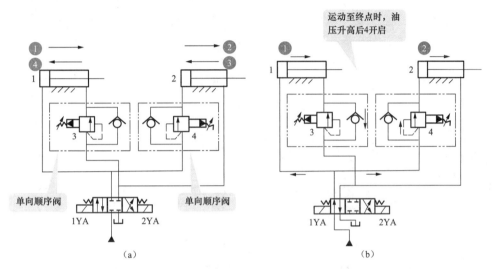

图3-34 顺序阀控制的顺序回路
（a）常态工作原理图；（b）活塞杆伸出工作原理图

这种顺序动作回路的可靠性，在很大程度上取决于顺序阀的性能及其压力调整值。顺序阀的调整压力应比先动作的液压缸的工作压力高 $8\times10^5\sim10\times10^5$Pa，以免在系统压力波动时，发生误动作。

（2）用行程控制的顺序动作回路。

行程控制顺序动作回路是利用工作部件到达一定位置时，发出讯号来控制液压缸的先后动作顺序，它可以利用行程开关、行程阀或顺序缸来实现。

1）用行程开关控制的顺序动作回路。

图3-35是利用电气行程开关发讯来控制电磁阀先后换向的顺序动作回路。采用电气行程开关控制的顺序回路，调整行程大小和改变动作顺序均甚方便，且可利用电气互锁使动作顺序可靠。

2）用行程阀控制的顺序动作回路。

图3-36所示为用行程阀控制的顺序动作回路。这种回路工作可靠，但改变动作顺序比较困难。

2. 同步回路

使两个或两个以上的液压缸在运动中保持相同位移或相同速度的回路称为同步回路。同步回路包括串联液压缸的同步回路、流量控制式同步回路和液压缸机械连接的同步回路。在一泵多缸的系统中，尽管液压缸的有效工作面积相等，但是由于运动中所受负载不均衡，摩

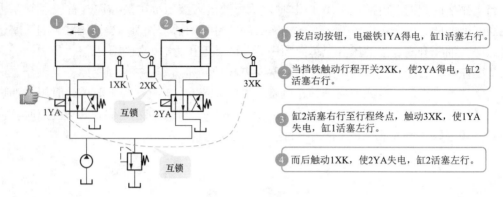

① 按启动按钮，电磁铁1YA得电，缸1活塞右行。

② 当挡铁触动行程开关2XK，使2YA得电，缸2活塞右行。

③ 缸2活塞右行至行程终点，触动3XK，使1YA失电，缸1活塞左行。

④ 而后触动1XK，使2YA失电，缸2活塞左行。

图 3-35　行程开关控制的顺序回路

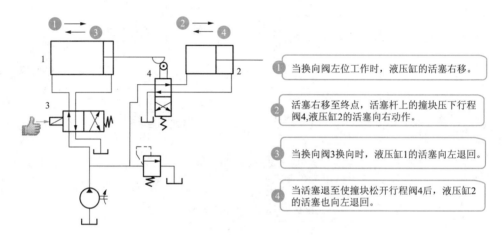

① 当换向阀左位工作时，液压缸的活塞右移。

② 活塞右移至终点，活塞杆上的撞块压下行程阀4,液压缸2的活塞向右动作。

③ 当换向阀3换向时，液压缸1的活塞向左退回。

④ 当活塞退至使撞块松开行程阀4后，液压缸2的活塞也向左退回。

图 3-36　用行程阀控制的顺序回路

擦阻力也不相等，泄漏量的不同以及制造上的误差等，不能使液压缸同步动作。同步回路的作用就是为了克服这些影响，补偿它们在流量上所造成的变化。

（1）串联液压缸的同步回路。

图 3-37 是串联液压缸的同步回路。如果串联油腔活塞的有效面积相等，便可实现同步运动。这种回路两缸能承受不同的负载，但泵的供油压力要大于两缸工作压力之和。

由于泄漏和制造误差，影响了串联液压缸的同步精度，当活塞往复多次后，会产生严重的失调现象，为此要采取补偿措施。图 3-38 是两个双作用缸串联，并带有补偿装置的同步回路。为了达到同步运动，缸 1 有杆腔 A 的有效面积应与缸 2 无杆腔 B 的有效面积相等。在活塞下行的过程中，会出现液压缸 1 的活塞先运动到底，或液压缸 2 的活塞先运动到底的情况，此回路对失调现象可进行补偿。图 3-39 是图 3-38 的两种工作状态展开图。

（2）流量控制式同步回路。

1）用调速阀控制的同步回路。图 3-40 是两个并联的液压缸，分别用调速阀控制的同步回路。两个调速阀分别调节两缸活塞的运动速度，当两缸有效面积相等时，则流量也调整得相同；若两缸面积不等时，则改变调速阀的流量也能达到同步的运动。

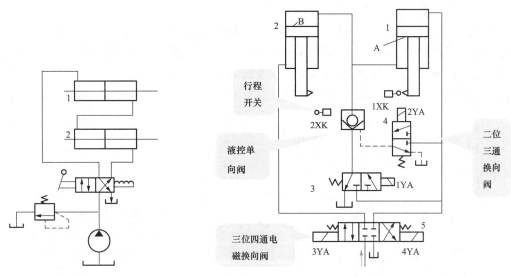

图 3-37　串联液压缸的同步回路　　　　图 3-38　采用补偿措施的串联液压缸同步回路

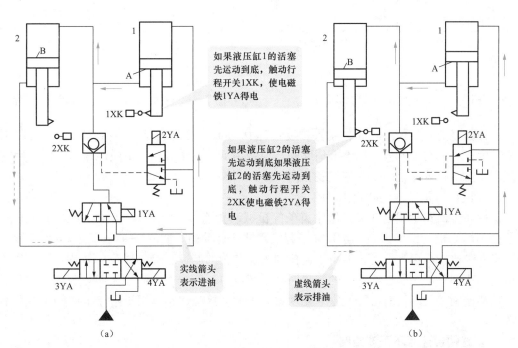

（a）　　　　　　　　　　　　　　　　　（b）

图 3-39　采用补偿措施的串联液压缸同步回路（工作状态）

要点提示

(1) 如果缸1的活塞先运动到底

　①1XK触发1YA得电，阀3右位工作

　②油源送出的压力油经阀3右位、液控单向阀向缸2的B腔补油

(2) 如果缸2的活塞先运动到底

　①2XK触发2YA得电，二位三通电磁阀的上位工作，压力油径阀4的上位将液控单向阀反向开启

　②压力油径阀5右位继续送入缸1的无杆腔，缸1有杆腔的油经液控单向阀及阀3的左位回到油箱

用调速阀控制的同步回路，结构简单，并且可以调速，但是由于受到油温变化以及调速阀性能差异等影响，同步精度较低，一般在 5% ~ 7%。

2）用电液比例调速阀控制的同步回路。图 3-41 所示为用电液比例调整阀实现同步运动的回路。回路中使用了一个普通调速阀 1 和一个比例调速阀 2，它们装在由多个单向阀组成的桥式回路中，并分别控制着液压缸 3 和 4 的运动。当两个活塞出现位置误差时，检测装置就会发出讯号，调节比例调速阀的开度，使缸 4 的活塞跟上缸 3 活塞的运动而实现同步。

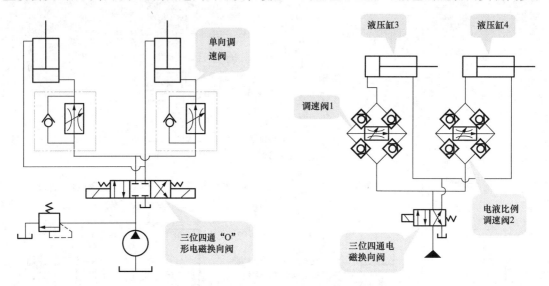

图 3-40　调速阀控制的同步回路　　　　图 3-41　电液比例调整阀控制式同步回路

这种回路的同步精度较高，位置精度可达 0.5mm，已能满足大多数工作部件所要求的同步精度。比例阀性能虽然比不上伺服阀，但费用低，系统对环境适应性强，因此，用它来实现同步控制被认为是一个新的发展方向。

（3）液压缸机械连接的同步回路。

这种同步回路是用刚性梁、齿轮齿条等机械装置将两个（或若干个）液压缸（或液压马达）的活塞杆（或输出轴）连接在一起实现同步运动的。如图 3-42（a）、（b）所示。这种同步方法比较简单、经济，但由于连接的机械装置的制造、安装误差，不易得到很高的同步精度。特别对于用刚性梁连接的同步回路［图 3-42（a）］，若（两个或若干个）液压缸上的负载差别较大时，有可能发生卡死现象。因此，这种回路宜用于两液压缸负载差别不大的场合。

3. 多缸快慢速互不干涉回路

在一泵多缸的液压系统中，往往由于其中一个液压缸快速运动时，会造成系统的压力下降，影响其他液压缸工作进给的稳定性。因此，在工作进给要求比较稳定的多缸液压系统中，必须采用快慢速互不干涉回路。在图 3-43（a）所示的回路中，液压缸 1 和 2 各自要完成"快进—工进—快退"的自动工作循环。回路采用双泵供油系统，泵 9 为高压小流量泵，供给各缸工作进给时所需要的高压油；泵 10 为低压大流量泵，为各缸快进或快退时输送低压油，它们的压力分别由溢流阀 3 和 4 调定。

当电磁铁 1YA、2YA 得电时，两缸均由大流量泵 10 供油，并作差动连接实现快进，如

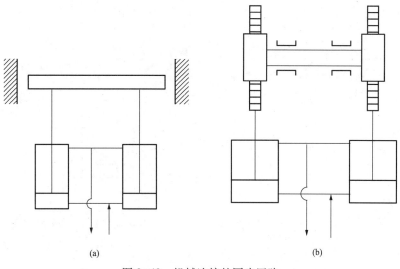

(a)　　　　　　　　　　　　　(b)

图 3-42　机械连接的同步回路

（a）刚性梁连接的同步回路；（b）齿轮齿条连接的同步回路

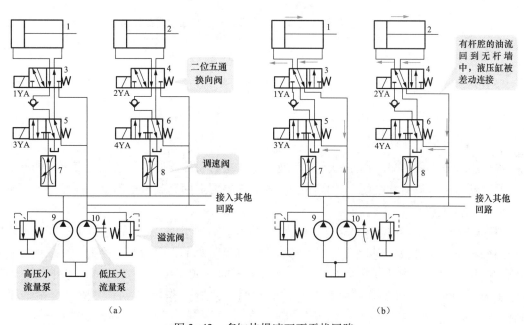

（a）　　　　　　　　　　　　　（b）

图 3-43　多缸快慢速互不干扰回路

1、2—液压缸；3~6—二位五通换向阀；7、8—调速阀；

9—高压小流量泵；10—低压大流量泵

图 3-43（b）所示。如果缸 1 先完成快进动作，挡块和行程开关使电磁铁 3YA 得电，1YA 失电，大泵进入缸 1 的油路被切断，而改为小流量泵 9 供油，由调速阀 7 获得慢速工进，不受缸 2 快进的影响。当两缸均转为工进、都由小泵 9 供油后，若缸 1 先完成了工进，挡块和行程开关使电磁铁 1YA、3YA 都得电，缸 1 改由大泵 10 供油，使活塞快速返回。这时缸 2 仍由泵 9 供油继续完成工进，不受缸 1 影响。当所有电磁铁都失电时，两缸都停止运动。图 3-43（b）的运动图解如图 3-44 所示。

此回路采用快、慢速运动由大、小泵分别供油,并由相应的电磁阀进行控制的方案来保证两缸快慢速运动互不干扰。

其运动图解见图3-44。

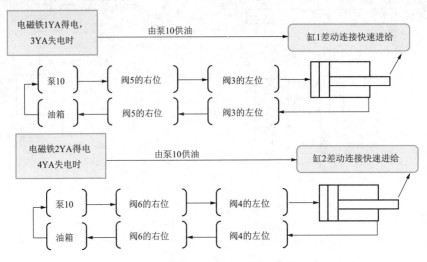

图3-44　多缸快慢速互不干扰回路中差动快速进给油路

3.2 插装元件的基本控制回路

3.2.1 逻辑方向控制回路

单作用缸虽然很简单,但是却十分典型,尤其是对于二通插装阀系统而言更是如此。双作用差动液压缸可以看作是两个单作用缸,只是需要配上两套基本控制单元而已。

1. 单作用缸换向回路

如图3-45所示为最简单的立式单作用柱塞缸的换向回路,柱塞的退回靠柱塞和滑块等运动部分本身的质量来实现。采用一个基本控制单元,两个方向插入元件由一个二位四通电磁阀作先导控制,控制油来自主系统。电磁铁失电时,阀1关,阀2开,柱塞下落;电磁铁得电时,阀1开,阀2关,柱塞上升,从它的功能看,相当于一个二位三通电液动换向阀。

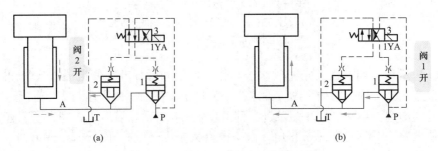

图3-45　无中间位置的单作用缸换向回路
（a）柱塞下落；（b）柱塞上升

图 3-45 所示的柱塞只能上升或下降，停在两端终点位置，不能停在行程中间的任意位置上。如果要求柱塞能够随意中途停止的话，则必须采用如图 3-46 所示的三位四通电磁阀进行控制。当电磁阀在中间位置时，阀 1 和阀 2 均关闭，液压缸锁闭，柱塞由缸内背压支承停止，对应于电磁阀的 3 个工作位置，柱塞也有 3 种工作状态——上升、下降和停止，分别如图 3-46（a）、（b）、（c）所示。

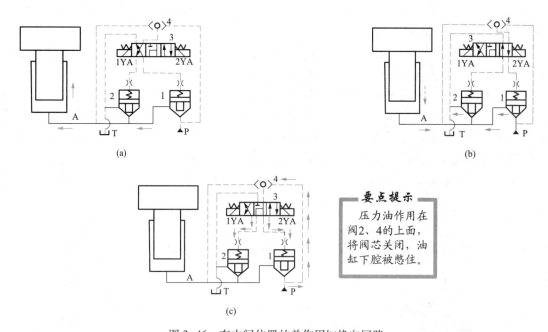

图 3-46 有中间位置的单作用缸换向回路
（a）阀 1 开启，2 不开启，柱塞上升；（b）阀 1 不开启，2 开启，柱塞下降；（c）阀 1、2 均不开启

梭阀 4 的作用是当系统卸荷或其他液压缸工作造成压力管路 P 降压时保证阀 1 和阀 2 不会在阀体内反压作用下而自行开启，防止了柱塞自行下落。对于恒压系统，如带蓄能器系统或者液压泵始终不卸荷的中、低压系统，则自然这个梭阀可以不装。这个回路相当于一个三位三通电液动换向阀。

2. 双作用缸换向回路

图 3-47 为卧式双作用缸的换向回路。主级采用 4 个方向阀插入元件，用一个二位四通电磁阀 5 进行集中控制。电磁阀失电时，活塞伸出；电磁阀得电时，活塞退回。

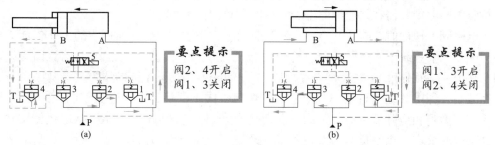

图 3-47 卧式双作用缸的换向回路
（a）电磁阀失电时的油路状态；（b）电磁阀得电时的油路状态

这个回路相当于一个二位四通电液动换向阀。当要求活塞能够停在行程的中间位置时，可以采用三位四通电磁阀来控制。当电磁阀两端的电磁铁均不得电时，缸两腔锁闭，活塞停止，所以相当于一个 O 型机能的换向阀。

如果要求不同的换向机能，可以相应采用具有不同机能的先导电磁阀。电磁阀的数量也可不同，如果动作很复杂，要求这个四通阀实现多种控制机能时，则可以用多个电磁阀进行控制。当每个插入元件用自己单独的电磁阀进行分控的话，便获得了最大的灵活性，可以得到 12 种不同的换向机能。

对于立式的双作用缸，如果运动部分的质量较大，除了缸下腔的控制回路必须按上述立式单作用缸那样考虑自重产生反压的影响外，其余均与卧式缸相同。

3. 防止压力干扰的多缸顺序换向回路

在多缸回路中，液压缸工作经常是靠电控来实现其动作顺序的。如果几个液压缸采用同一个系统动力源供油，必须注意的一个问题便是各缸工作时的压力互相干扰问题，尤其对于二通插装阀，这样的液控型元件更为重要，稍有疏忽就可能导致误动作。

如图 3-48 所示的两个负荷不同的液压缸，它们依靠控制电磁阀 5 和 6 通电顺序来实现其先后动作。

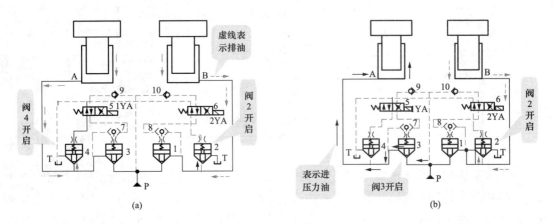

图 3-48　防止压力干扰的多缸顺序换向回路

(a) 电磁阀失电时的油路状态；(b) 电磁阀 5 得电，阀 6 失电时的油路状态

A 缸的负荷重，B 缸的负荷轻，要求 A 缸先动，然后 B 缸再动，而且必须保证 B 缸动作时 A 缸的压力不能降低。在以往的滑阀系统中一般是在换向阀前加一个单向阀来解决，而在插装阀回路中只需在先导油路中加个梭阀和单向阀便可实现。

当电磁阀 5 通电时，阀 3 开启，A 缸进油加压，举起重物，这时阀 3 的工作机能如同一个单向阀，只要系统压力有所下降，它便会自动关闭，可防止 A 缸中油液倒流回系统。单向阀 9 从另一方面阻止 A 缸通过先导回路向系统倒流，所以 A 缸的压力不会随系统压力的下降而减小。图中 A 缸升起后，如电磁阀 6 切换，阀 1 开启，B 缸进油工作，由于负荷轻，所以系统压力将相应降低，但是因为 A 缸油不能倒流，所以 A 缸仍能可靠地托住重物。同样，如果这时又有一个空负荷的 C 缸开始工作，或者系统突然卸荷时，A 和 B 两缸的压力都不会受到影响。

3.2.2　速度控制回路

最简单的调速方法便是在基本控制单元的进油阀和回油阀上配以行程调节器来限制插入元件的开启高度，从而实现节流调速。

1. 双作用液压缸的调速换向回路

图 3-49 所示为双作用液压缸的调速换向回路。缸的动作要求双向调速，其中活塞伸出为工作行程，要求速度稳定，退回速度无特殊要求。所以工作行程采用溢流节流调速，而退回则采用简单的节流调速。当两电磁阀都失电时，阀 2 和阀 4 开启，缸处于浮动状态，无外力作用时活塞停止，如图 3-49 所示。

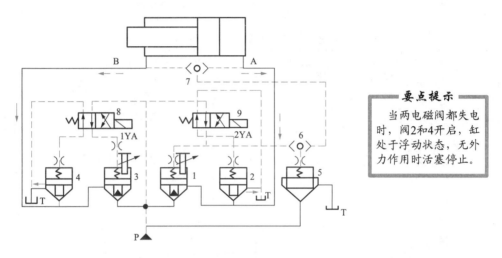

> **要点提示**
>
> 当两电磁阀都失电时，阀2和4开启，缸处于浮动状态，无外力作用时活塞停止。

图 3-49　双作用液压缸的调速换向回路（油缸处于浮动状态）
1、3—节流阀；2、4—单向阀；5—差压溢流阀；6、7—梭阀；8、9—换向阀

当电磁阀 9 得电时，活塞伸出，A 腔压力通过梭阀 6 和 7 作用于差压溢流阀 5 的控制腔，控制带节流机能的进油阀 1 的前后压差，实现了活塞伸出时进油溢流节流调速，如图 3-50 所示。当电磁阀 8 得电时，活塞退回，这时由于系统压力通过电磁阀 9 和梭阀 6 作用于阀 5 的控制腔，加之弹簧力使阀 5 关闭不起作用，所以活塞退回时仅为进油节流调速机能。缸不工作时，电磁阀均失电，阀 5 关闭，所以系统不卸荷，不妨碍别处使用。

2. 差动增速回路

二通插装阀实现双作用缸差动增速十分简便，不需另外增加元件，只要使两工作腔的进油阀同时开启就可实现。例如在图 3-51 的回路中，利用附加元件实现双作用缸差动增速的回路。由电磁阀、梭阀和方向阀插入元件组成一个电液控单向阀，当电磁阀失电时，主阀紧紧关闭，两方向均不能通过；当电磁阀得电时，控制腔 C 与 A 接通，变成一个反向流动的单向阀，B-A 通，下腔的油液可流向上腔，实现了差动连接，如图 3-51 所示。

3. 增速缸增速运动回路

液压缸空行程时只需很小的力，这时可使泵只向直径小的增速缸供油，因而可以得到很高的空行程速度。这个回路实际上是一个顺序动作回路，如图 3-52 所示，电磁阀失电后，主缸和增速缸一起卸压回油，活塞退回，其油路状态如图 3-52（a）所示。当电磁阀 5 通电

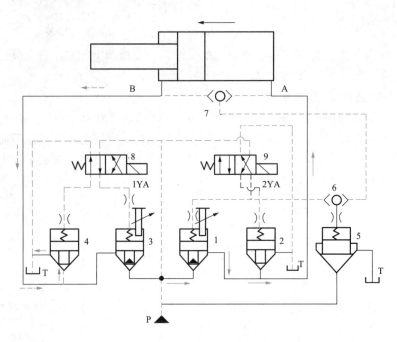

图 3-50 双作用液压缸的调速换向回路（换向阀 9 得电、活塞杆伸出）
1、3—节流阀；2、4—单向阀；5—差压溢流阀；
6、7—梭阀；8、9—换向阀

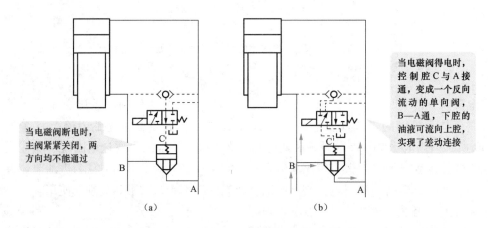

当电磁阀断电时，主阀紧紧关闭，两方向均不能通过

当电磁阀得电时，控制腔 C 与 A 接通，变成一个反向流动的单向阀，B—A 通，下腔的油液可流向上腔，实现了差动连接

（a）　　　　　　　（b）

图 3-51　差动增速回路

时，阀 3 先开启，压力油进入中间增速缸，推动活塞快速前进，这时主缸通过充液阀补油。当前进到某一位置碰到工件使负荷增加，或者通过行程开关发讯使液压缸回程工作腔产生一定背压时，系统压力升高超过阀 6 的调定压力后，阀 1 接着开启，压力油同时进入主缸和增速缸，转为慢速高压工作行程，其油路状态如图 3-52（b）所示。

3.2.3　压力控制回路

　　液压缸工作压力的调整对插装阀系统来讲也是很方便的，只要基本控制单元的回油阀选

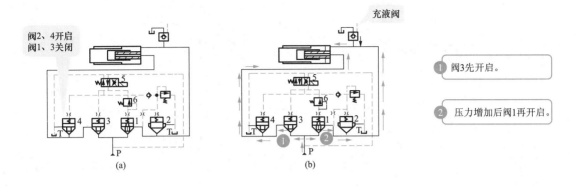

图 3-52 增速缸增速调压换向回路

用压力阀插入元件，配上相应的先导调压阀就可以实现液压缸各工作腔压力的单独调节，如图 3-53 所示，缸下腔可获得三级调定压力。高压由调压阀 2 调定，用作安全限压控制；中压由电磁阀 1 调定，用作平衡控制；低压由阻尼塞 3 决定，用作自重快速下降时的背压控制，阻尼塞 3 可用另外一个先导调压阀代替。

图 3-54 所示为减压回路，减压阀是常通的，当缸内压力达到调定值后，它将关闭切断油路，实现了液压缸的限压；回程时，减压阀允许反向自由通过。按上述方法，同样也能组成具有多级调压或比例调压的减压换向回路。

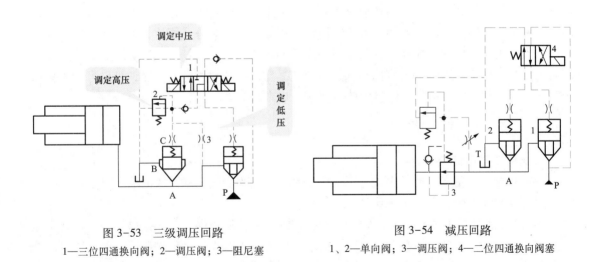

图 3-53 三级调压回路

1—三位四通换向阀；2—调压阀；3—阻尼塞

图 3-54 减压回路

1、2—单向阀；3—调压阀；4—二位四通换向阀塞

在二通插装阀系统中，卸荷一般采用电磁溢流阀的卸荷方式，如图 3-55 所示为泵和系统同时卸荷调压回路。单向阀 1 防止系统的油液向泵倒流，旁边为一个电磁溢流阀，由调压阀 3 来限定泵和系统的最大工作压力，带有缓冲器 4 以减小系统卸荷冲击。

液压系统中还经常要求泵卸荷而系统不卸荷以减少系统压力的急剧变化，提高工作稳定性。这时电磁溢流阀就必须装在单向阀的上游，如图 3-56 所示。这样，油泵卸荷时，由于单向阀关闭，系统压力就不会随之突然下降。

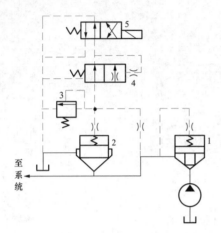

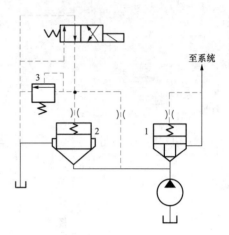

图 3-55　泵和系统同时卸荷调压回路
1—单向阀；2—溢流阀；3—调压阀；
4—缓冲器；5—二位四通阀

图 3-56　泵卸荷调压回路
1—单向阀；2—溢流阀；3—调压阀

3.3　液压比例控制基本回路

液压比例控制回路主要是利用比例阀实现了能连续地、按比例地对压力、流量和方向进行控制，避免了压力和流量有级切换时的冲击。采用电信号可进行远距离控制，既可开环控制，也可闭环控制。如电液比例压力控制回路与传统压力控制方式相比，电液比例压力控制可以实现无级压力控制，换言之，几乎可以实现任意的压力—时间（行程）曲线，并且可使压力控制过程平稳迅速。电液比例压力控制在提高系统技术性能的同时，可以大大简化系统油路结构；其缺陷是电气控制技术较为复杂，成本较高。

3.3.1　比例压力控制回路

1. 比例调压回路

采用电液比例溢流阀可以构成比例调压回路，通过改变比例溢流阀的输入电信号，在额定值内任意设定系统的压力（无级调压）。

比例调压回路的基本形式有两种。一种把传统先导型溢流阀 1 的遥控口与一个直动型电液比例压力阀 2 相连接，如图 3-57（a）所示，比例压力阀作远程比例调压，而传统溢流阀除作主溢流外，还起系统的安全阀作用。另一种是如图 3-57（b）所示，直接用先导型电液比例溢流阀 3 对系统压力进行比例调节，比例溢流阀的输入电信号为零时，可以使系统卸荷。接在阀 3 遥控口的传统直动型溢流阀 4 可以预防过大的故障电流输入致使压力过高而损坏系统。图 3-57（c）为电液比例控制所实现的压力—时间特性曲线。

2. 比例减压回路

采用电液比例减压阀可以实现构成比例减压回路，通过改变比例减压阀的输入电信号，在额定值内任意降低系统压力。

与电液比例调压回路一样，电液比例减压阀构成的减压回路基本形式也有两种。如

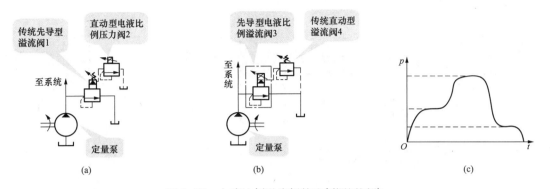

图 3-57 电液比例溢流阀的比例调压回路

（a）采用直动型比例压力阀；（b）采用先导型比例溢流阀；（c）系统压力曲线

图 3-58（a）所示，用一个直动型电液比例压力阀与传统先导型减压阀的先导遥控口相连接，用比例压力阀作远程控制减压阀的设定压力，从而实现系统的分级变压控制，液压泵的最大工作压力由溢流阀设定。如图 3-58（b）所示，直接用先导型电液比例减压阀对系统压力进行减压调节，液压泵的最大工作压力由溢流阀设定。

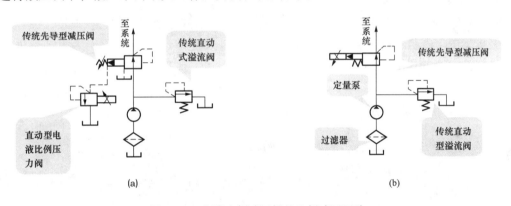

图 3-58 电液比例减压阀的比例减压回路

（a）采用传统先导型减压阀和直动型比例压力阀；（b）采用先导型比例减压阀

3.3.2 比例速度控制回路

通过改变执行器的进、出流量或改变液压泵及执行器的排量即可实现液压执行器的速度控制。根据这一原理，电液比例速度调节有比例节流调速、比例容积调速和比例容积节流调速三类。与传统手调阀的速度控制相比，既可以大大简化控制回路及系统，又能改善控制性能，而且安装、使用和维护都较方便。

1. 比例节流调速回路

图 3-59 为电液比例节流阀的节流调速回路，图 3-59（a）为进口节流调速，图 3-59（b）为出口节流调速，图 3-59（c）为旁路节流调速。其结构与功能的特点与传统节流阀的调速回路大体相同。所不同的是，电液比例调速可以实现开环或闭环控制，可以根据负载的速度特性要求，以更高精度实现执行器各种复杂的速度控制。

将节流阀换为比例调速阀，即构成电液比例调速阀的节流调速回路。与采用节流阀相

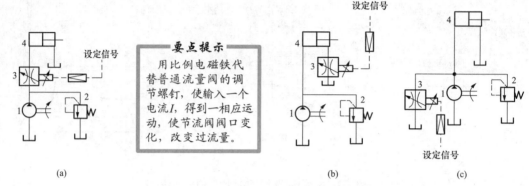

图 3-59　电液比例节流阀的节流调速回路

（a）进口节流调速；（b）出口节流调速；（c）旁路节流调速

1—定量液压泵；2—溢流阀；3—电液比例调速阀；4—液压缸

比，采用比例调速阀的节流调速回路，由于比例调速阀具有压力补偿功能，所以执行器的速度负载特性即速度平稳性要好。

2. 比例容积调速回路

图 3-60 所示为比例容积调速回路，采用比例排量调节变量泵与定量执行器，或定量泵与比例排量调节变量马达等组合方式来实现，通过改变液压泵或液压马达的排量进行调速，具有效率高的优势，但其控制精度不如节流调速。比例容积调速适用于大功率液压系统。

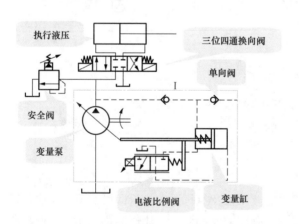

要点提示

(1) 通过变量缸操纵泵的变量机构改变泵的排量，改变进入液压执行器(液压缸)的流量，从而达到调速的目的。

(2) 在某一给定控制电流下，泵像定量泵一样工作。

(3) 比例排量泵调速时，供油压力与负载压力相适应，即工作压力随负载而变化。

图 3-60　比例变量泵的容积调速回路

比例排量泵变量缸的活塞不会回到零流量位置处，即不存在截流压力，所以回路中应设置过流量足够大的安全阀。泵和系统的泄漏量的变化会对调速精度产生影响，但是，可以在负载变化时，通过改变输入控制信号的大小来补偿。因此，比例排量泵的调速回路由于没有节流损失，故效率较高，适宜大功率和频繁改变速度的场合采用。例如，当负载由大变小时，速度将会增加。这时可使电液比例阀的控制电流相应减小，输出流量因而减小。这样使因负载变化而引起的速度变化得到补偿。

3. 比例容积节流调速回路

比例容积节流调速回路如图 3-61 所示，变量泵内附电液比例节流阀、压力补偿阀和限压阀。由于有内部的负载压力补偿，泵的输出流量与负载无关，是一种稳流量泵，具有很高的稳流精度。应用本泵可以方便地用电信号控制系统各工况所需流量，并同时做到泵的压力与负载压力相适应，故称为负载传感控制。

要点提示
由于该泵不会回到零流量处，系统必须设置足够大的溢流阀，使在不需要流量时能以合理的压力排走所有的流量。

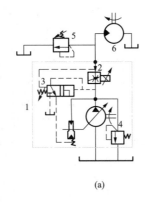
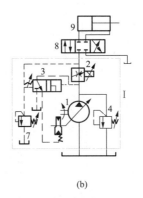

要点提示
通过压力调节阀可以调定泵的截流压力。当压力达到调定值时，泵便自动减小输出流量，维持输出压力近似不变，直至截流。

(a)　　　　　　(b)

图 3-61　比例容积节流调速回路

（a）单向调速；（b）带压力调节的双向调节

1—变量泵；2—电液比例节流阀；3—负载压力补偿阀；4—限压阀；5—溢流阀；

6—单向定量液压马达；7—截流压力调节阀；8—三位四通换向阀；9—液压缸

图 3-61（a）为不带压力控制的比例流量调节，图 3-61（b）中的泵内除附有图 3-61（a）中的元件外，还附有截流压力调节阀，为了避免变量缸的活塞频繁移动，有必要使用这些溢流阀。

比例容积节流调速回路由于存在节流损失，因而这种系统会有一定程度的发热，限制了它在大功率范围的使用。

比例容积节流调速回路由于存在节流损失，因而这种系统会有一定程度的发热，限制了它在大功率范围的使用。

思考与练习

1. 什么是液压基本回路？根据其功能共有几大类？各在系统中起什么作用？

2. 试述调速回路的调速原理，类型及各自的特点。

3. 试述开式回路、闭式回路的概念。

4. 在液压系统中为什么要设快速运动回路？实现执行元件快速运动的方法有哪些？

5. 试选择下列问题的答案（选中的画圈）

（1）在进口节流调速回路中，当外负载变化时，液压泵的工作压力（变化，不变化）。

（2）在出口节流调速回路中，当外负载变化时，液压泵的工作压力（变化，不变化）。

（3）在旁路节流调速回路中，当外负载变化时，液压泵的工作压力（变化，不变化）。

（4）在容积调速回路中，当外负载变化时，液压泵的工作压力（变化，不变化）。

（5）在限压式变量泵与调速阀的容积节流调速回路中，当外负载变化时，液压泵的工作压力（变化，不变化）。

6. 试说明图 3-62 所示平衡回路是怎样工作的？回路中的节流阀能否省去？为什么？

7. 说明图 3-63 所示回路名称及工作原理。

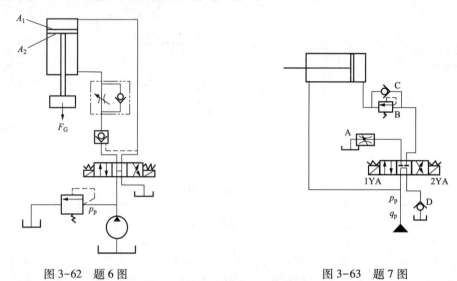

图 3-62　题 6 图　　　　　　　　　　　　图 3-63　题 7 图

8. 顺序动作回路有哪些类型，其工作原理及特点都是什么？

9. 如图 3-64 所示，两个减压阀并联，已知减压阀的调整压力分别为：$p_{J1} = 20 \times 10^5 \text{Pa}$，$p_{J2} = 35 \times 10^5 \text{Pa}$，溢流阀的调整压力 $p_Y = 45 \times 10^5 \text{Pa}$，活塞运动时，负载力 $F = 1200\text{N}$，活塞面积 $A = 15\text{cm}^2$，减压阀全开时的局部损失及管路损失不计。试确定：

（1）活塞在运动时和到达终端位置时，A、B、C 各点处的压力为多少？

（2）若负载力增加到 $F = 4200\text{N}$，所有阀门的调整值仍为原来数值，这时 A、B、C 各点压力为多少？

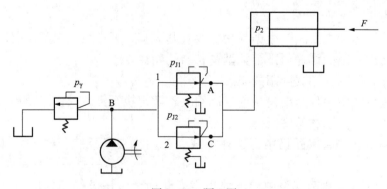

图 3-64　题 9 图

10. 图 3-65 所示液压系统中，液压缸有效面积 $A_1 = A_2 = 100cm^2$，缸 I 负载 $F_L = 35\,000N$，缸 II 运动时负载为零，不计摩擦阻力、惯性力和管路损失。溢流阀、顺序阀和减压阀的调整压力分别为 4MPa、3MPa 和 2MPa。求下列三种工况下 A 和 B 处的压力。

（1）液压泵启动后，两换向阀处于中位。

（2）1YA 得电，液压缸 I 活塞移动时及活塞运动到终点时。

（3）1YA 失电，2YA 得电，液压缸 II 活塞运动时及活塞碰到固定挡块时。

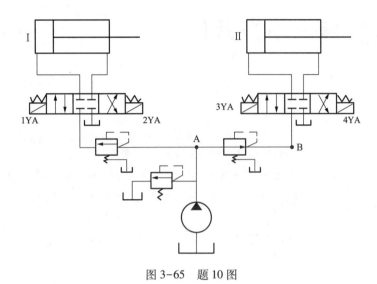

图 3-65　题 10 图

第4章 液压动力元件

本 章 导 读

- 了解液压泵是将泵的机械能转换为液压油的压力能的装置。
- 了解液压泵的种类。按泵的结构形式不同，泵可分为：齿轮泵、叶片泵、柱塞泵、螺杆泵和凸轮转子泵等；按泵的输出流量能否调节可将泵分为：定量泵和变量泵。
- 理解并掌握各种类型的液压泵的工作原理、特点及其应用，正确选择液压泵。

4.1 液压泵的概述

4.1.1 液压泵的工作原理和分类

液压泵是将泵的机械能转换为液压油的压力能（液压能）的装置，它为液压系统提供足够流量和足够压力的液压油，必要时可以改变供油的流向和流量。

1. 液压泵的工作原理

如图4-1所示为单柱塞式液压泵吸油过程工作原理图，单柱塞式液压泵排油过程与之相反。液压泵将原动机输入的机械能转换成液体的压力能，原动机驱动偏心轮不断旋转，液压泵就不断地吸油和压油。

综上所述，泵是靠吸油腔体积扩大吸入工作液体，靠压油腔体积缩小排出液体，所以液压泵是靠"容积变化"进行工作（转变成液体的压力能）的。

2. 液压泵的特点

（1）具有密封且又可以周期性变化的空间。液压泵输出流量与此空间的容积变化量和单位时间内的变化次数成正比，与其他因素无关。这是容积式液压泵的一个重要特性。

（2）为保证液压泵正常吸油，油箱必须与大气相通，或采用密闭的充压油箱。

（3）具有相应的配流装置，其作用是保证密封容积在吸油过程中与油箱相通，同时关闭供油通路；压油时与供油管路相通而与吸油液腔隔开。液压泵的结构原理不同，其配油机构也不相同。图4-1中的单向阀1、2就是配油机构。

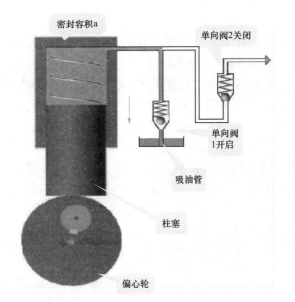

要点提示

(1) 当柱塞向下运动，a 由小变大时就形成部分真空，使油箱中油液在大气压作用下经吸油管顶开单向阀 1 进入 a 而实现吸油。

(2) 当柱塞向上运动，a 由大变小时，密封容积 a 内压力升高，压力油会将阀 1 关闭而顶开单向阀 2 进入系统。

图 4-1 单柱塞式液压泵吸油过程工作原理图

4.1.2 常用液压泵种类和图形符号

1. 液压泵种类

液压泵种类很多，若按泵的结构形式可分为齿轮泵、叶片泵、柱塞泵、螺杆泵和凸轮转子泵等；按泵的输出流量能否调节可分为定量泵和变量泵；按泵的额定压力的高低可分为低压泵（2.5MPa）、中压泵（2.5~8.0MPa）、中高压泵（8.0~16MPa）、超高压泵（>32MPa）。常用的油泵有齿轮泵、单作用叶片泵、双作用叶片泵、斜盘式轴向柱塞泵。

2. 液压泵的图形符号

液压泵的图形符号按泵的输出流量能否调节分为定量泵［如图 4-2（a）、（c）所示］及变量泵［如图 4-2（b）、（d）所示］。

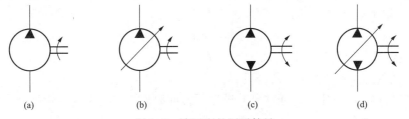

图 4-2 液压泵的图形符号

（a）单向定量液压泵；（b）单向变量液压泵；（c）双向定量液压泵；（d）双向变量液压泵

4.1.3 液压泵的主要性能参数

1. 压力

（1）工作压力 p。液压泵在实际工作时输出油液的压力称为工作压力，即油液克服阻力建立起来的压力。工作压力的大小取决于外负载的大小和排油管路上的压力损失，而与液压

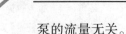

泵的流量无关。

（2）额定压力 p_n。液压泵在正常工作条件下，按试验标准规定连续运转的最高压力称为液压泵的额定压力，即在液压泵铭牌或产品样本上标出的压力。

（3）最高允许压力 p_g。在超过额定压力的条件下，液压泵的工作压力随外负载的增加而增加，根据试验标准规定，允许液压泵短暂运行的最高压力值，称为液压泵的最高允许压力。

液压泵在工作中应有一定的压力储备，并有一定的使用寿命和容积效率。

2. 排量和流量

（1）排量 V。液压泵的泵轴每转一周所排出的液体的体积叫液压泵的排量，单位为 mL/r（毫升/转）。其大小由其密封容积几何尺寸变化计算而得，排量可调节的液压泵称为变量泵；排量为常数的液压泵则称为定量泵。

（2）流量。有理论流量 q_t、实际流量 q 和额定流量 q_n 之分。

1）理论流量 q_t。指在不考虑液压泵的泄漏损失情况下，单位时间内所排出的液体体积，常用单位是 L/min，国际单位是 m^3/s。

显然，如果液压泵的排量为 V，其主轴转速为 n，则该液压泵的理论流量 q_t 为

$$q_t = Vn \tag{4-1}$$

2）实际流量 q。液压泵在某一具体工况下，考虑液压泵泄漏损失时其在单位时间内所排出的液体体积称为实际流量，它等于理论流量 q_t 减去泄漏流量 Δq，即

$$q = q_t - \Delta q \tag{4-2}$$

3）额定流量 q_n。液压泵在正常工作条件下，按试验标准规定（如在额定压力和额定转速下）必须保证的流量。

3. 功率和效率

（1）液压泵的功率。

1）输入功率 P_i。液压泵的输入功率是指作用在液压泵主轴上的机械功率，当输入转矩为 T_i，角速度为 ω 时，有

$$P_i = T_i \omega \tag{4-3}$$

2）输出功率 P。液压泵的输出功率是指液压泵在工作过程中的实际吸、压油口间的压差 Δp 和输出流量 q 的乘积，即

$$P = \Delta p \times q \tag{4-4}$$

式中　P——泵输出的液压功率，W；

　　　q——泵的实际流量，m^3/s；

　　Δp——泵的进出口压差，通常泵的进口压力近似为零，故在很多情况下可用泵的出口压力来代替，Pa。

液体在流动中既有压力损失又有泄漏，通常情况下按经验公式计算所需液压泵的最高工作压力 p 及泵的流量 q

$$p = K_p p_c \tag{4-5}$$
$$q = K_c q_c$$

式中　K_p——压力损失系数，一般 $K_p = 1.3 \sim 1.5$，系统复杂或管路较长者取大值，反之取小值；

　　　K_c——泄漏系数，一般 $K_c = 1.1 \sim 1.3$，系统复杂或管路较长者取大值，反之取小值。

（2）液压泵的效率。

液压泵的功率损失有容积损失和机械损失两部分。

1）容积效率。液压泵的容积损失用容积效率 η_v 来表示，它是泵经泄漏（容积损失）后的液压功率和损失前的液压功率之比，其数值等于液压泵的实际输出流量 q 与其理论流量 q_t 之比，即

$$\eta_v = \frac{q}{q_t} = \frac{q_t - \Delta q}{q_t} = 1 - \frac{\Delta q}{q_t} \qquad (4-6)$$

因此，液压泵的实际输出流量 q 为

$$q = q_t \eta_v = V n \eta_v \qquad (4-7)$$

式中　V——液压泵的排量，m^3/r；

n——液压泵的转速，r/s。

液压泵的容积效率随着液压泵工作压力的增大而减小，且随液压泵的结构类型不同而异，但恒小于1。

2）机械效率。机械效率指液压泵在转矩上的损失。它等于液压泵的理论转矩 T_t 与实际输入转矩 T 之比，则液压泵的机械效率 η_m 为

$$\eta_m = \frac{T_t}{T} = \frac{1}{1 + \dfrac{\Delta T}{T}} \qquad (4-8)$$

3）液压泵的总效率 η。在能量转换和传递过程中液压泵存在着能量损失，包括因泵的泄漏而出现的容积效率 η_v 以及由机械运动副之间的摩擦而导出的机械效率 η_m 等，而液压泵的总效率

$$\eta = \eta_v \cdot \eta_m \qquad (4-9)$$

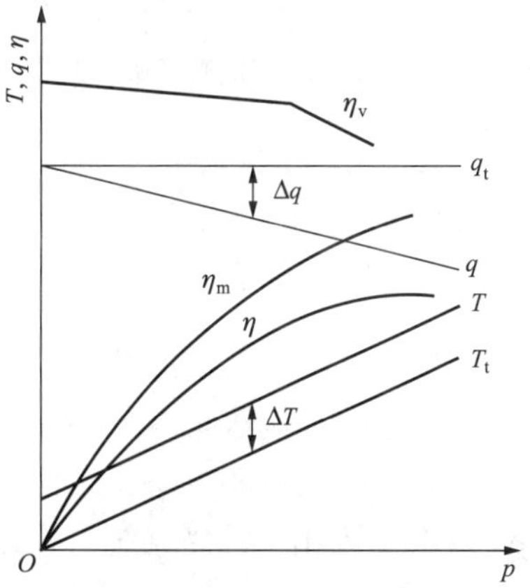

液压泵的各个参数和压力之间的关系如图 4-3 所示。

图 4-3　液压泵的特性曲线

【**例 4-1**】某齿轮泵其额定流量 $q = 100\text{L/min}$，额定压力 $p = 25 \times 10^5 \text{Pa}$，泵的转速 $n = 1450\text{r/min}$，泵的机械效率 $\eta_m = 0.9$，由实验测得，当泵的出口压力 $p = 0$ 时，其流量 $q_1 = 107\text{L/min}$，试求：

（1）该泵的容积效率 η_v；

（2）当泵的转速 $n' = 500\text{r/min}$ 时，估算泵在额定压力下工作时的流量 q' 是多少，该转速下泵的容积效率 η_v 又为多少；

（3）两种不同转速下泵所需的驱动功率。

解　（1）通常将零压下泵的输出流量视为理论流量，故该泵的容积效率为

$$\eta_v = \frac{q}{q_1} = \frac{100}{107} = 0.93$$

（2）泵的排量是不随转数变化的，可得

$$V = \frac{q_1}{n} = \frac{107}{1450} = 0.074 \;(\text{L/r})$$

故 $n' = 500\text{r/min}$ 时，其理论流量为

$$q_t' = Vn' - 0.074 \times 500 = 37 \quad (\text{L/min})$$

齿轮泵的泄漏渠道主要是端面泄漏，这种泄漏属于两平行圆盘间隙的差压流动（忽略齿轮端面与端盖间圆周运动所引起的端面间隙中的液体剪切流动），由于转速变化时，其压差 Δp、轴向间隙 δ 等参数均未变，故其泄漏量与 $n = 1500 \text{r/min}$ 时相同，其值为

$$\Delta q = q_1 - q = 107 - 100 = 7 \quad (\text{L/min})$$

所以，当 $n' = 500 \text{r/min}$ 时，泵在额定压力下的流量 q' 为

$$q' = q_0' - \Delta q = 37 - 7 = 30 \quad (\text{L/min})$$

其容积效率

$$\eta_v' = \frac{q'}{q_0'} = \frac{30}{37} = 0.81$$

（3）泵所需的驱动功率

1）$n = 1500 \text{r/min}$ 时

$$P = \frac{pq}{\eta_m \eta_v} = \frac{25 \times 10^5 \times 100 \times 10^{-3}}{60 \times 0.9 \times 0.93} = 4978 \quad (\text{W}) \approx 4.98 \quad (\text{kW})$$

2）$n = 500 \text{r/min}$ 时，假设机械效率不变，$\eta_m = 0.9$

$$P' = \frac{pq'}{\eta_m \eta_v} = \frac{25 \times 10^5 \times 30 \times 10^{-3}}{60 \times 0.9 \times 0.81} = 1715 \quad (\text{W}) \approx 1.72 \quad (\text{kW})$$

4.1.4 液压泵的选用

液压泵是液压系统提供一定流量和压力的动力元件，是每个液压系统不可缺少的核心元件，合理地选择液压泵对于降低液压系统的能耗、提高系统的效率、降低噪声、改善工作性能和保证系统的可靠工作都十分重要。

表 4-1 列出了液压系统中常用液压泵的主要性能。

表 4-1　　　　　　　　　　液压系统中常用液压泵的性能比较

性　能	外啮合齿轮泵	双作用叶片泵	限压式变量叶片泵	径向柱塞泵	轴向柱塞泵	螺杆泵
输出压力	低压	中压	中压	高压	高压	低压
流量调节	不能	不能	能	能	能	不能
效　率	低	较高	较高	高	高	较高
输出流量脉动	很大	很小	一般	一般	一般	最小
自吸特性	好	较差	较差	差	差	好
对油的污染敏感性	不敏感	较敏感	较敏感	很敏感	很敏感	不敏感
噪　声	大	小	较大	大	大	最小

选择液压泵综合考虑的基本因素包括：

（1）安全压力及系统最高工作压力。

（2）液压泵的允许转速。

（3）液压泵标定的特性。

（4）液压系统所需流量。

（5）压力、转速、流量的相互关系。

（6）变量控制的适应性。

（7）压力冲击的耐受度。

（8）泄漏损失程度。

（9）容积效率和总效率。

（10）污染耐受度。

（11）运转可靠性和耐久性。

（12）各种负载、转速下的预期寿命。

（13）油的特性及其对液压泵磨损速度的关系。

（14）吸油条件。

（15）可维修性。

（16）整个系统的相容性、费用和经济因素。

选择液压泵的原则是：根据主机工况、功率大小和系统对工作性能的要求，首先确定液压泵的类型，然后确定系统所要求的压力和流量大小。选择液压泵不仅要考虑压力、流量、体积、成本，其他方面也是很重要的。譬如，液压泵所在系统的相容性，泵的可靠性及其预期寿命等。

对于低压、中高压使用情况，就其经济性而言，外啮合齿轮泵比其他泵要便宜，但随着压力的增高和使用时间的延长，其噪声值会急剧地增高。如叶片泵的压力脉动和噪声较小，在固定式中压使用情况下，比外啮合齿轮泵更合适，其总效率低于柱塞泵。经验表明，螺杆泵使用压力在 2～3MPa 时是很经济的，这种泵最安静并无脉动，当油液黏度适当时，其可靠性系数很高。径向柱塞泵预期寿命较长，能适用于高压场合。轴向柱塞泵工作压力在 20～25MPa 时，其预期寿命为 40 000h，当工作压力为 30～35MPa 时，其寿命会降低到 15 000h。

以上因素在选择泵时都是应该逐条考虑的，使其有相应的适应性，液压泵在系统中才能可靠运转，否则将会出现各种故障。

4.1.5　液压泵的常见故障及排除

液压泵的常见故障及排除方法见表 4-2。

表 4-2　　　　　　　　　　　　液压泵的常见故障及排除方法

故障现象	产 生 原 因	排 除 方 法
噪声严重	① 吸油管或滤油器部分堵塞； ② 吸油端连接处密封不严，有空气进入，吸油位置太高； ③ 从泵轴油封处有空气进入； ④ 泵盖螺钉松动； ⑤ 泵与联轴器不同心或松动； ⑥ 油液黏度过高，油中有气泡； ⑦ 吸入口滤油器通过能力太小； ⑧ 转速太高； ⑨ 泵体腔道阻塞； ⑩ 齿轮泵齿形精度不高或接触不良，泵内零件损坏； ⑪ 齿轮泵轴向间隙过小，齿轮内孔与端面垂直度或泵盖上两孔平行度超差； ⑫ 溢流阀阻尼孔堵塞； ⑬ 管路振动	① 除去脏物，使吸油管畅通； ② 在吸油端连接处涂油，若有好转，则紧固连接件，或更换密封，降低吸油高度； ③ 更换油封； ④ 适当拧紧； ⑤ 重新安装，使其同心，紧固连接件； ⑥ 换黏度适当的液压油，提高油液质量； ⑦ 改用通过能力较大的滤油器； ⑧ 使转速降至允许最高转速以下； ⑨ 清理或更换泵体； ⑩ 更换齿轮或研磨修整，更换损坏零件

故障现象	产　生　原　因	排除方法
泄漏	① 柱塞泵中心弹簧损坏，使缸体与配流盘间失去密封性； ② 油封或密封圈损伤； ③ 密封表面不良； ④ 泵内零件间磨损、间隙过大	① 更换弹簧； ② 更换油封或密封圈； ③ 检查修理； ④ 更换或重新配研零件
流量不足或压力不能升高	① 吸油管或滤油器部分堵塞； ② 吸油端连接处密封不严，有空气进入，吸油位置太高； ③ 叶片泵个别叶片装反，运动不灵活； ④ 泵盖螺钉松动； ⑤ 系统泄漏； ⑥ 齿轮泵轴向和径向间隙过大； ⑦ 叶片泵定子内表面磨损； ⑧ 柱塞泵柱塞与缸体或配油盘与缸体间磨损，柱塞回程不够或不能回程，引起缸体与配油盘间失去密封； ⑨ 柱塞泵变量机构失灵； ⑩ 侧板端磨损严重，漏损增加； ⑪ 溢流阀失灵	① 除去脏物，使吸油畅通； ② 在吸油端连接处涂油，若有好转则紧固连接件，或更换密封，降低吸油高度； ③ 逐个检查，不灵活叶片应重新研配； ④ 适当拧紧； ⑤ 对系统进行顺序检查； ⑥ 找出间隙过大部位，采取措施； ⑦ 更换零件； ⑧ 更换柱塞，修磨配油盘与缸体的接触面，保证接触良好，检查或更换中心弹簧； ⑨ 检查变量机构，纠正其调整误差； ⑩ 更换零件； ⑪ 检修溢流阀
不排油或无压力	① 原动机和液压泵转向不一致； ② 油箱油位过低； ③ 吸油管或滤油器堵塞； ④ 启动时转速过低； ⑤ 油液黏度过大或叶片移动不灵活； ⑥ 叶片泵配油盘与泵体接触不良或叶片在滑槽内卡死； ⑦ 进油口漏气； ⑧ 组装螺钉过松	① 纠正转向； ② 补油至油标线； ③ 清洗吸油管路或滤油器，使其畅通； ④ 使转速达到液压泵的最低转速以上； ⑤ 检查油质，更换黏度适合的液压油或提高油温； ⑥ 修理接触面，重新调试，清洗滑槽和叶片，重新安装； ⑦ 更换密封件或接头； ⑧ 拧紧螺钉
过热	① 油液黏度过高或过低； ② 侧板和轴套与齿轮端面严重摩擦； ③ 油液变质，吸油阻力增大； ④ 油箱容积太小，散热不良	① 更换成黏度适合的液压油； ② 修理或更换侧板和轴套； ③ 换油； ④ 加大油箱，扩大散热面积

4.2　齿轮泵

　　齿轮泵在现代液压技术中是产量和使用量最大的泵类元件。齿轮泵是液压泵中结构最简单的一种，自吸能力好，对油液的污染不敏感，工作可靠，制造容易，体积小，价格便宜，广泛应用在各种液压机械上。齿轮泵的主要缺点是不能变量，齿轮所承受的径向液压力不易平衡，容积效率较低，因此使用范围受到一定的限制。一般齿轮泵的工作压力为 2.5～17.5MPa，流量为 2.5～200L/min。

齿轮泵的流量脉动大，多用于精度要求不高的传动系统，按结构不同，齿轮泵分为外啮合齿轮泵和内啮合齿轮泵，而以外啮合齿轮泵应用最广。

4.2.1 外啮合齿轮泵

1. 结构和工作原理

CB-B 齿轮泵的结构如图 4-4 所示，包括泵体、前盖、后盖，齿轮、主动轴和从动轴等组成。

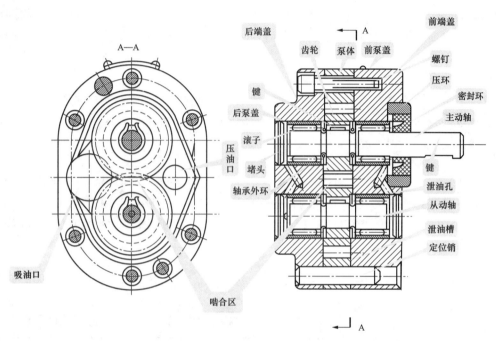

图 4-4 CB-B 齿轮泵的结构

当齿轮泵的主动齿轮由电动机带动不断旋转时，轮齿脱开啮合的一侧，由于密封容积变大，局部形成真空，从而不断从油箱中吸油；轮齿进入啮合的一侧，由于密封容积减小、压力增大则不断地向外排油，这就是齿轮泵的工作原理。其工作原理图如图 4-5 所示。

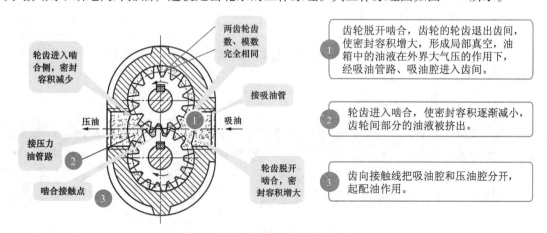

图 4-5 外啮合齿轮泵

2. 高压齿轮泵的特点

一般齿轮泵由于泄漏大（主要是端面泄漏，占总泄漏量的 70%~80%），且存在径向不平衡力，故压力不易提高。高压齿轮泵主要是针对上述问题采取了一些措施，如尽量减小径向不平衡力和提高轴与轴承的刚度；对泄漏量最大处的端面间隙，采用了自动补偿装置等。下面对端面间隙的补偿装置作简单介绍。

（1）浮动轴套式。

图 4-6（a）是浮动轴套式的间隙补偿装置。它利用泵的出口压力油，引入齿轮轴上的浮动轴套的外侧 A 腔，在液体压力作用下，使轴套紧贴齿轮的侧面，因而可以消除间隙并可补偿齿轮侧面和轴套间的磨损量。在泵启动时，靠弹簧来产生预紧力，保证了轴向间隙的密封。

（2）浮动侧板式。

浮动侧板式补偿装置的工作原理与浮动轴套式基本相似，它也是利用泵的出口压力油引到浮动侧板的背面 [见图 4-6（b）]，使之紧贴于齿轮的端面来补偿间隙。启动时，浮动侧板靠密封圈来产生预紧力。

（3）挠性侧板式。

图 4-6（c）是挠性侧板式间隙补偿装置，它是利用泵的出口压力油引到侧板的背面后，靠侧板自身的变形来补偿端面间隙的，侧板的厚度较薄，内侧面要耐磨（如烧结有 0.5~0.7mm 的磷青铜），这种结构采取一定措施后，易使侧板外侧面的压力分布大体上和齿轮侧面的压力分布相适应。

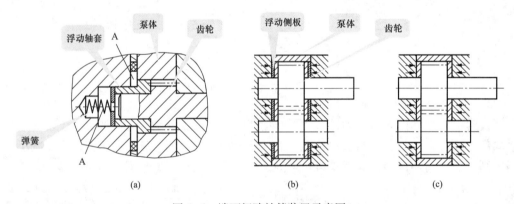

图 4-6　端面间隙补偿装置示意图

（a）浮动轴套式的间隙补偿装置；（b）浮动侧板式补偿装置；（c）挠性侧板式间隙补偿装置

4.2.2　内啮合齿轮泵

内啮合式齿轮泵有渐开线齿形的齿轮泵和摆线齿轮泵（又称转子泵）两种，如图 4-7所示。内啮合式齿轮泵的工作原理和主要特点与外啮合式齿轮泵完全相同。如图 4-7（a）所示，在渐开线齿形的内啮合齿轮泵中，小齿轮和内齿轮之间要装一块隔板，以便把吸油腔和排油腔隔开。这种泵与外啮合齿轮泵相比，其流量和压力脉动系数小，工作压力高，效率高，噪声低。

内啮合齿轮泵有许多优点，如结构紧凑，体积小，零件少，转速可高达 10 000r/mim，

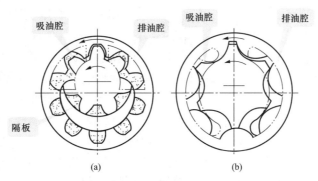

图 4-7 内啮合式齿轮泵工作原理示意图

(a) 渐开线齿形的内啮合齿轮泵；(b) 摆线转子泵

运动平稳，噪声低，容积效率较高等。缺点是流量脉动大，转子的制造工艺复杂等，目前已采用粉末冶金压制成型。随着工业技术的发展，摆线齿轮泵的应用将会越来越广泛，内啮合齿轮泵可正、反转，可作液压马达用。

4.2.3 螺杆泵

螺杆泵实质上也是一种齿轮泵，它的特点是结构简单，质量轻；流量及压力的脉动小，输送均匀，无湍流，无搅动，很少产生气泡；工作可靠，噪声小，运转比齿轮泵及叶片泵平稳；容积效率高，寿命长，吸入扬程高，真空度高（达 $45 \sim 60 kPa$），但加工困难，不能改变流量，效率中等。螺杆泵适用于机床或精密机械设备的液压系统。

一般应用两螺杆或三螺杆泵，有立式及卧式两种安装方式，船用螺杆泵都要求立式。

螺杆泵的结构和工作原理如图 4-8 所示。它由一根双头右旋主动螺杆和两根双头左旋从动螺杆以及泵体、前后泵盖等主要零件组成。泵体内三根螺杆互相啮合，螺杆泵工作时，压力油作用于螺杆的右端，将螺杆往左推，在从动螺杆的左端装有止推铜套以承受轴向液压力。止推铜套与螺杆一起旋转并支承在后泵盖的端面上，为了润滑止推轴承，吸油腔油液经

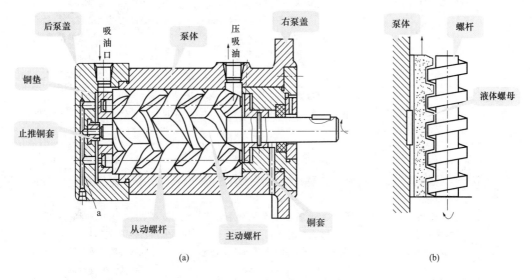

图 4-8 螺杆泵工作原理示意图

通道 a 引入止推铜套的润滑槽内。主动螺杆右侧装有铜套，铜套用锥销连接在螺杆上，由于铜套的轴向受压面积大于主动螺杆的有效轴向受压面积，因此主动螺杆被推向右端，这一轴向力通过铜套作用在右端泵盖的端面上，铜套上开有油槽以保证压力油进入止推面进行润滑。当泵压未形成时，主动螺杆有可能被推向左端，这时左端面支承在铜垫上。

螺杆泵的工作原理与丝杠螺母啮合相同，当丝杠转动时，如果螺母用滑键连接，则螺母将产生轴向移动，图 4-8（b）所示为螺杆泵工作原理示意图，充满螺杆凹槽中的液体相当于一个液体螺母，并假想受到滑键作用，因此当螺杆转动时，液体螺母将产生轴向移动。实际上，限制螺母转动的，是相当于滑键的主动螺杆和与其共轭的从动螺杆的啮合线。而啮合线把螺旋槽分割成若干个密封容积，当主动螺杆带动两根从动螺杆作顺时针（从轴头伸出端看）方向旋转时，随着空间啮合线的移动，各密封容积作轴线方向的移动。主动螺杆每转一转，密封容积就移动一个导程。在泵的左端，密封容积逐渐增大，完成吸油过程。随着螺杆的继续转动，在泵右端油口处，密封容积逐渐减小，完成压油过程。主动螺杆连续旋转，螺杆泵就连续吸油和压油。

4.2.4 齿轮泵的常见故障及排除

齿轮泵的常见故障、故障原因及排除方法见表 4-3。

表 4-3　　　　　　　　　　齿轮泵的常见故障及排除方法

故障现象	故障原因		排除方法
	使用中的泵	新安装的泵	
泵排油，但压力上不去	① 泵内滑动件严重磨损，容积效率太低；② 溢流阀的锥阀芯严重磨损；③ 溢流阀被脏物卡住，动作不良；④ 泵的轴向或径向间隙过大	① 吸油侧少量吸空气；② 高压侧有漏油通道；③ 溢流阀调压过低或关闭不严；④ 吸油阻力过大或进入空气；⑤ 泵转速过高或过低；⑥ 高压侧管道有误，系统内部卸荷；⑦ 液压泵质量不好	① 检修泵或更换新泵；② 修磨或更换锥阀芯；③ 过滤油液，清除污物；④ 修理或更换泵；⑤ 密封不良，改善密封；⑥ 找出漏油部位，及时处理；⑦ 调节或修理溢流阀；⑧ 检查阻力过大原因，及时消除；⑨ 使泵的转速在规定的范围内；⑩ 找出原因，及时处理；⑪ 更换新泵
泵发出噪声	① 多数情况是泵吸油不足所致，如滤油器堵塞；油位过低，吸入空气；泵的油封处吸入空气等；② 回油管高于油面，油中有大量气泡；③ 检修后从动齿轮装倒，啮合面积变小；④ 油的黏度过高，油温太低	① 油的黏度过高，油温太低；② 泵轴与原动机轴的同轴度太差；③ 吸油滤油器的过滤面积太小；④ 吸油部分的密封不良，吸入空气；⑤ 泵的转速过高或过低	① 保持油位高度，密封必须可靠，防止油液污染；② 使回油管出口浸于油面以下；③ 拆开泵，将从动齿轮掉头；④ 按季节选用适当黏度的油，或加温；⑤ 调节两轴的同轴度；⑥ 改换合适的滤油器；⑦ 加强吸油侧的密封；⑧ 使泵按规定转速转动

故障现象	故障原因		排除方法
	使用中的泵	新安装的泵	
泵吸不进油	① 密封老化变形； ② 吸油滤油器被脏物堵塞； ③ 油箱油位过低； ④ 油温太低，油黏度过高； ⑤ 泵的油封损坏，吸入空气	① 密封老化变形； ② 吸油滤油器被脏物堵塞； ③ 泵安装位置过高，吸程超过规定； ④ 油温太低，油黏度过高； ⑤ 吸油侧漏气； ⑥ 吸油管太细或过长，阻力太大； ⑦ 泵的转向不对或转速过低	① 检查吸油部分及其密封，更换失效密封件； ② 更换滤油器，更换或过滤油液； ③ 使泵的吸程在 500mm 以内； ④ 按季节换合适油液或加热油液； ⑤ 更换新的标准油封； ⑥ 检查吸油部位； ⑦ 换大通径油管，缩短吸油管长度； ⑧ 改变泵的转向，增加转速到规定值
泵排油压力虽能上升但效率过低	① 泵内密封件损伤； ② 泵内滑动件严重磨损； ③ 溢流阀或换向阀磨损或活动件间隙过大； ④ 泵内有脏物或间隙过大	① 泵质量不好或吸进杂物； ② 泵转速过低或过高； ③ 油箱内出现负压	① 检修泵，更换密封件； ② 检修泵或更换新泵； ③ 检修溢流阀或更换新阀； ④ 清除脏物，过滤油液；更换新泵； ⑤ 使泵在规定转速范围内运转； ⑥ 增大空气过滤器的容量
液压泵温升过快	① 压力过高，转速太快，侧板研伤； ② 油黏度过高或内部泄漏严重； ③ 回油路的背压过高	① 压力调节不当，转速太快，侧板烧损； ② 油箱太小，散热不良； ③ 油的黏度不当，温度过低	① 适当调节溢流阀；降低转速到规定值；修理泵； ② 换合适的油，检查密封； ③ 消除回油管路中背压过高的原因； ④ 加大油箱； ⑤ 换合适黏度的油或给油加热
漏油	① 管路连接部分的密封老化、损伤或变质等； ② 油温过高，油黏度过低	① 管道应力未消除，密封处接触不良； ② 密封件规格不对，密封性不良； ③ 密封圈损伤	① 检查并更换密封件； ② 换黏度较高的油或消除油温过高的原因； ③ 消除管道应力，更换密封件； ④ 更换合适密封件； ⑤ 更换密封圈

4.3 叶片泵

　　叶片泵有寿命长、噪声小、流量均匀、体积小、质量轻等优点，其缺点是其结构较齿轮泵复杂，吸油特性不太好，对油液的污染也比较敏感，又因叶片甩出力、吸油速度和磨损等因素的影响，泵的转速要受到一定限制，一般可在转速 $600 \sim 2000 \mathrm{r/min}$ 中使用，被广泛应用于机械制造中的专用机床、自动线、船舶、压铸机及冶金设备等中低压液压系统中。

　　根据各密封工作容积在转子旋转一周吸、排油液次数的不同，叶片泵分为两类，即单作用（转子转一转，完成一次吸、排油液）叶片泵和双作用（转子转一转，完成两次吸、排油液）的叶片泵。单作用叶片泵多为变量泵，工作压力最大为 7.0MPa，双作用叶片泵均为定量泵，一般最大工作压力亦为 7.0MPa，结构经改进的高压叶片泵最人的工作压力可达 16.0~21.0MPa。

4.3.1 单作用叶片泵

变量叶片泵多是单作用叶片泵，分为单向变量和双向变量两类。

单作用叶片泵的工作原理如图 4-9 所示。单作用叶片泵的叶片数多为奇数，以使流量均匀。在吸油腔和压油腔之间，有一段封油区，把吸油腔和压油腔隔开，这种叶片泵转子每转一周，每个工作空间完成一次吸油和压油，因此称为单作用叶片泵。转子不停地旋转，泵就不断地吸油和排油。

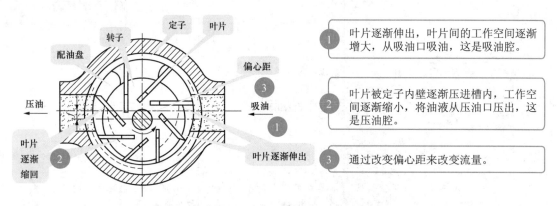

图 4-9 单作用叶片泵的工作原理

根据改变偏心距的方法可将单向变量泵分为手动调节和自动调节两种。根据自动调节后泵的压力和流量特性，又可分为限压式、恒流量式（其输出油量基本上不随压力的高低而变化）和恒压式（其调定压力基本上不随泵的流量变化而变化）三类。下面介绍常用的限压式变量叶片泵。

1. 限压式变量叶片泵的工作原理

如图 4-10 所示为限压式变量叶片泵的工作原理图。

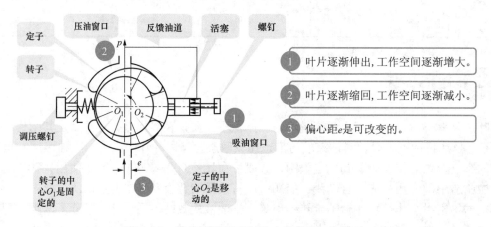

图 4-10 外反馈限压式变量叶片泵的工作原理

变量叶片泵就能借助输出压力的大小自动改变偏心距 e 的大小来改变输出流量。当压力低于某一可调节的限定压力时，泵的输出流量最大；压力高于限定压力时，随着压力增加，泵的输出流量线性地减少。泵的出口压力油经通道与活塞相通。在泵未运转时，定子在弹簧的作用下，紧靠活塞，并使活塞靠在螺钉上。

调节螺钉的位置，便可改变 e_0。p_B 称为泵的限定压力，即泵处于最大流量时所能达到的最高压力，调节调压螺钉 10 可改变弹簧的预压缩量 x_0，即可改变 p_B 的大小。

2. 限压式变量叶片泵的特性曲线

如图 4-11 所示表示泵工作时流量和压力的关系。最大偏心量（初始偏心量 e_0）的大小由调节螺钉实现，改变泵的最大输出流量 q_A，特性曲线 AB 段随之上下平移。改变调压弹簧的粗细即刚度时，可以改变 BC 段的斜率，弹簧越"软"（k_s 值越小），BC 段越陡，p_{max} 值越小；反之，弹簧越"硬"（k_s 值越大），BC 段越平坦，p_{max} 值亦越大。当定子和转子之间的偏心量为零时，系统压力达到最大值，该压力称为截止压力，实际上由于泵的泄漏存在，当偏心量尚未达到零时，泵向系统的输出流量实际已为零。

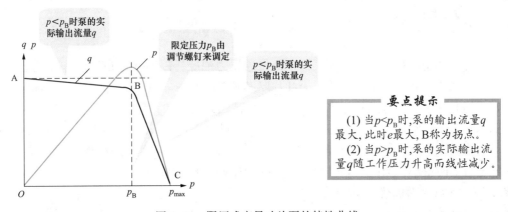

图 4-11　限压式变量叶片泵的特性曲线

要点提示

(1) 当 $p < p_B$ 时，泵的输出流量 q 最大，此时 e 最大，B 称为拐点。

(2) 当 $p > p_B$ 时，泵的实际输出流量 q 随工作压力升高而线性减少。

3. 优缺点及应用

由于转子受到不平衡的径向液压作用力，所以这种泵一般不宜用于高压。为了更有利于叶片在惯性力作用下向外伸出，而使叶片有一个与旋转方向相反的倾斜角，称后倾角，一般为 24°。

现代液压工程中使用的单作用叶片泵几乎都只制成变量型的，限压式变量叶片泵对既要实现快速行程，又要实现工作进给（慢速移动）的执行元件来说是一种合适的油源：快速行程需要大的流量，负载压力较低，正好使用其特性曲线的 AB 段，工作进给时负载压力升高，需要流量减少，正好使用其特性曲线的 BC 段，因而合理调整拐点压力 p_B 是使用该泵的关键。目前这种泵被广泛用于要求执行元件有快速、慢速和保压阶段的中低压系统中，有利于节能和简化回路。

4.3.2　双作用叶片泵

1. 工作原理

双作用叶片泵的工作原理如图 4-12 所示，当转子按图示方向旋转时，当转子每转一周，每个工作空间要完成两次吸油和压油，所以称之为双作用叶片泵。这种叶片泵由于有两个吸油腔和两个压油腔，并且各自的中心夹角是对称的，所以作用在转子上的油液压力相互平衡，因此，双作用叶片泵又称为卸荷式叶片泵。为了要使径向力完全平衡，密封空间数（即叶片数）应当是双数。

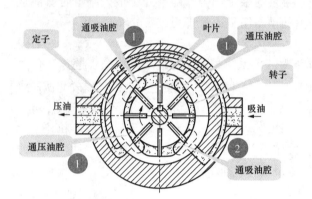

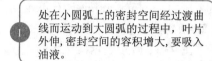

1　处在小圆弧上的密封空间经过渡曲线而运动到大圆弧的过程中，叶片外伸，密封空间的容积增大，要吸入油液。

2　从大圆弧经过渡曲线运动到小圆弧的过程中，叶片被定子内壁逐渐压进槽内，密封空间容积变小，将油液从压油口压出。

图 4-12　双作用叶片泵的工作原理

一般在双作用叶片泵中，叶片底部全部接通压力油腔，因而叶片在槽中作往复运动时，叶片槽底部的吸油和压油不能补偿由于叶片厚度所造成的排量的减小。

双作用叶片泵如不考虑叶片厚度，泵的输出流量是均匀的，但实际叶片是有厚度的，长半径圆弧和短半径圆弧也不可能完全同心，尤其是叶片底部槽与压油腔相通，因此泵的输出流量将出现微小的脉动，但其脉动率较其他形式的泵（螺杆泵除外）小得多，且在叶片数为 4 的整数倍时最小，为此，双作用叶片泵的叶片数一般为 12 或 16。

2. 双作用叶片泵的优缺点

双作用叶片泵的优点：

（1）流量均匀，运转平稳，噪声小。

（2）转子所受径向液压力彼此平衡，轴承使用寿命长、耐久性好。

（3）容积效率较高。目前双作用叶片泵的工作压力为 6.3～16MPa，高压的可达到 3.2MPa。

（4）结构紧凑，外形尺寸小且排量大。

双作用叶片泵的缺点：

（1）叶片易咬死，工作可靠性差，对油液污染敏感。

（2）结构较齿轮泵复杂，零件制造精度较高。

（3）要求吸油的可靠转速在 8.3～25r/s 范围内。如果转速低于 8.3r/s，因离心力不够，叶片不能紧贴在定子内表面，而不能形成密封良好的封闭容积，吸不上油；如果转速太高，由于吸油速度太快，会产生气穴现象，也吸不上油，或吸油不连续。

3. 双联叶片泵

双联叶片泵相当于两个双作用叶片泵的组合。将两个叶片泵并联在一起，泵的两套转子、定子、配油盘等安装在一个泵体内，两个叶片泵的转子由同一传动轴带动旋转，泵体有一个公共的吸油口和各自独立的出油口，两个泵可以是相等流量的，也可以是不等流量的。

双联叶片泵的图形符号如图 4-13 所示。

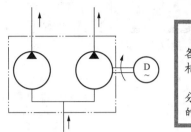

> **要点提示**
>
> （1）泵体有一个公共的吸油口和各自独立的出油口，两个泵可以是相等流量的，也可以是不等流量的。
>
> （2）双联叶片泵的输出流量可以分开使用，也可以合并使用；泵的压力也可以不同。

图 4-13　双联叶片泵的图形符号

常将高压小流量泵和低压大流量泵并联使用。常用于有快速进给和工作进给要求的机械加工的专用机床中。当快速进给时，两个泵同时供油（此时压力较低）；当工作进给时，由小流量泵供油（此时压力较高），同时在油路系统上使大流量泵卸荷，这与采用一个高压大流量的泵相比，可以节省能源，减少油液发热。双联叶片泵也常用于机床液压系统中需要两个互不影响的独立油路中。

4. 双级叶片泵

为了要得到较高的工作压力，常用双级叶片泵而不用高压叶片泵。双级叶片泵是将两个双作用叶片泵安装在一个泵体内，两个转子由同一个传动轴传动，而油路是串联的。如果单级泵的压力可达 7.0MPa，双级泵的工作压力就可达 14.0MPa。

双级叶片泵的工作原理如图 4-14（a）所示，两个单级叶片泵的转子装在同一根传动轴上，当传动轴回转时就带动两个转子一起转动。第一级泵经吸油管从油箱吸油，输出的油液就送入第二级泵的吸油口，第二级泵的输出油液经管路送往工作系统。双级叶片泵的图形符号如图 4-14（b）所示。

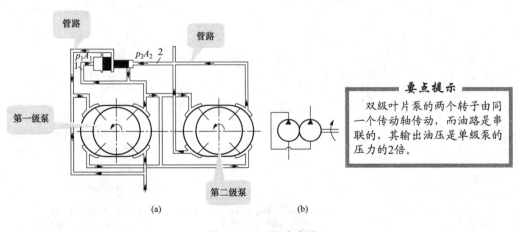

> **要点提示**
>
> 双级叶片泵的两个转子由同一个传动轴传动，而油路是串联的，其输出油压是单级泵的压力的2倍。

图 4-14　双级叶片泵
（a）工作原理；（b）图形符号

4.3.3　叶片泵的常见故障及排除

叶片泵的常见故障、故障原因及故障排除方法见表 4-4。

表 4-4　　　　　　　　　　　　　　叶片泵的常见故障及排除方法

故障现象	故障原因		排除方法
	使用中的泵	新安装的泵	
泵高压侧不排油	① 吸油侧吸不进油，油位过低； ② 吸油滤油器被脏物堵塞； ③ 叶片在转子槽内卡住； ④ 轴向间隙过大，内漏严重； ⑤ 吸油侧密封损坏； ⑥ 更换的新油黏度过高，油温太低； ⑦ 液压系统有回油情况	油温过低，油液黏度太高	① 增添新油； ② 过滤油液，清洗油箱； ③ 检修叶片泵； ④ 调整侧板间隙，达到规定值； ⑤ 更换合格密封件； ⑥ 提高油温； ⑦ 检查液压回路
噪声过大	① 轴颈处密封磨损，进入少量空气； ② 回油管露出油面，回油产生气体； ③ 吸油滤油器被脏物堵塞； ④ 配流盘、定子、叶片等件磨损； ⑤ 若为双联泵时，高低压两排油腔相通； ⑥ 噪声的产生原因，多数情况是吸油不足造成的	① 两轴的同轴度超出规定值，噪声很大； ② 噪声不太大，很刺耳，油箱内有气泡或起沫； ③ 有轻微噪声并有气泡的间断声音； ④ 滤油器的容量较小； ⑤ 吸油发声阻力过大、流速过高，吸油管径小； ⑥ 除两轴不同轴外，就是泵吸空所造成的	① 更换自紧油封； ② 往油箱内加注合格液压油至规定液面； ③ 过滤液压油，清洗油箱； ④ 检查泵，更换新件，或换新泵； ⑤ 检修双联泵，或更换新泵； ⑥ 查出吸油不足的原因，及时解决； ⑦ 调整电动机、泵的两轴的同轴度； ⑧ 吸油中混进空气，造成回油中夹着大量气体，检查吸油管路和接头； ⑨ 泵吸油处透气，查吸油部位的连接件，用黄油涂于连接处噪声即无，重新连接； ⑩ 更换大容量滤油器； ⑪ 加大吸油管直径； ⑫ 查找原因，再针对问题及时解决
泵排油而无压力	① 溢流阀卡死，阀质量不良，或油太脏； ② 溢流阀的弹簧断了（此情况很少发生）	① 溢流阀从内部回油； ② 系统中有回油现象	① 先拆卸溢流阀检查； ② 检查溢流阀； ③ 阀有内部回油，查换向阀； ④ 检查调压弹簧
泵调不到额定压力	① 泵的容积效率过低； ② 泵吸油不足，吸油侧阻力大； ③ 溢流阀的锥阀磨损，在圆周上有痕迹	油中混有气体，吸油不足	① 检修叶片泵，更换磨损的零件； ② 检查吸油部位、油位和滤油器； ③ 将溢流阀的先导阀卸下，观察提动阀有无痕迹，更换溢流阀或零件； ④ 查吸油侧有进气部位
泵吸不进油		① 泵安装位置超过规定； ② 吸油管太细或过长； ③ 吸油侧密封不良，吸入空气； ④ 泵的旋转方向不对； ⑤ 不是上述原因，就是泵不合格	① 调整叶片泵的吸油高度； ② 改变吸油侧，按规定安装； ③ 管接头和泵连接处透气，改善密封； ④ 改变运转方向； ⑤ 更换叶片泵

4.4 柱塞泵

柱塞泵是靠柱塞在缸体中做往复运动造成密封容积的变化来实现吸油与压油的液压泵，其主要构件——构成密封容积的柱塞和缸体的工作部分都是圆柱形的，因此加工方便，可得到较高的配合精度，密封性能好，结构紧凑，在高压下工作仍有较高的容积效率。与其他类型的液压泵相比，柱塞泵的主要优点是：

（1）工作压力高。因柱塞和缸孔加工容易，尺寸精度和表面质量可达到很高的要求，因而配合精度高，油液泄漏小，容积效率高，能达到的工作压力一般是 20~40MPa，最高可达 100MPa。

（2）流量范围大。只要适当地加大柱塞的直径或增加柱塞的数目，流量便随之增大。

（3）容易加工成各种变量泵。改变柱塞的行程就能改变流量。

（4）柱塞泵的主要零件均受压，即受力情况好，材料强度性能可得到充分利用，具有较长的使用寿命，单位功率质量小。

（5）柱塞泵有良好的双向变量能力。

柱塞泵的主要缺点包括：

（1）对介质洁净度要求较苛刻（座阀配流型较好）。

（2）流量脉动较大，因此噪声较高。

（3）结构较复杂，造价高，维修困难。

由于柱塞泵压力高、结构紧凑、效率高、流量调节方便，故它常用在需要高压、大流量、大功率的系统中和流量需要调节的场合，如在龙门刨床、拉床、液压机、工程机械、矿山冶金机械、船舶上得到广泛的应用。柱塞泵按柱塞的排列和运动方向不同，可分为径向柱塞泵和轴向柱塞泵两大类。

4.4.1 径向柱塞泵

1. 结构

径向柱塞泵有两种结构：一种用轴配油的，叫配油轴式径向柱塞泵，其柱塞安置在转子的径向孔中，如图 4-15 所示。改变定子与转子间的偏心距和位置可调节流量与液流方向，因此，这种泵可作成定量泵，也可作成单向或双向变量泵。另一种是阀式配油的径向柱塞泵，其柱塞安置在定子里。

2. 工作原理

如图 4-15 所示，柱塞在离心力的（或在低压油）作用下抵紧定子的内壁，当转子按图示方向回转时，由于定子和转子之间有偏心距 e，柱塞绕经上半周时向外伸出，柱塞底部的容积逐渐增大，形成部分真空，因此便经过衬套（衬套是压紧在转子内，并和转子一起回转）上的油孔从配油轴和吸油口 b 吸油；当柱塞转到下半周时，定子内壁将柱塞向里推，柱塞底部的容积逐渐减小，向配油轴的压油口 c 压油，当转子回转一周时，每个柱塞底部的密封容积完成一次吸压油，转子连续运转，即完成吸压油工作。配油轴固定不动，油液从配油轴上半部的两个孔 a 流入，从下半部两个油孔 d 压出，为了进行配油，配油轴在和衬套接触的一段加工出上下两个缺口，形成吸油口 b 和压油口 c，留下的部分形成封油区。封油区

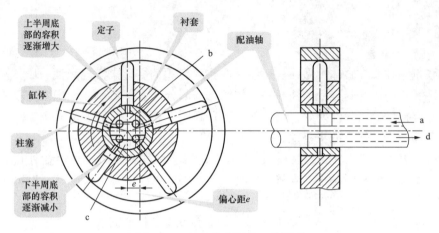

上半周底部的容积逐渐增大

定子

衬套

配油轴

缸体

柱塞

下半周底部的容积逐渐减小

偏心距e

图 4-15　径向柱塞泵的工作原理

的宽度应能封住衬套上的吸压油孔，以防吸油口和压油口相连通，但尺寸也不能大得太多，以免产生困油现象。

径向柱塞泵由于泵中的柱塞在缸体中的移动速度是变化的，泵的输出流量是脉动的，在柱塞数较多且为奇数时，流量脉动较小。

3. 特点

径向柱塞泵的性能稳定，耐冲击性能好，工作可靠；但其径向尺寸大，结构复杂，自吸能力差，且配油轴受到不平衡液压力的作用，容易磨损，这些都限制了它的转速和压力的提高。

4.4.2　轴向柱塞泵

1. 结构特点

轴向柱塞泵有两种形式，直轴式（斜盘式）和斜轴式（摆缸式）。轴向柱塞泵的柱塞平行于缸体的轴心线，图 4-16 所示为一种直轴式轴向柱塞泵的结构，柱塞的头部装在滑履内，弹簧一般称之为回程弹簧，这样的泵具有自吸能力。在滑履与斜盘相接触的部分有一油室，它通过柱塞中间的小孔与缸体中的工作腔相连，压力油进入油室后在滑履与斜盘的接触面间形成了一层油膜，起着静压支承的作用，使滑履作用在斜盘上的力大大减小，因而磨损也减小。传动轴通过左边的花键带动缸体旋转，由于滑履贴紧在斜盘表面上，柱塞在随缸体旋转的同时在缸体中做往复运动。缸体中柱塞底部的密封工作容积是通过配油盘与泵的进出口相通的。随着传动轴的转动，液压泵就连续地吸油和排油。

2. 工作原理

如图 4-17 所示为直轴式轴向柱塞泵的工作原理图，柱塞沿圆周均匀分布在缸体内，斜盘轴线与缸体轴线倾斜一角度，柱塞靠机械装置或在低压油作用下压紧在斜盘上（图中为弹簧），配油盘和斜盘固定不转，电动机带动传动轴使缸体转动时，由于斜盘的作用迫使柱塞在缸体内做往复运动，并通过配油盘的配油窗口进行吸油和压油。如图 4-17 所示回转方向，当缸体转角在 $\pi \sim 2\pi$ 范围内，柱塞向外伸出，柱塞底部缸孔的密封工作容积增大，通过配油盘的吸油窗口吸油；在 $0 \sim \pi$ 范围内，柱塞被斜盘推入缸体，使缸孔容积减小，通过配

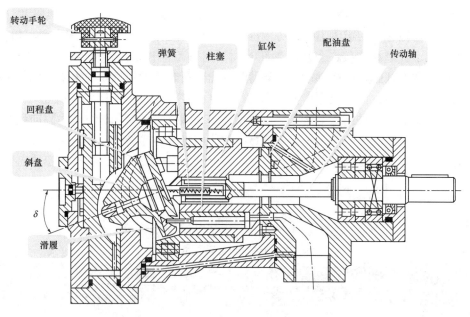

图 4-16 直轴式轴向柱塞泵结构

油盘的压油窗口压油。缸体每转一周，每个柱塞各完成吸、压油一次，如改变斜盘倾角 γ，就能改变柱塞行程的长度，即改变液压泵的排量，改变斜盘倾角方向，就能改变吸油和压油的方向，即成为双向变量泵。

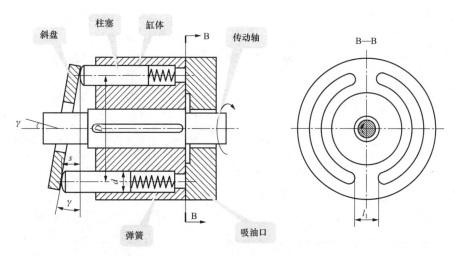

图 4-17 直轴式轴向柱塞泵的工作原理

配油盘上吸油窗口和压油窗口之间的密封区宽度 l 应稍大于柱塞缸体底部通油孔宽度 l_1，但不能相差太大，否则会发生困油现象。一般在两配油窗口的两端部开有小三角槽，以减小冲击和噪声。

实际上，由于柱塞在缸体孔中运动的速度不是恒速的，因而输出流量是有脉动的，当柱塞数为奇数时，脉动较小，且柱塞数多脉动也较小，因而一般常用的柱塞泵的柱塞个数为 7、9 或 11。

3. 特点

斜轴式轴向柱塞泵的缸体轴线相对传动轴轴线成一倾角，传动轴端部用万向铰链、连杆与缸体中的每个柱塞相连接，当传动轴转动时，通过万向铰链、连杆使柱塞和缸体一起转动，并迫使柱塞在缸体中做往复运动，借助配油盘进行吸油和压油。这类泵的优点是变量范围大，泵的强度较高，但和上述直轴式相比，其结构较复杂，外形尺寸和重量均较大。

轴向柱塞泵的优点是：结构紧凑、径向尺寸小、惯性小、容积效率高，目前最高压力可达40.0MPa，甚至更高，一般用于工程机械、压力机等高压系统中，但其轴向尺寸较大，轴向作用力也较大，结构比较复杂。

4.4.3　柱塞泵的常见故障及排除

轴向柱塞泵的常见故障、故障原因及故障排除方法见表4-5。

表4-5　　　　　　　　　　　　　　轴向柱塞泵的常见故障及排除方法

故障现象	故障原因		排除方法
	使用中的泵	新安装的泵	
泵不吸油	① 吸入管路上过滤器堵塞； ② 液压油箱油位太低； ③ 吸入管路漏气； ④ 柱塞泵中心弹簧折断，使柱塞不能回程或缸体和配流盘初始密封不好； ⑤ 泵壳体内未充满液压油并存有空气； ⑥ 配流盘与缸体、柱塞与缸体磨损严重，造成泄漏	① 由于用带轮或齿轮直接装于泵轴上，致使泵轴受径向力，引起缸体和配流盘之间产生楔形间隙，使高低压腔沟通； ② 泵的旋转方向不对； ③ 油温过低，泵无法吸进； ④ 油液的黏度太高或吸程过长	① 拆下过滤器，清洗掉污物，并用压缩空气吹净； ② 增加油液至油箱标线范围内； ③ 紧固吸油管各连接处，严防空气侵入； ④ 更换损坏的中心弹簧； ⑤ 将泵壳体内注满油液，或将液压系统回油管分路接入泵体回油口，使泵内保持充满油液的状态； ⑥ 修复或更换磨损件，缸体配流端面如已损坏，则以缸体的钢套为基准，在平面磨床上重新磨削配流端面； ⑦ 采用弹性联轴器，使泵轴不受径向力作用； ⑧ 将泵的旋转方向改过来； ⑨ 加热油液，提高油温； ⑩ 加热油温，降低黏度，吸程不要超过规定
泵不吸油或无压力	① 泵只要吸油就能排油； ② 若无压力时也不一定是泵不排油，可能是压力阀出问题	① 泵旋转方向反了，不吸油也不排油； ② 压力阀和方向阀等回路设计、安装不正确，压力油从控制阀油口回油； ③ 吸油侧阀门未打开	① 检查吸油侧； ② 检查压力阀是否被脏物卡住； ③ 检查泵的旋转方向是否转反了； ④ 重新设计回路，正确安装各控制阀； ⑤ 打开阀门后再启动泵

续表

故障现象	故障原因		排除方法
	使用中的泵	新安装的泵	
泵漏油	泵的间隙过大，润滑油大量进入轴承端，将低压油封冲开发生外漏	泵出厂时，轴向间隙超过规定，油封装配时损坏	① 先更换一个旋转轴用自紧橡胶密封圈，再检修泵； ② 若漏得严重找生产厂家，若油封损坏了更换一个
压力不稳定	① 液压油污染后有时发生压力波动； ② 刚启动时压力无问题，当使用一段时间后压力往下降	刚启动泵时，压力表发生严重波动，这种波动随运转时间加长渐渐减轻	① 清洗油箱，过滤液压油，清洗系统； ② 油温升高、黏度降低使各种元件内漏增大，检修液压件，先查溢流阀，再查泵的配流盘； ③ 系统内存有大量空气，可把压力表开关加点阻尼，注意不要关死
泵不正常发热	① 油液黏度太高或黏温性能差； ② 油箱容量小； ③ 泵内部油液漏损太大； ④ 泵内运动件磨损异常	① 装配不良、间隙选配不当； ② 泵和电动机两轴的同轴度超差过大会造成严重发热	① 适当降低油液的黏度； ② 增大油箱容量，或增设冷却器； ③ 检修泵，减少泄漏； ④ 修复或更换磨损件，并排除异常磨损的原因； ⑤ 按装配工艺进行装配，测量间隙，重新配研，达到规定的合理间隙； ⑥ 检查同轴度是否超差过大，及时解决
噪声过大	① 吸油管道阻力过大，过滤器部分堵塞，使吸油不足； ② 吸入管路接头漏气； ③ 油箱中油液不足； ④ 油的黏度太高； ⑤ 泵吸油腔距油箱液面大于500mm，使泵吸油不良； ⑥ 油箱中通气孔被堵	泵轴与电动机轴同轴度差，泵轴受径向力，转动时产生振动	① 减小吸入管道阻力； ② 用润滑脂涂在吸油管路接头上检查，若接头因密封不严而漏气，此口寸噪声会迅速降低，查出漏气原因，排除后重新紧固； ③ 适当增加油箱中的油液，使液面在规定范围内； ④ 降低油液黏度，可用同类油液进行调配，或更换合适的油液； ⑤ 降低泵吸油口高度； ⑥ 清洗油箱上通气孔； ⑦ 调整泵轴与电动机轴的同轴度

思考与练习

1. 机床上的液压泵为什么可统称为容积泵？液压泵正常工作的条件是什么？

2. 什么是液压泵的排量、理论流量和实际流量？它们之间有什么关系？

3. 液压泵的工作压力和额定压力指的是什么？

4. 某液压泵的输出油压 $p = 6\text{MPa}$，排量 $V = 100\text{cm}^3/\text{r}$，转速 $n = 1450\text{r/min}$，容积效率 $\eta_\text{v} = 0.94$，总效率 $\eta = 0.9$，求泵的输出功率和电动机的驱动功率？

5. 试说明限压式变量叶片泵的流量压力特性曲线的物理意义，曲线如何调节。

6. 某液压泵输出油压 $p = 2 \times 10^5 Pa$，液压泵转速 $n = 1450 r/min$，排量 $q = 100 cm^3/r$，已知该泵容积效率 $\eta_v = 0.95$，总效率 $\eta = 0.9$，试求：

（1）该泵输出的液压功率。

（2）驱动该泵的电动机功率。

7. 某液压泵的额定压力为 $2 \times 10^5 Pa$，额定流量 $q = 20 L/min$，泵的容积效率 $\eta_v = 0.95$，试计算该泵的理论流量和泄漏量的大小。

8. 已知齿轮模数 $m = 3$，齿数 $Z = 15$，齿宽 $b = 25mm$，转速 $n = 1450 r/min$，在额定压力下输出流量 $q = 25 L/min$，求该泵的容积效率 η_v。

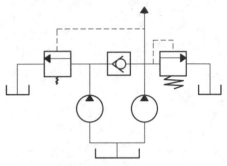

9. 如图 4-18 所示，某组合机床动力滑台采用双联叶片泵 YB-40/6，快速进给两泵同时供油，工作压力为 1MPa，工作进给时大流量泵卸荷，其卸荷压力为 $3 \times 10^5 Pa$；此时系统由小流量泵供油，其供油压力为 $4.5 \times 10^6 Pa$，若泵的总效率 $\eta = 0.8$，求该双联泵所需电动机功率为多少？

图 4-18　某组合机床动力滑台

10. 斜盘式轴向柱塞泵的机构简图如图 4-19 所示。已知柱塞分布圆直径 $D = 80mm$，柱塞直径 $d = 16mm$，柱塞数 $z = 9$，斜盘倾斜角 $\alpha = 22°$，泵的输出油压 $p_p = 10MPa$，转速 $n_p = 1000 r/min$，容积效率 $\eta_{vp} = 0.9$，机械效率 $\eta_{mp} = 0.9$，试求：

（1）泵的理论流量。

（2）泵的实际输出流量。

（3）所需驱动电机功率。

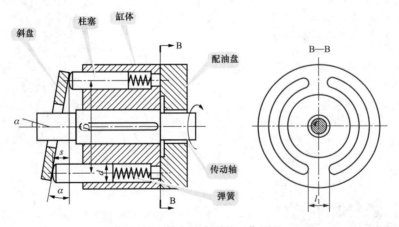

图 4-19　轴向柱塞泵的工作原理

11. 试简述液压泵的选用方法。

第 5 章　液压执行元件

本章导读

- 掌握执行装置是将液压能转换为机械能的能量转换装置。
- 熟悉执行装置的两大类型。
- 了解液压马达可按额定转速、排量、结构作不同分类，重点掌握叶片式液压马达的工作原理、特点及应用。
- 掌握实现直线往复运动的液压缸的类型、特点及应用，重点掌握差动液压缸的工作原理及应用。

5.1　液压缸

　　液压缸是液压系统中的一种执行元件，是将液压能转变成直线往复式的机械能的能量转换装置，它使运动部件实现往复直线运动或摆动。

5.1.1　液压缸的类型和特点

　　液压缸的种类很多，其详细分类可见表 5-1 及图 5-1 所示。

表 5-1　　　　　　　　　　　　　　常见液压缸的种类及特点

分类	名称	符号	说　明
单作用液压缸	柱塞式液压缸		柱塞仅单向运动，返回行程是利用自重或负荷将柱塞推回
	单活塞杆液压缸		活塞仅单向运动，返回行程是利用自重或负荷将活塞推回
	双向塞杆液压缸		活塞的两侧都装有活塞杆，只能向活塞一侧供给压力油，返回行程利用弹簧力、重力或外力
	伸缩液压缸		它以短缸获得长行程。用液压油由大到小逐节推出，靠外力由小到大节缩回

续表

分类	名称	符号	说 明
双作用液压缸	单活塞杆液压缸		单边有杆，两向液压驱动，两向推力和速度不等
	双活塞杆液压缸		双向有杆，双向液压驱动，可实现等速往复运动
	伸缩液压缸		双向液压驱动，伸出由大到小逐步推出，由小到大逐节缩回
组合液压缸	弹簧复位液压缸		单向液压驱动，由弹簧力复位
	串联液压缸		用于缸的直径受限制，而长度不受限制处，获得大的推力
	增压缸（增压器）		由低压力室 A 缸驱动，使 B 室获得高压油源
	齿条齿轮压缸		活塞往复运动经装在一起的齿条驱动齿轮获得往复回转运动
摆动液压缸			输出轴直接输出扭矩，其往复回转的角度小于 360°，也称摆动马达

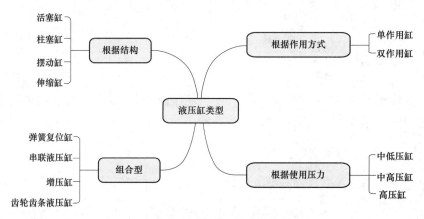

图 5-1　液压缸的分类

　　单作用式液压缸只利用液压力推动活塞向着一个方向运动，而反向运动则需借助外力实现；双作用式液压缸其正、反两个方向的运动都依靠液压力来实现。

　　对于机床类机械一般采用中低压液压缸，其额定压力为 2.5~6.3MPa；对于中高压液压缸其额定压力小于 16MPa，应用于体积要求小、重量轻、出力大的建筑车辆和飞机用液压缸；而高压类液压缸，其额定压力小于 31.5MPa，应用于油压机类机械。

5.1.2　单作用液压缸

　　单作用液压缸有柱塞式、活塞式和伸缩式三种结构形式。

柱塞式和活塞式单作用液压缸的工作原理如图 5-2 所示。当压力为 p 的工作液体，由液压缸进油口以流量 q 进入柱塞或活塞底腔后，液体压力均匀作用在柱塞或活塞底面上，柱塞或活塞杆在该液体压力的作用下，产生推力 F，并以速度 v 向外伸出。若柱塞或活塞底腔卸压，则柱塞或活塞杆在自重（垂直安装时）或弹簧力等外力作用下缩回。由于液压力只能推动柱塞或活塞杆朝一个方向运动，因此这两种液压缸属于单作用液压缸。柱塞式和活塞式液压缸的图形符号如图 5-3 所示。

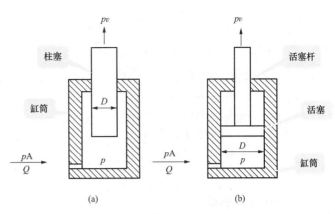

图 5-2　柱塞式和活塞式单作用液压缸的工作原理
（a）柱塞式液压缸；（b）活塞式液压缸

图 5-4 所示为单作用柱塞式液压缸的一种典型结构。其特点是柱塞较粗，受力条件好，而且柱塞在缸筒内与缸壁不接触，两者无配合要求，因而只需对柱塞表面进行精加工即可，缸筒内孔不必进行精加工，而且表面粗糙度要求也不高。可见柱塞液压缸的制造工艺性较好，故行程较长的单作用液压缸多采用柱塞式结构。另外，为了减轻重量，柱塞往往做成空心的。行程特别长的柱塞缸，还可以在缸体内设置辅助支承，以增强刚性。

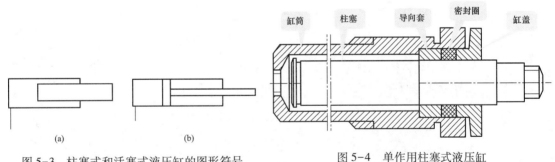

图 5-3　柱塞式和活塞式液压缸的图形符号
（a）柱塞式液压缸；（b）活塞式液压缸

图 5-4　单作用柱塞式液压缸

5.1.3　双作用液压缸

双作用液压缸的伸出、缩回都是利用液压油的操作来实现的。按活塞杆形式的不同，可分为单活塞杆式、双活塞杆式和伸缩式三种形式。

1. 双出杆式双作用液压缸

根据安装方式不同可分为缸筒固定式和活塞杆固定式两种。

如图 5-5（a）所示为缸筒固定式的双杆活塞缸，一般适用于小型机床。当工作台行程要求较长时，可采用图 5-5（b）所示的活塞杆固定的形式，这时，缸体与工作台相连，活塞杆通过支架固定在机床上，动力由缸体传出。这种安装形式中，工作台的移动范围只等于液压缸有效行程 L 的两倍（$2L$），因此占地面积小。进出油口可以设置在固定不动的空心的活塞杆的两端，但必须使用软管连接。

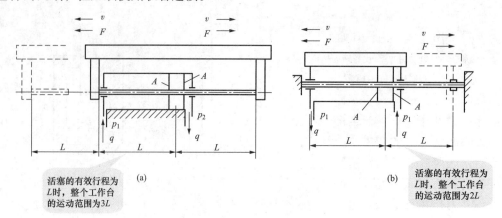

活塞的有效行程为 L 时，整个工作台的运动范围为 $3L$ （a）

活塞的有效行程为 L 时，整个工作台的运动范围为 $2L$ （b）

图 5-5　双出杆双作用液压缸
（a）缸筒固定式；（b）活塞杆固定式

由于双杆活塞缸两端的活塞杆直径通常是相等的，因此它左、右两腔的有效面积也相等，当分别向左、右腔输入相同压力和相同流量的油液时，液压缸左、右两个方向的推力和速度相等。当活塞的直径为 D，活塞杆的直径为 d，液压缸进、出油腔的压力为 p_1 和 p_2，输入流量为 q 时，双杆活塞缸的推力 F 和速度 v 为

$$F = \frac{\pi(D^2 - d^2)}{4}(p_1 - p_2)\eta_{\mathrm{m}} \tag{5-1}$$

$$v = \frac{q\eta_{\mathrm{v}}}{A} = \frac{4q\eta_{\mathrm{v}}}{\pi(D^2 - d^2)} \quad (\mathrm{m/s}) \tag{5-2}$$

式中　q——供油量，$\mathrm{m^3/s}$；

　　　D——无杆端活塞直径，m；

　　　d——活塞杆直径，m；

　　　η_{v}——液压缸的容积效率；

　　　A——活塞的有效工作面积。

双杆活塞缸在工作时，设计成一个活塞杆是受拉的，而另一个活塞杆不受力，因此这种液压缸的活塞杆可以做得细些。

2. 单出杆双作用液压缸

单活塞杆双作用液压缸的工作原理如图 5-6 所示。其进、出液口的布置视安装方式而定。工作时可以缸筒固定，活塞杆驱动负载；也可以活塞杆固定，缸筒驱动负载。由于液压力能推动活塞杆做正反两个方向的运动，因此这种液压缸属于双作用液压缸。

根据流量连续性定理，进入液压缸的液流流量等于液流截面面积和流速的乘积。因此，对液压缸来说，液流截面即是液压缸工作腔的有效面积，液流的平均流速即是活塞的运动速度。

如图 5-6 所示，活塞只有一端带活塞杆，单杆液压缸也有缸体固定和活塞杆固定两种形式，但它们的工作台移动范围都是活塞有效行程的两倍。它由于一端有活塞杆伸出，两端受力面积不等，因而两向运动速度不同。

（1）往复速度 v_1、v_2。如图 5-6 所示，两端的供油量相等时

$$v_1 = \frac{q\eta_v}{A_1} = \frac{4q\eta_v}{\pi D^2} \tag{5-3}$$

$$v_2 = \frac{q\eta_v}{A_2} = \frac{4q\eta_v}{v(D^2 - d^2)} \tag{5-4}$$

式中符号与式（5-3）及式（5-4）相同。

在机床上常用 v_1、v_2 不等来实现慢速"工进"和快速退回。

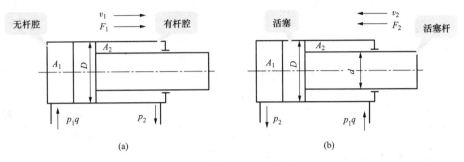

图 5-6　单活塞杆双作用液压缸的工作原理
（a）慢速工进；（b）快速退回

（2）往复推力。如果两个方向上的供油压力相等时，往复运动所能产生的输出推力不等，其值分别为

$$F_1 = (p_1 A_1 - p_2 A_2)\eta_m = \frac{\pi}{4}\left[D^2(p - p_0) + d^2 p_0\right]\eta_m \tag{5-5}$$

$$F_2 = (p_1 A_2 - p_2 A_1)\eta_m = \frac{\pi}{4}\left[D^2(p - p_0) - d^2 p_0\right]\eta_m \tag{5-6}$$

式中　η_m——液压缸的机械效率；

F_1——无杆端产生的推力，N；

F_2—— 有杆端产生的推力，N；

p_1——缸的进油压力，Pa；

p_2——缸的回油背压，Pa。

5.1.4　组合液压缸

1. 增压液压缸

增压液压缸又称增压器，它利用活塞和柱塞有效面积的不同使液压系统中的局部区域获得高压。它有单作用和双作用两种形式，单作用增压缸的工作原理如图 5-7（a）所示，当低压油 p_1 输入活塞缸的无杆腔，油液推动增压器的大活塞，大活塞又推动与其连在一起的小活塞而获得高压 p_2 的液体。增压器的特性方程为

$$\frac{p_2}{p_1} = \frac{D^2}{d^2}\eta_m = K\eta_m \tag{5-7}$$

$$\frac{q_2}{q_1} = \frac{d^2}{D^2}\eta_v = \frac{1}{K}\eta_v \tag{5-8}$$

式中　K——增压比，$K=\dfrac{D^2}{d^2}$，它代表其增压程度；

p_2——增压器输出压力，Pa；

p_1——增压器输入压力，Pa；

D——增压器大活塞直径，m；

d——增压器小活塞直径，m；

q_2——增压器输出流量，m^3/s；

q_1——增压器输入流量，m^3/s；

η_m——增压器的机械效率；

η_v——增压器的容积效率。

显然增压能力是在降低有效能量的基础上得到的，也就是说增压缸仅仅是增大输出的压力，并不能增大输出的能量。

单作用增压缸在活塞运动到终点时，不能再输出高压液体，需要将活塞退回到左端位置，再向右行时才又输出高压液体，为了克服这一缺点，可采用双作用增压缸，如图5-7（b）所示，由两个高压端连续向系统供油。

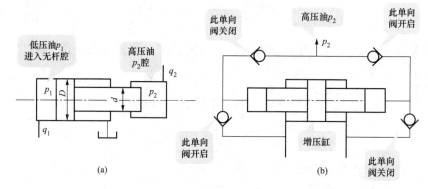

图5-7　增压液压缸
（a）单作用增压器；（b）双作用增压器

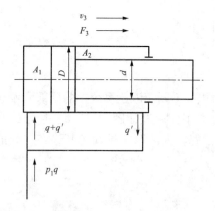

图5-8　差动液压缸

2. 差动油缸

单杆活塞缸在其左右两腔都接通高压油时称为"差动连接"，如图5-8所示。差动连接缸左右两腔的油液压力相同，但是由于左腔（无杆腔）的有效面积大于右腔（有杆腔）的有效面积，故活塞向右运动，同时使右腔中排出的油液（流量为 q'）也进入左腔，加大了流入左腔的流量（$q+q'$），从而也加快了活塞移动的速度。实际上活塞在运动时，由于差动连接时两腔间的管路中有压力损失，所以右腔中油液的压力稍大于左腔油液压力，而这个差值一般都较小，可以忽略不计，则差动连接时活塞推力 F_3 和运动速度 v_3 为

$$F_3 = p_1(A_1 - A_2) = \frac{\pi}{4}\left[D^2 - (D^2 - d^2)\right]p = \frac{\pi}{4}d^2p \tag{5-9}$$

进入无杆腔的流量

$$q_1 = v_3 \frac{\pi D^2}{4} = q + v_3 \frac{\pi(D^2 - d^2)}{4} \tag{5-10}$$

$$v_3 = \frac{4q}{\pi d^2} \tag{5-11}$$

式中　p——液压缸的工作压力，由于是差动连接，两腔的压力相等。

由式（5-9）、式（5-10）可知，差动连接时液压缸的推力比非差动连接时小，速度比非差动连接时大，正好利用这一点，可使在不加大油源流量的情况下得到较快的运动速度，这种连接方式被广泛应用于组合机床的液压动力系统和其他机械设备的快速运动中。如果要求机床往返快速相等时，则由式（5-4）和式（5-11）得

$$\frac{4q}{\pi(D^2 - d^2)} = \frac{4q}{\pi d^2} \tag{5-12}$$

即

$$D = \sqrt{2}\,d \tag{5-13}$$

因此，单杆活塞缸按 $D = \sqrt{2}\,d$ 设计缸径和杆径，可实现差动连接，这种油缸称之为差动液压缸。

3. 伸缩缸

伸缩缸由两个或多个活塞缸套装而成，前一级活塞缸的活塞杆内孔是后一级活塞缸的缸筒，伸出时可获得很长的工作行程，缩回时可保持很小的结构尺寸，伸缩缸被广泛用于起重运输车辆上，如图 5-9 所示。

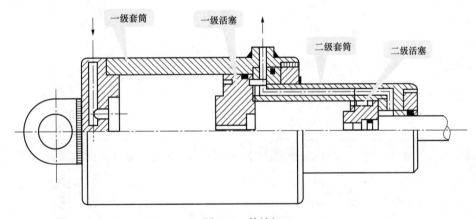

图 5-9　伸缩缸

伸缩缸可以是如图 5-10（a）所示的单作用式，也可以是如图 5-10（b）所示的双作用式，前者靠外力回程，后者靠液压回程。

伸缩缸的外伸动作是逐级进行的。首先是最大直径的缸筒以最低的油液压力开始外伸，当到达行程终点后，稍小直径的缸筒开始外伸，直径最小的末级最后伸出。随着工作级数变大，外伸缸筒直径越来越小，工作油液压力随之升高，工作速度变快。其值为

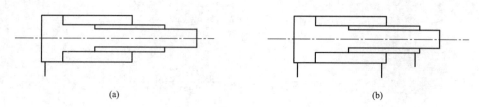

图 5-10　伸缩缸的职能符号

（a）单作用式伸缩缸；（b）双作用式伸缩缸

$$F_1 = p_1 \frac{\pi}{4} D^2 \qquad (5-14)$$

$$v_i = \frac{4q}{\pi D_i^2} \qquad (5-15)$$

式中　i——第 i 级活塞缸。

4. 齿轮缸

齿轮缸由带有齿条杆的双活塞缸和齿轮齿条机构所组成，如图 5-11 所示。此液压缸又叫无杆液压缸，常用于机械手、磨床的进给机构、回转工作台的转位机构和回转夹具。

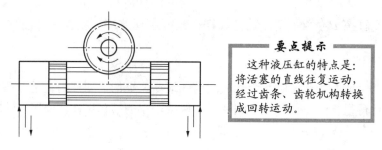

要点提示

这种液压缸的特点是：将活塞的直线往复运动，经过齿条、齿轮机构转换成回转运动。

图 5-11　齿条液压缸

5.1.5　液压缸的常见故障及排除

液压缸的常见故障及排除方法见表 5-2。

表 5-2　　　　　　　　　　　　　液压缸的常见故障及排除方法

故障现象	故障原因	排除方法
动作不灵敏，有阻滞现象	①动作不灵敏，有阻滞现象； ②液压泵运转有不规则现象； ③有缓冲装置的液压缸，反向启动时，单向阀孔口太小，会引起活塞一时停止或逆退现象； ④活塞运动速度大时，单向阀的钢球跟随油流动，以致堵塞阀孔，致使动作不规则； ⑤橡胶软管内层剥离，使油路时通时闭，造成液压缸动作不规则； ⑥有一定的横向载荷	①液压缸中空气过多。排除方法：通过排气阀排气；检查空气是否由活塞杆往复运动部位的密封圈处吸入，如是，更换密封圈； ②如振动噪声大，压力波动厉害，泵转动有阻滞，轻度咬死现象； ③加大单向阀孔口； ④在通过流量较大时，应改成带导向肩的锥阀式结构； ⑤更换橡胶软管

续表

故障现象	故障原因	排除方法
液压缸不能动作	① 执行运动部件阻力太大； ② 进油口油液压力太低，达不到规定值； ③ 油液未进入液压缸； ④ 液压缸本身滑动部位配合过紧，密封摩擦力过大； ⑤ 由于设计和制造不当，活塞行至终点后回程时，油液压力不能作用在活塞的有效工作面积上，或启动时有效工作面积过小； ⑥ 横向载荷过大，受力别劲或缸咬死； ⑦ 液压缸的背压力太大	① 检查和排除运动机构的卡死、楔紧等情况；检查并改善运动部件导轨的接触与润滑； ② 检查有关油路系统的各处泄漏情况并排除泄漏； ③ 检查油管、油路，特别是软管接头是否被堵塞； ④ 活塞杆与导向套的配合采用 H8/f8 的配合；密封圈槽的深度与宽度严格按尺寸公差做出；如用 V 形密封圈时，调整密封摩擦力到适中程度； ⑤ 改进设计和制造； ⑥ 安装液压缸时，使缸的轴线位置与运动方向一致；使液压缸所承受的负载尽量通过缸轴线，不产生偏心现象； ⑦ 调低背压力
运动速度达不到预定值	① 液压泵输油量不足，液压缸进油路油液泄漏； ② 液压缸的内外泄漏严重，其中以内泄漏为主要原因；当运动速度随行程的位置不同而有所下降时，是由于缸内别劲使运动阻力增大所致； ③ 液压回油路上管路阻力压降及背压阻力太大，压力油从溢流阀返回油箱的溢流量增加，使速度达不到要求； ④ 液压缸内部油路堵塞和阻尼； ⑤ 采用蓄能器实现快速运动时，速度达不到的原因可能是蓄能器的压力和容量不够	① 排除管路泄漏；检查溢流阀锥阀与阀座密封情况，如密封不好而产生泄漏，使油液自动流回油箱； ② 提高零件加工精度（主要是缸筒内孔的圆度和圆柱度）及装配质量； ③ 回油管路不可太细，管径大小一般按管内流速为 3～4mL/s 计算确定为好；减少管路弯曲；背压力不可太高； ④ 拆卸清洗； ⑤ 重新计算校核
液压缸的推力不够	① 引起运动速度达不到预定值的各种原因也会引起推力不够；溢流阀压力调节过低，或溢流阀调节不灵； ② 反向回程启动时，由于有效工作面积过小而推不动	① 调高溢流阀的压力；排除溢流阀的故障； ② 增加有效工作面积
运动有爬行现象	① 运动机构刚度太小，形成弹性系统； ② 液压缸安装位置精度差； ③ 相对运动件间静摩擦因数与动摩擦因数之间差别太大，即摩擦力变化太大； ④ 导轨的制造与装配质量差，使摩擦力增加，受力情况不好； ⑤ 油液中混入空气，工作介质形成弹性体，这是液压缸运动有爬行现象的重要原因之一	① 适当提高有关组件的刚度，减小弹性变形； ② 调整液压缸的安装位置； ③ 在相对运动表面之间涂一层防爬油（如二硫化钼润滑油），并保证良好的润滑条件； ④ 提高制造与装配质量； ⑤ 排除空气

5.2 液压马达

5.2.1 液压马达的特点、类型及工作原理

1. 特点及分类

液压马达按其额定转速分为高速和低速两大类，额定转速高于 500r/min 的属于高速液压马达，额定转速低于 500r/min 的属于低速液压马达。常用液压马达按结构分齿轮式、叶片式、柱塞式和螺杆式等，图 5-12 为马达的分类图。

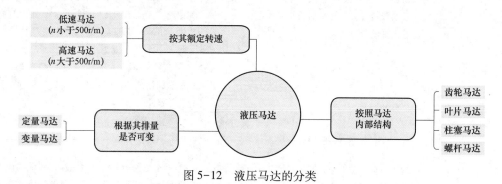

图 5-12　液压马达的分类

若按排量是否可变，液压马达可分为定量马达和变量马达两类。

高速液压马达主要特点是转速较高、转动惯量小，便于启动和制动，调速和换向的灵敏度高。通常高速液压马达的输出转矩不大（仅几十牛·米到几百牛·米），所以又称为高速小转矩液压马达。

低速液压马达的主要特点是排量大、体积大、转速低（有时可达每分钟几转甚至零点几转），因此可直接与工作机构连接，不需要减速装置，使传动机构大为简化。通常低速液压马达输出转矩较大（可达几千牛·米到几万牛·米），所以又称为低速大转矩液压马达。图 5-13 为叶片马达的结构图。

2. 液压马达的工作原理及其特点

（1）叶片式马达。

图 5-14 为叶片式马达的工作原理图。当定子的长短径差值越大，转子的直径越大，以及输入的压力越高时，叶片式马达输出的转矩也越大。

叶片式马达的体积小，转动惯量小，因此动作灵敏，可适应的换向频率较高。但泄漏较大，不能在很低的转速下工作，因此，叶片式马达一般用于转速高、转矩小和动作灵敏的场合。

（2）柱塞马达。

按照柱塞的排列方式和运动方式的不同，柱塞马达可分为轴向柱塞马达和径向柱塞马达。

1）轴向柱塞马达。轴向柱塞马达的结构基本上与轴向柱塞泵相同，故其种类与轴向柱塞泵相同，也分为直轴式轴向柱塞马达和斜轴式轴向柱塞马达两类。但为适应液压马达的正

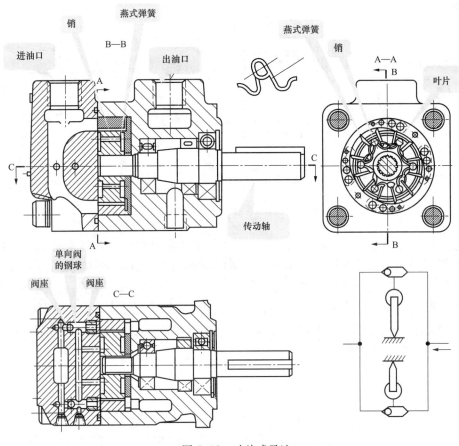

图 5-13　叶片式马达

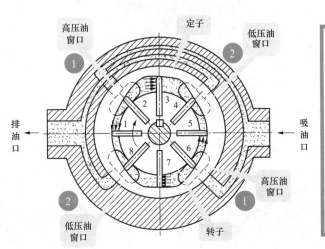

要点提示

(1) 叶片 2、6 两面受相同压力油的作用，不产生转矩，叶片 7、3 和 1、5 的一侧均受高压油的作用，另一侧受低压油的作用。

(2) 叶片 3、7 受到的液压力大小相等，方向相反，形成一对顺时针力偶 M_1。

(3) 叶片 1 和叶片 5 受到的液压力大小相等，方向相反，形成一对逆时针力偶 M_2。

(4) 因为 M_1 大于 M_2，其合成转矩沿顺时针方向，因此转子在顺时针转矩作用下沿顺时针旋转。

图 5-14　叶片马达的工作原理图

反转要求，其配流盘的结构和进出油口的流道大小和形状都完全对称。轴向柱塞马达的工作原理如图 5-15 所示。

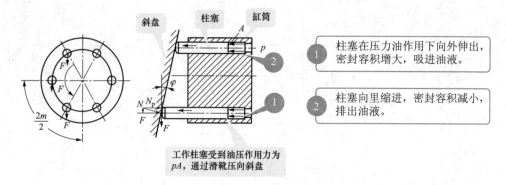

图 5-15 斜盘式轴向柱塞马达的工作原理

轴向柱塞马达的缸体内柱塞轴向布置，柱塞底部受到的油压作用力为 pA（p 为油压力，A 为柱塞面积），将滑靴压向斜盘，斜盘对滑靴的反作用力为 N。N 分解成两个分力，沿柱塞轴向分力 Np，与柱塞所受液压力平衡；另一分力 F 与柱塞轴线垂直向上，它与缸体中心线的距离为 r，这个分力对旋转中心产生转矩 T，使缸体带动主轴旋转，并输出转矩。

2）径向柱塞马达。与轴向柱塞马达相反，低速大转矩马达多采用径向柱塞式结构。图 5-16 为径向柱塞马达工作原理图。

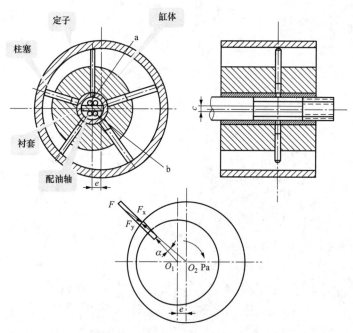

图 5-16 径向柱塞马达工作原理

其主要特点是排量大（柱塞的直径大、行程长、数目多）、压力高、密封性好。但其尺寸及体积大，不能用于反应灵敏、频繁换向的系统中。在矿山机械、采煤机械、工程机械、建筑机械、起重运输机械及船舶方面，低速大转矩液压马达得到了广泛应用。

径向柱塞马达除了配油阀式的以外都具有可逆性。当压力油从配油轴的轴向孔道，经配油窗口 a、衬套进入缸体内柱塞的底部时，柱塞在油压作用下向外伸出，紧紧地顶在定子的内壁上。定子和缸体之间存在一偏心距 e。在柱塞与定子接触处，定子给柱塞一反作用力 F，其方向在定子内圆柱曲面的法线方向上。将力 F 沿柱塞的轴向（缸体的径向）和径向分解成力 F_x 和 F_y，F_y 对缸体产生转矩，使缸体旋转。缸体则经其端面连接的传动轴向外输出转矩和转速。液压马达输出的转矩等于高压区内各柱塞产生转矩的总和，其值也是脉动的。

3）摆动马达。摆动马达的工作原理见图 5-17。图 5-17（a）是单叶片摆动马达，图 5-17（b）是双叶片式摆动马达。

对于图 5-17（a）的单叶片摆动马达，若从油口 I 通入高压油，叶片作逆时针摆动，低压力油从 II 口排出。因叶片与输出轴连在一起，帮输出轴摆动同时输出转矩、克服负载。此类摆动马达的工作压力小于 10MPa，摆动角度小于 280°。由于径向力不平衡，叶片和壳体、叶片和挡块之间密封困难，限制了其工作压力的进一步提高，从而也限制了输出转矩的进一步提高。

对于图 5-17（b）的双叶片式摆动马达，在径向尺寸和工作压力相同的条件下，输出转矩是单叶片式摆动马达输出转矩的 2 倍，但回转角度要相应减少，双叶片式摆动马达的回转角度一般小于 120°。

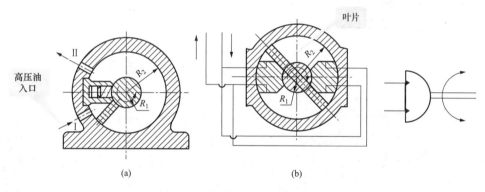

图 5-17　摆动马达的工作原理图
（a）单叶片摆动马达；（b）双叶片摆动马达

3. 液压马达的职能符号
液压马达的职能符号如图 5-18 所示。

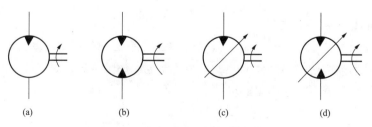

图 5-18　液压马达的职能符号
（a）单向定量马达；（b）双向定量马达；（c）单向变量马达；（d）双向变量马达

5.2.2 液压马达的性能参数

液压马达输入的是液压能，输出的是机械能。液压马达的性能参数很多。本节介绍液压马达的主要性能参数。

1. 工作压力

液压马达的工作压力 p_m 是指输入油液的压力。

2. 额定压力

液压马达允许达到的最高工作压力。

3. 排量、流量和容积效率

（1）排量 V_m。在不考虑泄漏损失时，将马达的轴每转一周所吞入的液体体积，称为马达的排量，有时称之为几何排量、理论排量。

液压马达的排量表示出其工作容腔的大小。液压马达在工作中输出的转矩大小是由负载转矩决定的。但是，推动同样大小的负载，工作容腔大的马达的压力要低于工作容腔小的马达的压力，所以说工作容腔的大小是液压马达工作能力的主要标志，也就是说，排量的大小是液压马达工作能力的重要标志。

（2）流量 q。液压马达的理论流量是指液压马达在无泄漏的情况下，单位时间内所需的液体体积。

根据液压动力元件的工作原理可知，马达转速 n_t、理论流量 q_{mt} 与排量 V_m 之间具有下列关系

$$q_{mt} = nV_m \tag{5-16}$$
$$q_t = n_m V_m$$

式中　q_{mt}——理论流量，m^3/s；

$\quad\quad n_t$——转速，r/min；

$\quad\quad V_m$——排量，m^3/s。

为了满足转速要求，马达实际输入流量 q_m 大于理论输入流量 q_t，则有

$$q_m = q_{mt} + \Delta q_m \tag{5-17}$$

式中　Δq_m——泄漏流量。

（3）液压马达的容积效率

$$\eta_v^m = \frac{q_{mt}}{q_m} < 1 \tag{5-18}$$

4. 液压马达输出的理论转矩

液压马达输入为液压能（进、出油口之间的压力差为 Δp 与输入液压马达的流量 q_m 的乘积），液压马达输出的理论转矩为 T_{mt}，角速度为 ω，如果不计损失，液压马达输入的液压功率应当全部转化为液压马达输出的机械功率，即

$$\Delta p = T_{mt}\omega \tag{5-19}$$

又因为 $\omega = 2\pi n$，所以液压马达的理论转矩为

$$T_{mt} = \frac{\Delta p V_m}{2\pi} \tag{5-20}$$

5. 液压马达的机械效率

由于液压马达内部不可避免地存在各种摩擦，实际输出的转矩 T_{mo} 总要比理论转矩 T_{mt} 小些，即

$$T_{m0} = T_{mt} \eta_m^m \tag{5-21}$$

式中　η_m——液压马达的机械效率，%。

6. 液压马达的启动机械效率 η_m^m

液压马达的启动机械效率是指液压马达由静止状态启动时，马达实际输出的转矩 T_{mo} 与它在同一工作压差时的理论转矩 T_{mt} 之比。即

$$\eta_m^m = \frac{T_{mo}}{T_{mt}} \tag{5-22}$$

液压马达的启动机械效率表示其启动性能的指标。在同样的压力下，液压马达由静止到开始转动的启动状态的输出转矩要比运转中的转矩大，这给液压马达带载启动造成了困难，所以启动性能对液压马达是非常重要的，启动机械效率正好能反映其启动性能的高低。启动转矩降低的原因，一方面是在静止状态下的摩擦因数最大，在摩擦表面出现相对滑动后摩擦因数明显减小；另一方面也是最主要的方面，是因为液压马达静止状态润滑油膜被挤掉，基本上变成了干摩擦。一旦马达开始运动，随着润滑油膜的建立，摩擦阻力立即下降，并随滑动速度增大和油膜变厚而减小。

实际工作中都希望启动性能好一些，即希望启动转矩和启动机械效率大一些。

7. 液压马达的转速

液压马达的转速取决于供入的流量和液压马达本身的排量 V_m，可用下式计算

$$n_t = \frac{q_m}{V_m} \tag{5-23}$$

式中　n_t——理论转速，r/min。

由于液压马达内部有泄漏，并不是所有进入马达的液体都推动液压马达做功，一小部分因泄漏损失掉了。所以液压马达的实际转速要比理论转速低一些。

$$n = n_t \cdot \eta_v^m \tag{5-24}$$

式中　n——液压马达的实际转速，r/min；

　　η_v^m——液压马达的容积效率，%。

8. 最低稳定转速

最低稳定转速是指液压马达在额定负载下，不出现爬行现象的最低转速。所谓爬行现象，就是当液压马达工作转速过低时，往往保持不了均匀的速度，进入时动时停的不稳定状态。实际工作中，一般都期望最低稳定转速越小越好。

9. 最高使用转速

液压马达的最高使用转速主要受使用寿命和机械效率的限制，转速提高后，各运动副的磨损加剧，使用寿命降低，转速高则液压马达需要输入的流量就大，因此各过流部分的流速相应增大，压力损失也随之增加，从而使机械效率降低。

对某些液压马达，转速的提高还受到背压的限制。例如，曲轴连杆式液压马达，转速提高时，回油背压必须显著增大才能保证连杆不会撞击曲轴表面，从而避免了撞击现象。随着转速的提高，回油腔所需的背压值也应随之提高。但过分的提高背压，会使液压马达的效率

明显下降。为了使马达的效率不致过低，马达的转速不应太高。

10. 调速范围

液压马达的调速范围用最高使用转速和最低稳定转速之比表示，即

$$i = \frac{n_{max}}{n_{min}} \tag{5-25}$$

【例 5-1】 某液压马达排量 $V_m = 250\text{mL/r}$，入口压力为 $9.8 \times 10^6 \text{Pa}$，出口压力为 $4.9 \times 10^5 \text{Pa}$，其总效率 $\eta^m = 0.9$，容积效率 $\eta_v^m = 0.92$。当输入流量 $q_实$ 为 22L/min 时，求液压马达输出扭矩和转速各为多少？

解 液压马达的理论流量

$$q_{mt} = \eta_v^m q_m = 0.92 \times 22 = 20.24 \ (\text{L/min})$$

液压马达的实际转速

$$n = \frac{q_{mt}}{V_m} = \frac{20.24 \times 10^3}{250} = 80.86 \ (\text{r/min})$$

液压马达的进、出口压力差

$$p = 98 \times 10^5 - 4.9 \times 10^5 = 93.1 \times 10^5 (\text{Pa}) = 9.31 \ (\text{MPa})$$

液压马达的输出扭矩

$$T_实 = \frac{p q_实}{\omega} \eta^m = \frac{93.1 \times 10^5 \times 22 \times 10^{-3}}{2\pi \times 80.96} \times 0.9 = 362.38 \ (\text{N} \cdot \text{m})$$

5.2.3 液压马达常见故障及排除方法

表 5-3 为液压马达常见故障及排除方法。

表 5-3   液压马达常见故障及排除方法

故障现象	故 障 原 因	排 除 方 法
转速低、输出转矩小	① 由于滤油器阻塞，油液黏度过大，泵间隙过大，泵效率低，使供油不足； ② 电机转速低，功率不匹配； ③ 密封不严，有空气进入； ④ 油液污染，堵塞马达内部通道； ⑤ 油液黏度小，内泄漏增大； ⑥ 油箱中油液不足或管径过小或过长； ⑦ 齿轮马达侧板和齿轮两侧面、叶片马达配油盘和叶片等零件磨损造成内泄漏和外泄漏； ⑧ 单向阀密封不良，溢流阀失灵	① 清洗滤油器，更换黏度适合的油液，保证供油量； ② 更换电动机； ③ 紧固密封； ④ 拆卸、清洗马达，更换油液； ⑤ 更换黏度适合的油液； ⑥ 加油，加大吸油管径； ⑦ 对零件进行修复； ⑧ 修理阀芯和阀座
噪声过大	① 进油口滤油器堵塞，进油管漏气； ② 联轴器与马达轴不同心或松动； ③ 齿轮马达齿形精度低，接触不良，轴向间隙小，内部个别零件损坏，齿轮内孔与端面不垂直，端盖上两孔不平行，滚针轴承断裂，轴承架损坏； ④ 叶片和主配油盘接触的两侧面、叶片顶端或定子内表面磨损或刮伤，扭力弹簧变形或损坏； ⑤ 径向柱塞马达的径向尺寸严重磨损	① 清洗，紧固接头； ② 重新安装调整或紧固； ③ 更换齿轮，或研磨修整齿形，研磨有关零件重配轴向间隙，对损坏零件进行更换； ④ 根据磨损程度修复或更换； ⑤ 修磨缸孔，重配柱塞

表 5-4 为轴向柱塞液压马达的故障现象、故障产生原因及排除方法。

表 5-4   轴向柱塞液压马达的故障现象及排除方法

故障现象	故 障 原 因	排 除 方 法
噪声厉害	① 液压泵进油处的滤油器被污物堵塞； ② 密封不严而使大量空气进入； ③ 油液不清洁； ④ 联轴器碰擦或不同心； ⑤ 油液黏度过大； ⑥ 马达活塞的径向尺寸严重磨损； ⑦ 外界振动的影响	① 清洗滤油器； ② 紧固各连接处； ③ 更换清洁的油液； ④ 校正同心并避免碰擦； ⑤ 更换黏度较小的油液（N15 润滑油）； ⑥ 研磨转子内孔，单配活塞； ⑦ 隔绝外界振动
转速低、 转矩小	（1）液压泵供油量不足，可能是： ① 电动机的转速过低； ② 吸油口的滤油器被污物堵塞，油箱中的油液不足，油管孔径过小等因素，造成吸油不畅； ③ 系统密封不严，有泄漏，空气侵入； ④ 油液黏度太大； ⑤ 液压泵径向、轴向间隙过大，容积效率降低。 （2）液压泵输入的油压不足，可能是： ① 系统管道长，通道小； ② 油温升高，黏度降低，内部泄漏增加。 （3）液压马达各接合面严重泄漏。 （4）液压马达内部零件磨损，内部泄漏严重	（1）相应采取如下措施： ① 核实后调换电动机； ② 清洗滤油器，加足油液，适当加大油管孔径，使吸油通畅； ③ 紧固各连接处，防止泄漏和空气侵入； ④ 一般使用 N32 润滑油，若气温低而黏度增加，可改用 N15 润滑油； ⑤ 修复液压泵。 （2）相应采取如下措施： ① 尽量缩短管道，减小弯角和折角，适当增加弯道截面积； ② 更换黏度较大的油液。 （3）紧固各接合面螺钉。 （4）修配或更换磨损件
内部泄漏	① 弹簧疲劳，转子和配流盘端面磨损使轴向间隙过大； ② 柱塞外圆与转子孔磨损	① 更换弹簧，修磨转子和配流盘端面； ② 研磨转子孔，单配柱塞

表 5-5 为径向柱塞液压马达的故障现象、故障产生原因及排除方法。

表 5-5   径向柱塞液压马达的故障现象及排除方法

故障现象	故 障 原 因	排除方法
速度不稳定	① 运动件之间存在别劲现象； ② 输入的流量不稳定，如泵的流量变化太大，应检查之； ③ 运动摩擦面的润滑油膜被破坏，造成干摩擦，特别是在低速时产生抖动（爬行）现象； ④ 液压马达出口无背压调节装置或无背压，此时受负载变化的影响，速度变化大，应设置可调背压； ⑤ 负载变化大或供油压力变化大	① 此时最要注意检查连杆中心节流小孔的阻塞情况，应予以清洗和换油； ② 应设置可调背压
转速下降， 转速不够	① 配流轴磨损，或者配合间隙过大； ② 配流盘端面磨损，拉有沟槽压力补偿间隙机构失灵也造成这一现象； ③ 柱塞上的密封圈破损； ④ 缸体孔因污物等原因拉有较深沟槽； ⑤ 连杆球铰副磨损； ⑥ 系统方面的原因，例如液压泵供油不足、油温太高、油液黏度过低、液压马达背压过大等，均会造成液压马达转速不够的现象	① 可刷镀配流轴外圆柱面或镀硬铬修复，情况严重者需重新加工更换； ② 平磨或研磨配流盘断面； ③ 更换密封圈； ④ 予以修复； ⑤ 更换磨损的连杆球铰副； ⑥ 可查明原因，采取对策

续表

故障现象	故 障 原 因	排除方法
马达轴封处漏油（外漏）	① 油封卡紧，唇部的弹簧脱落，或者油封唇部拉伤； ② 液压马达因内部泄漏大，导致壳体内泄漏油的压力升高，大于油封的密封能力； ③ 液压马达泄油口背压太大	① 调整； ② 采取措施，排除泄漏； ③ 调低液压马达泄油口的背压
液压马达不转圈，不工作	① 无压力油进入液压马达，或者进入液压马达的压力油压力太低； ② 输出轴与配流轮之间的十字连接轴折断或漏装； ③ 有柱塞卡死在缸体孔内，压力油推不动； ④ 输出轴上的轴承烧死，可更换轴承	① 检查系统压力上不来的原因； ② 更换或补装； ③ 拆修使之运动灵活； ④ 更换轴承

思考与练习

1. 为什么说液压泵和液压马达原理上是可逆的，是不是所有的液压泵都可作为液压马达使用，为什么？

2. 叙述叶片式液压马达的工作原理。

3. 已知：液压泵输出油压 $p_泵 = 10\text{MPa}$，泵的机械效率 $\eta_m^p = 0.95$，容积效率 $\eta_v^p = 0.9$，排量 $V_泵 = 10\text{mL/r}$，转速 $n_泵 = 1500\text{r/min}$；液压马达的排量 $V_马 = 10\text{mL/r}$，机械效率 $\eta_m^m = 0.95$，容积效率 $\eta_v^m = 0.9$，求液压泵的输出功率、拖动液压泵的电动机功率、液压马达输出转速、液压马达输出转矩和功率各为多少？

4. 液压缸的主要组成部分有哪些？缸固定式与杆固定式液压缸其工作台的最大活动范围有何差别？

5. 在某一工作循环中，若要求快进与快退速度相等，此时用单杆活塞缸时需要具备什么条件才能保证？

6. 液压缸的缓冲和排气的目的是什么？如何实现？

第6章 液压控制元件

本章导读

- 了解液压阀是控制或调节液压系统中液流的压力、流量和方向的元件，液压控制阀对外不做功，仅用于控制执行元件，使其满足主机工作性能要求。
- 了解液压阀可按不同的特征进行分类，掌握根据阀在回路中的功能分为压力控制阀、方向控制阀和流量控制阀。
- 熟悉并掌握开关型压力控制阀、方向控制阀和流量控制阀的工作原理、职能符号，本章同时介绍了这些阀的常见故障及排除方法。
- 详细介绍了逻辑插装方向控制阀和压力控制阀、流量控制阀的工作原理，以及电液伺服阀、电液比例阀和叠加阀的工作原理及应用，重点理解并掌握逻辑插装方向控制阀的工作原理。

6.1 液压控制阀的分类

执行元件（如液压缸、液压马达）在工作时会经常地启动、制动、换向及改变运动速度以适应外负载的变化，液压阀就是控制或调节液压系统中液流的压力、流量和方向的元件，液压控制阀对外不做功，仅用于控制执行元件，使其满足主机工作性能要求。因此，液压阀性能的优劣、工作是否可靠对整个液压系统能否正常工作将产生直接影响。液压阀可按不同的特征进行分类，如图 6-1 所示。

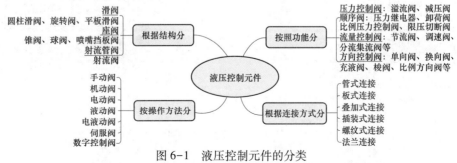

图 6-1　液压控制元件的分类

6.2 方向控制阀

液压系统中占数量比重较大的控制元件是方向控制元件，即方向阀。方向阀按用途可分为单向阀和换向阀两大类。

6.2.1 单向阀

液压系统中常见的单向阀有普通单向阀和液控单向阀两种。

1. 普通单向阀

（1）结构及工作原理。

普通单向阀的作用是使油液只能沿一个方向流动，不许它反向倒流。图 6-2（a）所示是一种管式普通单向阀的结构。其工作原理如下：

单向阀开启：由 P $\longrightarrow$ P$_1$

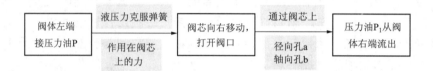

压力油从阀体右端的通口 P$_1$ 流入时，它和弹簧力一起使阀芯锥面压紧在阀座上，使阀口关闭，油液无法通过。

（2）职能符号。

图 6-2（b）所示是单向阀的职能符号图。

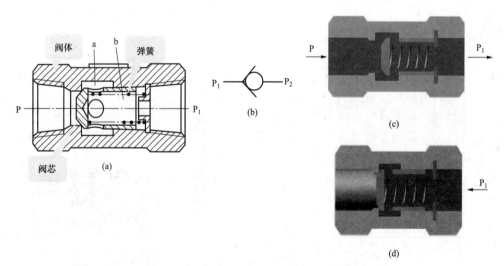

图 6-2　单向阀

（a）结构图；（b）职能符号图；（c）单向阀开启状态；（d）单向阀关闭状态

（3）应用举例。

通常在液压油泵的出油口处设置单向阀以防止油液倒流，可以防止由于系统压力突然升高，油液倒流损坏油泵，如图6-3所示。

将单向阀放置在回油路上可作背压阀用，此时应将单向阀换上较硬的弹簧，使其开启压力达到0.2~0.6MPa。

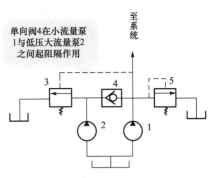

图6-3 单向阀的应用
1、2—液压泵；3、5—溢流阀；4—单向阀

2. 液控单向阀

（1）结构、工作原理和职能符号。

液控单向阀根据控制活塞泄油方式不同分为内泄式和外泄式，外泄式的控制活塞的背压腔直接通油箱，内泄式的控制活塞的背压腔通过活塞缸上对称铣去两个缺口与单向阀的油口 P_1 相通。一般在反向压力较低时采用内泄式，在反向压力较高时，若采用内泄式结构将需要较高的控制压力。图6-4（a）所示是管式内泄式液控单向阀的结构，油液就可在两个方向自由通流。图6-5所示是板式内泄式液控单向阀的结构图。

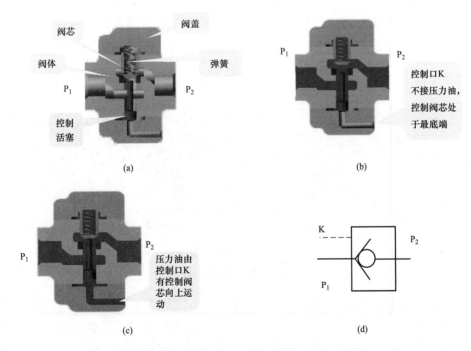

图6-4 管式内泄式液控单向阀
（a）结构图；（b）P_1-P_2；（c）P_2-P_1；（d）职能符号

（2）应用举例。

液控单向阀具有良好的单向密封性能，在液压系统中常用在需要长时间保压、锁紧的回路中，以及液压平衡回路及速度换接回路中。图6-6为采用液控单向阀的锁紧回路。在垂

直放置液压缸的下腔管路上安装液控单向阀，就可将液压缸（负载）较长时间保持（锁定）在任意位置上，并可防止由于换向阀的内部泄漏引起带有负载的活塞杆下落。

3. 双向液压锁

双向液压锁，又称双向液控单向阀、双向闭锁阀，如图 6-7 所示。

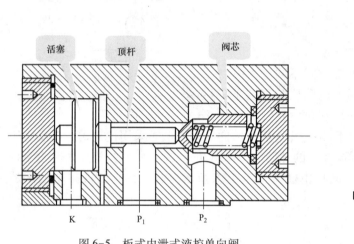

图 6-5　板式内泄式液控单向阀

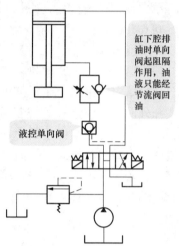

缸下腔排油时单向阀起阻隔作用，油液只能经节流阀回油

图 6-6　液控单向阀的应用

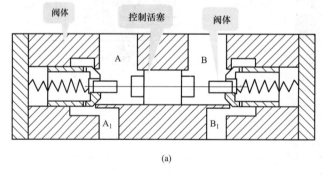

(a)

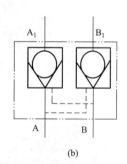

(b)

图 6-7　双向液压锁

（a）双向液压锁的结构；（b）职能符号

当压力油从 A 腔进入时，依靠油压自动将左边的阀芯顶开，使油液从 A→A$_1$ 腔流动。同时，通过控制活塞把右阀顶开，使 B 腔与 B$_1$ 腔相通，将原来封闭在 B$_1$ 通路上的油液通过 B 腔排出。也就是说，当一个油腔正向进油时，另一个油腔就反向出油；反之亦然。当 A、B 两腔都没有压力油时，卸荷阀芯即顶杆在弹簧力的作用下其锥面与阀座严密接触而封闭 A$_1$ 腔与 B$_1$ 腔的反向油液，这样执行元件被双向锁住（如汽车起重机的液压支腿油路）。

6.2.2　单向阀的常见故障及排除方法

普通单向阀的常见故障及排除方法见表 6-1 所示。

表 6-1   普通单向阀的常见故障及排除方法

故障现象	故障产生的原因	排除措施
外泄漏	① 管式单向阀的泄漏多发生在螺纹连接处，因螺纹配合不好或螺纹接头未拧紧； ② 板式阀的外漏主要发生在安装面及螺纹堵头处； ③ 法兰连接的情形同板式阀，注意 O 形圈破损、漏装及压紧的情况； ④ 阀体有气孔砂眼者，被压力油击穿造成的外漏	① 管式单向阀的单靠螺纹密封不行，尚需密封垫、密封圈等，螺纹部位要缠绕聚四氟乙烯胶带密封； ② 可检查结合端面上的 O 形密封圈是否破裂、漏装以及安装螺钉是否压紧等，根据情况予以处理； ③ 法兰连接的情形同板式阀； ④ 一般要焊补或更换
严重内泄漏	①~⑤如图 6-8 所示 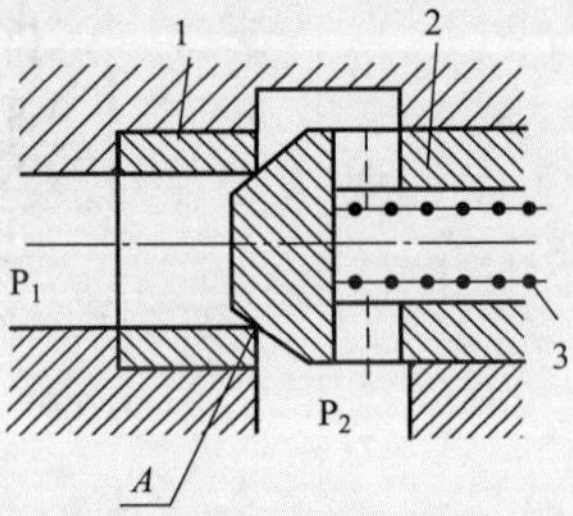 图 6-8 锥阀芯不能将油液严格封闭 1—阀座；2—阀芯；3—弹簧 ① 阀座 1 与阀芯 2 接触线（面）A 有损伤，拉有沟槽，彼此不密合； ② 阀芯 2 前端锥面与阀芯外圆不同心； ③ 阀座孔与阀芯孔不同心，同轴度超差；或者阀座 1 压入阀体孔时压歪；或者阀芯外圆与阀体孔配合间隙太小在孔内产生歪斜； ④ 装配时，因清洗不干净或使用中油液不干净，污物滞留在阀芯与阀座接触面内，使阀芯锥面与阀座锥面不密合，应清洗与换油； ⑤ P_2 腔的压力比较低，弹簧又可能漏装或折断，单向阀芯便不能牢靠地压在阀座上而密封； ⑥ 阀座热处理不好，与阀芯接触处因太硬而崩缺，有缺口； ⑦ 对 1-10、1-10B 型单向阀，阀芯为钢球，使用过程中或拆修后重新装配时钢球错位，油液会从原接触线的凹陷处泄漏	① 修磨； ② 应予以修正； ③ 应清洗与换油； ④ 此时应更换钢球（见图 6-9） 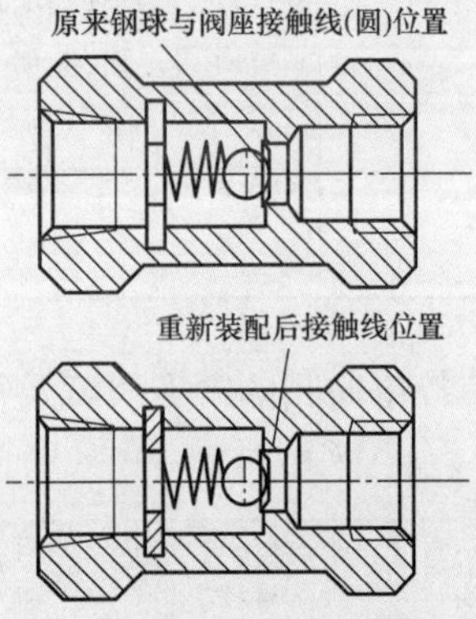 原来钢球与阀座接触线(圆)位置 重新装配后接触线位置 图 6-9 钢球重装前后位置对照示意图

续表

故障现象	故障产生的原因	排 除 措 施
不起单向阀的作用（所谓不起单向阀的作用是指：反向油液也能通过单向阀流动，相反有时正向油反而不能流动）	产生这一故障的原因除了上述内泄漏大的原因外，还有以下几点： ① 单向阀阀芯因棱边及阀体沉割槽棱边上的毛刺未清除干净，将单向阀阀芯卡死在打开位置上时，反向油也可流动；卡死在关闭位置时，正向油流反而不能流动； ② 阀芯与阀体孔因配合间隙过小、油温升高引起阀孔变形、阀安装时螺钉压得过紧造成阀孔变形等原因，阀芯卡死在打开位置或关死位置； ③ 污物进入阀体孔与阀芯的配合间隙内而卡死阀芯，使其不能关闭或打开； ④ 阀孔或阀芯几何精度不好造成液压卡紧； ⑤ 漏装了弹簧或弹簧折断，可补装或更换； ⑥ 阀座与阀芯严重不同心，形成了偏心开口（图6-10），阀即使关闭，反向油也会从偏心开口（相当于节流口）由 P_2-P_1，须修正同心； ⑦ 阀芯外圆柱面与阀体孔因磨损间隙大，造成阀芯可游动，偏离阀座中心或与阀座斜交	① 此时应去毛刺，抛光阀芯； ② 此时可适当研配阀芯，消除因油温和压紧力过大造成的阀芯卡死现象； ③ 此时应检查阀孔与阀芯的几何精度（圆度与圆柱度），一般须在 $\phi0.003$mm 以内； ④ 可补装或更换； ⑤ 须修正同心； ⑥ 此时须重配阀芯或电镀修复阀芯 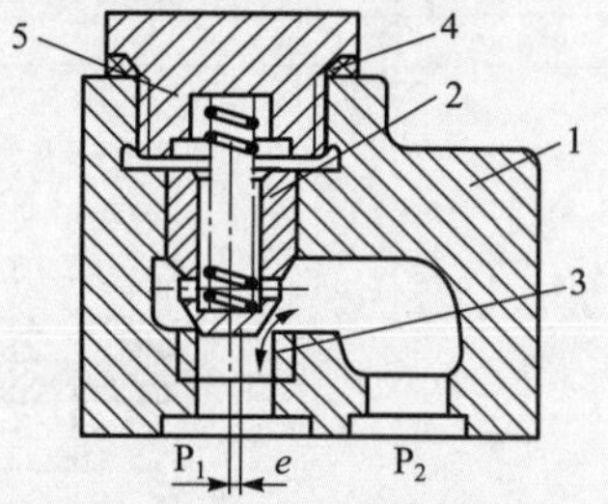 图 6-10　阀座与阀芯严重不同心 1—阀体；2—锥阀芯；3—衬套； 4—密封圈；5—螺塞

液控单向阀的常见故障及排除方法见表 6-2 所示。

表 6-2　　　　　　　　　　　液控单向阀的常见故障及排除方法

故障现象	故障产生的原因	排 除 措 施
液控失灵（所谓液控失灵指的是当有压力油作用于控制活塞上时，不能实现正反两个方向的油液都流通）	① 控制活塞因毛刺或污物卡住在阀体孔内； ② 对于外泄式液控单向阀，由于没有泄油孔或者其因污物阻塞；对内泄式，则可能是泄油口（即反向流出口）的背压值太高，而导致压力控制油推不动控制活塞，从而顶不开单向阀； ③ 检查控制油压力是否太低：对 IY 型液控单向阀，控制压力应为主油路压力的 30%~40%，最小控制压力一般不得低于1.8MPa；对于 DFY 型液控单向阀，控制压力应为额定工作压力的 60% 以上，否则，液控可能失灵，液控单向阀不能正常工作； ④ 对外泄式液控单向阀，如果控制活塞因磨损而内泄漏很大，控制压力油大量泄往泄油口而使控制压力不够；对内、外泄式液控单向阀，都会因控制活塞歪斜别劲不能灵活移动而使液控失灵	① 应拆开清洗，倒除毛刺或重新研配控制活塞； ② 对于外泄式液控单向阀，应保持有泄油孔并没有阻塞；对内泄式，要确保背压值不要太高； ③ 检查控制油压力并调整至正常范围； ④ 此时须重配活塞，解决泄漏和别劲问题

故障现象	故障产生的原因	排 除 措 施
振动和冲击大，略有噪声	① 正确的回路设计是保证不出故障的先决条件。如图6-11所示的液压系统，当未设置节流阀1时，会产生液压缸活塞下行时的低频振动现象。因为液压缸受负载重力 W 的作用，又未设置节流阀1建立必要的背压，这样液压缸活塞下行时成了自由落体，下降速度颇快。当泵来的压力油来不及补足液压缸上腔油液时，上腔压力降低，液控单向阀2的控制压力也降低，阀2就会因控制压力不够而关闭，使缸下腔回油受阻而使液压缸活塞停下来；随后，缸上腔压力又升高，阀2的控制压力又升高而打开，液压缸又快速下降。这样液控单向阀开开停停，液压缸也降降停停，产生低频振动。在泵流量相对于缸的尺寸来说相对比较小时，此一低频振动更为严重； 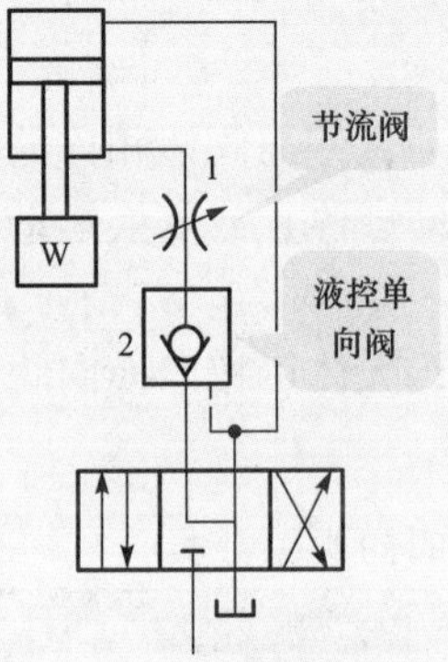 图6-11　节流调速回路 ② 对于 DDFY 型双向液控单向阀，因阀套和阀芯上的阻尼孔太小或被污物堵塞，也易产生振动和噪声。此时可将阻尼孔尺寸适当加大，使振动和噪声减小，阀的压力损失也大大降低（图6-12）； 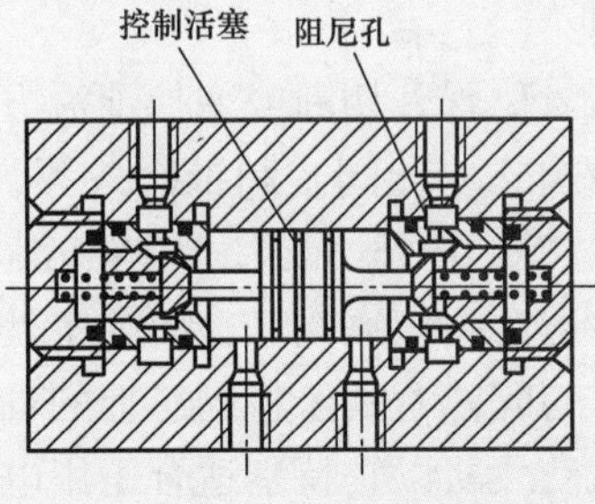 图6-12　双向液控单向阀结构示意图 ③ 排除进入系统及液控单向阀中的空气，消除振动和噪声； ④ 液控单向阀控制压力过高也会产生冲击振动	
不发液控信号（控制活塞未引入压力油）时，单向阀却打开，可反向通油	产生这一故障的原因和排除方法可参阅单向阀故障排除中的"不起单向阀作用"的内容。另外，控制活塞卡死在顶开单向阀阀芯的位置上，也会造成这一故障。可拆开控制活塞部分，看看是否卡死。如修理时更换的控制活塞推杆太长也会产生这种故障	产生这一故障的原因和排除方法可参阅单向阀故障排除中的"不起单向阀作用"的内容。另外，可拆开控制活塞部分，看看是否卡死。如修理时更换的控制活塞推杆太长也会产生这种故障

故障现象	故障产生的原因	排 除 措 施
内泄漏大	单向阀在关闭时，封不死油，反向不保压	多因内泄漏大所致。液控单向阀还多了一处控制活塞外周的内泄漏。除此之外，造成内泄漏大的原因和排除方法和普通单向阀的内容完全相同
外泄漏	外泄漏用肉眼可以察看到，常出现在堵头和进出油口以及阀盖等结合处	对症下药

6.2.3　换向阀

换向阀利用阀芯相对于阀体的相对运动，使与阀体相连的几个油路之间接通、关断，或变换油流的方向，从而使液压执行元件启动、停止或变换运动方向。

（1）换向阀分类。

换向阀的应用十分广泛，种类也很多，大体可按照换向阀阀芯的运动方式、结构特点和控制方式等特征进行分类，如表6-3所示。

表6-3　　　　　　　　　　　　　　换向阀的类型分类

分类方式	类　　型
按阀芯运动方式	滑阀、转阀、锥阀
按阀的工作位置数和通路数	二位三通、二位四通、三位四通、三位五通等
按阀的操纵方式	手动、机动、电动、液动、电液动
按阀的安装方式	管式、板式、法兰式

（2）换向阀的结构特点和工作原理。

换向阀是利用改变阀芯与阀体的相对位置，切断或变换油流方向，从而实现对执行元件方向的控制。换向阀芯的结构形式有滑阀式、转阀式和锥阀式等，其中以滑阀式应用最多。一般所说的换向阀是指滑阀式换向阀。如图6-13所示，阀体和滑动阀芯是滑阀式换向阀的结构主体；阀芯可在阀体的孔里作轴向运动。依靠阀芯在阀孔中处于不同位置，可以使一些油路接通而使另一些油路关闭。圆柱形的阀芯有利于将阀芯上的轴向和径向力平衡，减少阀芯驱动力。阀芯因为在阀体内作直线运动，所以它特别适合于用电磁铁驱动，但其他的几乎所有驱动形式也经常用于圆柱形阀芯。

以三位四通阀为例说明换向阀是如何实现换向的。如图6-14所示，三位四通换向阀有三个工作位置四个通路口。三个工作位置就是滑阀在中间以及滑阀移到左、右两端时的位置，四个通路口即压力油口P、回油口T和通往执行元件两端的油口A和B。由于滑阀相对阀体做轴向移动，改变了位置，所以各油口的连接关系就改变了，这就是滑阀式换向阀的换向原理。

（3）换向阀的职能符号和滑阀机能。

换向阀按阀芯的可变位置数可分为二位和三位，通常用一个方框符号代表一个位置。按

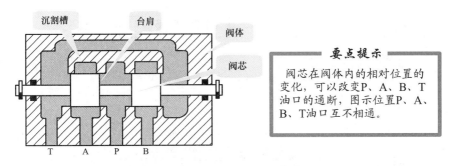

图 6-13 滑阀式换向阀工作原理

要点提示

阀芯在阀体内的相对位置的变化，可以改变P、A、B、T油口的通断，图示位置P、A、B、T油口互不相通。

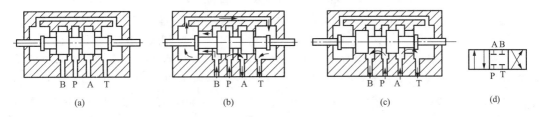

图 6-14 滑阀式换向阀的换向原理

（a）滑阀处于中位；（b）滑阀移到右位；（c）滑阀移到左位；（d）图形符号

主油路进、出油口的数目又可分为二通、三通、四通、五通等，表达方法是在相应位置的方框内表示油口的数目及通道的方向，如图6-15所示。

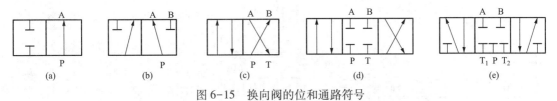

图 6-15 换向阀的位和通路符号

（a）二位二通；（b）二位三通；（c）二位四通；（d）三位四通；（e）三位五通

1）换向阀的符号是由若干个连接在一起排成一行的方框组成。每一个方框表示换向阀的一个工作位置，方框数即"位"数；位数是指阀芯可能实现的工作位置数目。

2）箭头表示两油口连通，并不表示流向，"⊥"或"⊤"表示此油口不通，表示通路被阀芯堵死。

3）在一个方框内，箭头或符号"⊥"符号与方框的交点数为油口的通路数，即"通"数，指阀所控制的油路通道（不包括控制油路通道）。

4）一个换向阀完整的图形符号应表示出操纵方式、复位方式和定位方式，方框两端的符号是表示阀的操纵方式及定位方式等。根据改变阀芯位置的操纵方式不同，换向阀可以分为手动、机动、电磁、液动和电液动换向阀。其符号如图6-16所示。

5）P表示压力油的进口，T表示与油箱连通的回油口，A、B表示连接其他工作油路的油口。

6）三位阀的中位及二位阀侧面画有弹簧的那一方框为常态位。在液压系统原理图中，换向阀的符号与油路的连接一般应画在常态位上，如图6-17所示。

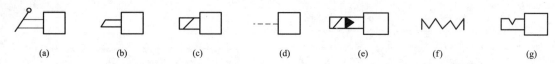

图 6-16　换向阀操纵方式符号

（a）手动；（b）机动；（c）电磁动；（d）液动；（e）电液动；（f）弹簧；（g）定位

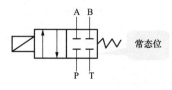

图 6-17　二位四通换向阀

图 6-17 所示的弹簧复位电磁铁控制的二位四通换向阀，当电磁铁没有通电时，阀芯便在右边复位弹簧的作用下向左移动，一般规定将阀的通路机能画在控制源的同侧，此时称阀处于右位，P、T、A、B 各口均不相通；当电磁铁得电时，则阀芯在电磁铁的作用下向右移动，称阀处于左位，此时 P 口与 A 口相通，B 口与 T 口相通。

三位换向阀的阀芯在阀体中有左、中、右三个位置。左、右位置是使执行元件产生不同的运动方向，而阀芯在中间位置时，利用不同形状及尺寸的阀芯结构，可以得到多种油口连接方式，除了使执行元件停止运动外，还可以具有其他一些不同的功能。因此，三位阀在中位时的油口连接关系又称为滑阀机能。常用的滑阀机能见表 6-4。

表 6-4　　　　　　　　　　　　　　滑 阀 机 能

序号	形式	名称	结构简图	符号	中间位置时的性能特点
1	O	中间密封			油口全闭，油不流动。液压缸锁紧，液压泵不卸荷，并联的其他执行元件运动不受影响
2	H	中间开启			油口全开，液压泵卸荷，活塞在缸中浮动。由于油口互通，故换向较"O"平稳，但冲击量较大
3	Y	ABO连接			油口关闭，活塞在缸中浮动，液压泵不卸荷。换向过程的性能处于"O"与"H"形之间
4	P	PAB连接			回油口关闭，泵口和两液压缸口连通，液压泵不卸荷。换向过程中缸两腔均通压力油，换向时最平稳，可做差动连接
5	M	PT连接			液压缸锁紧，液压泵卸荷。换向时，与"O"形性能相同，可用于立式或锁紧的系统中

（4）几种典型操纵方式的换向阀的特点、图形符号及应用。

1）电磁换向阀。电磁换向阀是利用电磁铁的吸力（通电吸合与断电释放）推动阀芯动作，进而控制液流方向的。

电磁铁按使用电源的不同，可分为交流和直流两种。按衔铁工作腔是否有油液又可分为"干式"和"湿式"。

电磁换向阀由电气信号操纵，控制方便，布局灵活，在实现机械自动化方面得到了广泛的应用。但电磁换向阀由于受到电磁吸力的限制，其流量一般不大。图 6-18（a）所示为二位三通交流电磁换向阀结构，在图示位置，油口 P 和 A 相通，油口 B 断开；当电磁铁通电吸合时，推杆 1 将阀芯 2 推向右端，这时油口 P 和 A 断开，而与 B 相通。而当磁铁断电释放时，弹簧 3 推动阀芯复位。图 6-18（b）所示为其职能符号。

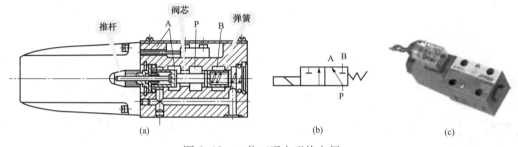

图 6-18　二位三通电磁换向阀

（a）结构图；（b）职能符号图；（c）实物图

如前所述，电磁换向阀就其工作位置来说，有二位和三位等。二位电磁阀有一个电磁铁，靠弹簧复位；三位电磁阀有两个电磁铁，图 6-19 所示为一种三位五通电磁换向阀的结构和职能符号。

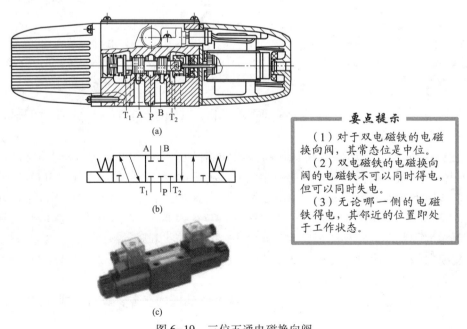

要点提示

（1）对于双电磁铁的电磁换向阀，其常态位是中位。

（2）双电磁铁的电磁换向阀的电磁铁不可以同时得电，但可以同时失电。

（3）无论哪一侧的电磁铁得电，其邻近的位置即处于工作状态。

图 6-19　三位五通电磁换向阀

（a）结构图；（b）职能符号图；（c）实物图

2）机动换向阀。机动换向阀又称行程阀，它主要用来控制机械运动部件的行程，它是借助于安装在工作台上的挡铁或凸轮来迫使阀芯移动，从而控制油液的流动方向。其中二位二通机动阀又分常闭和常开两种。图6-20（a）为滚轮式二位二通常闭式机动换向阀，当挡铁或凸轮压住滚轮1，使阀芯2移动到下端时，就使油腔P和A相通，图6-20（b）所示为其职能符号（常闭式）。图6-20（c）所示为常开式的职能符号。

机动换向阀结构简单，换向平稳、可靠，位置精度高，常用于控制运动部件的行程，或实现快、慢速度的转换；但它必须安装在运动部件附近，油液管路较长。

3）手动换向阀。图6-21（a）为弹簧复位式手动换向阀，图6-21（b）为钢球定位式手动换向阀。推动手柄1向右，阀芯2向左移动，此时P口与A口相通，B口经阀芯轴向孔与T相通。

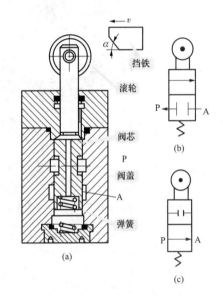

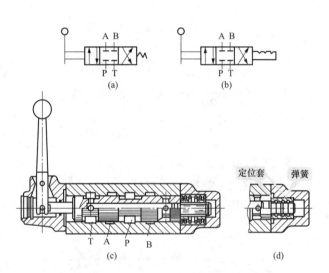

图6-20　二位二通常闭式机动换向阀

（a）结构图；（b）常闭式图形符号；
（c）常通式图形符号

图6-21　三位四通手动换向阀

（a）弹簧复位式图形符号；（b）钢球定位式图形符号；
（c）弹簧复位式；（d）钢球定位式

该阀适用于动作频繁、工作持续时间短的场合，其操作比较安全，常用于工程机械的液压传动系统中。

4）液动换向阀。液动换向阀是利用控制油路的压力油来改变阀芯位置的换向阀，图6-22为三位四通液动换向阀，当两端控制油口K_1、K_2均不通入压力油时，阀芯在两端弹簧和定位套作用下回到中间位置；当控制油路的压力油从阀右边的控制油口K_2进入滑阀右腔时，K_1接通回油，阀芯向左移动，使压力油口P与B相通，A与T相通；当K_1接通压力油，K_2接通回油时，阀芯向右移动，使得P与A相通，B与T相通。

液动换向阀结构简单、动作可靠、平稳，由于液压驱动力大，故可用于流量大的液压系统中，但它不如电磁阀控制方便。

5）电液换向阀。电液换向阀综合了电磁阀和液动阀的优点，具有控制方便、流量大的特点。

图6-23所示为弹簧对中型三位四通电液换向阀，包括导阀和主阀两部分。当先导电磁

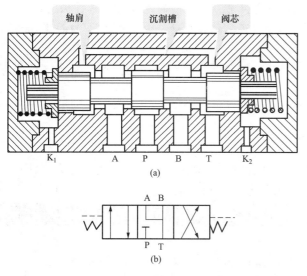

图 6-22　三位四通液动换向阀

（a）结构图；（b）职能符号图

阀左边的电磁铁通电后，其阀芯向右边位置移动，来自主阀 P 口或外接油口的控制压力油可经先导电磁阀的 A′口和左单向阀进入主阀左端容腔，并推动主阀阀芯向右移动，这时主阀阀芯右端容腔中的控制油液可通过右边的节流阀经先导电磁阀的 B′口和 T′口，再从主阀的 T 口或外接油口流回油箱（主阀阀芯的移动速度可由右边的节流阀调节），使主阀 P 与 A、B 和 T 的油路相通；反之，由先导电磁阀右边的电磁铁通电，可使 P 与 B、A 与 T 的油路相通；当先导电磁阀的两个电磁铁均不带电时，阀芯在其对中弹簧作用下回到中位，此时来自主阀 P 口或外接油口的控制压力油不再进入主阀芯的左、右两容腔，主阀芯左右两腔的油液通过先导电磁阀中间位置的 A′、B′两油口与先导电磁阀 T′口相通［如图 6-23（a）所示］，再从主阀的 T 口或外接油口流回油箱。主阀阀芯在两端对中弹簧的预压力的推动下，依靠阀体定位，准确地回到中位，此时主阀的 P、A、B 和 T 油口均不通。

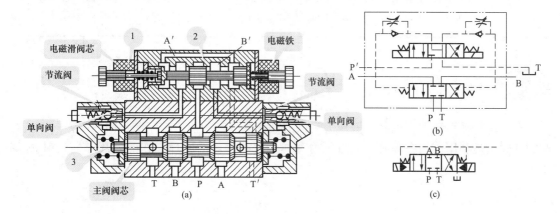

图 6-23　三位四通电液换向阀

（a）结构图；（b）职能符号；（c）简化职能符号

1 电液换向阀的电磁滑阀的左电磁铁首先得电，电磁阀的左位处于工作状态。

2 电磁滑阀的左电磁铁得电的话，其滑阀阀芯向右移动，电磁阀的A′口接通压力油，而 B′口和T′口通。

3 液动换向阀的左侧压力油驱动主阀芯向右移动（此时主阀的右侧控制油路接通油箱），P与A相通、B和T相通；反之，P与B相通、A和T相通。

6.2.4 换向阀的常见故障及排除方法

表6-5所列为方向控制阀的常见故障及排除方法。

表 6-5　　　　　　　　　　　方向控制阀的常见故障及排除方法

故障现象	产生原因	排除方法
阀芯不动或不到位	（1）滑阀卡住： ① 滑阀与阀体配合间隙过小，阀芯在孔中容易卡住不能动作或动作不灵； ② 阀芯碰伤，油液被污染； ③ 阀芯几何形状超差，阀芯与阀孔装配不同心，产生液压卡紧现象。 （2）液动换向阀控制油路有故障： ① 油液控制压力不够，滑阀不动，不能换向或换向不到位； ② 节流阀关闭或堵塞； ③ 滑阀两端泄油口没有接回油箱或泄油管堵塞。 （3）电磁铁故障： ① 交流电磁铁，因滑阀卡住，铁芯吸不到底而烧毁； ② 漏磁，吸力不足； ③ 电磁铁接线焊接不良，接触不好。 （4）弹簧折断、漏装、太软，不能使滑阀恢复中位，因而不能换向。 （5）电磁换向阀的推杆磨损后长度不够，使阀芯移动过小或过大，都会引起换向不灵或不到位	（1）检查滑阀： ① 检查间隙情况，研修或更换阀芯； ② 检查、修磨或重配阀芯，换油； ③ 检查、修正偏差及同心度，检查液压卡紧情况。 （2）检查控制油路： ① 提高控制压力，检查弹簧是否过硬，或更换弹簧； ② 检查、清洗节流口； ③ 检查，并将漏油管接回油箱，清洗回油管，使之畅通。 （3）检查电磁铁： ① 清除滑阀卡住故障，更换电磁铁； ② 检查漏磁原因，更换电磁铁； ③ 检查并重新焊接。 （4）检查、更换或补装弹簧。 （5）检查并修复，必要时换推杆

6.3 压力控制阀

在液压传动系统中，控制油液压力高低的液压阀称之为压力控制阀，简称压力阀。这类阀的共同点是利用作用在阀芯上的液压力和弹簧力相平衡的原理工作的。其分类如图6-24所示。

6.3.1 溢流阀

1. 溢流阀的作用

溢流阀是最常用的压力控制阀类。溢流阀的控制输入量是调压弹簧的预压缩量，而其输

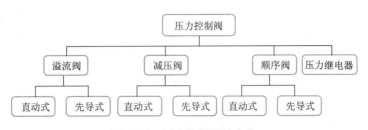

图 6-24　压力控制阀的分类

出量是阀的进口受控压力。调节溢流阀的调压弹簧的预压缩量，就能控制泵出口处的最高压力。

溢流阀的主要作用是对液压系统定压或进行安全保护。几乎在所有的液压系统中都需要用到它，其性能好坏对整个液压系统的正常工作有很大影响。

如图 6-25（a）所示，溢流阀并联于系统中，进入液压缸的流量由节流阀调节，多余的油液经溢流阀流回油箱。因此，在这里溢流阀的功用就是在不断的溢流过程中保持系统压力基本不变。

用于过载保护的溢流阀一般称为安全阀。如图 6-25（b）所示的变量泵调速系统。在正常工作时，溢流阀关闭，不溢流，只有在系统发生故障，压力升至安全阀的调整值时，阀口才打开，使变量泵排出的油液经溢流阀流回油箱，以保证液压系统的安全。

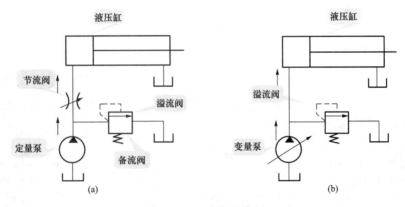

图 6-25　溢流阀的作用

（a）溢流阀起溢流定压作用；（b）溢流阀起过载保护作用

2. 溢流阀的结构和工作原理

常用的溢流阀按其结构形式和基本动作方式可归结为直动式和先导式两种。前者使用压力一般较低，其额定压力一般为 25bar；后者使用压力较高，其额定压力可达 315bar 或者更高。下面将分别介绍它们的工作原理。

（1）直动式溢流阀。直动式溢流阀的结构主要有滑阀、锥阀、球阀和喷嘴挡板阀等形式，它们的基本工作原理相同。

图 6-26（a）所示是一种滑阀型低压直动式溢流阀，P 是进油口，T 是回油口。

当 $F_t > pA$ 时阀关闭；当 $F_t < pA +$ 阀自重 + 滑阀与滑体之间的摩擦力时阀开启。图 6-26（b）所示为直动式溢流阀的职能符号图。

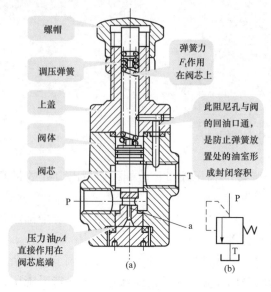

螺帽

调压弹簧

上盖

阀体

阀芯

弹簧力 F_t 作用在阀芯上

此阻尼孔与阀的回油口通，是防止弹簧放置处的油室形成封闭容积

T

P

a

压力油 pA 直接作用在阀芯底端

(a)

(b)

图 6-26　低压直动式溢流阀

（a）结构图；（b）职能符号图

（2）先导式溢流阀。先导式溢流阀主要用于高压大流量场合。通过先导阀口可变液阻和连接主阀芯上腔及下腔（即进油口腔）之间的固定液阻组成的液阻半桥的作用，控制主阀节流口的通流面积大小，从而在流体流过主阀时产生相应的受控压力。

先导式溢流阀的结构如图 6-27（a）所示，它由先导阀和主阀两部分组成，其工作原理如图 6-27（b）所示。图 6-28 为先导式溢流阀的工作原理状态展开图。

调节先导阀上的调压弹簧，便可调节溢流阀的溢流压力。更换不同刚度的调压弹簧，便能得到不同的调压范围。先导式溢流阀有一个远程控制口 K，如果将 K 口用油管接到另一个远程调压阀（远程调压阀的结构和溢流阀的先导控制部分一样），调节远程调压阀

的弹簧力，即可调节溢流阀主阀芯上端的液压力，从而对溢流阀的溢流压力实现远程调压。但是，远程调压阀所能调节的最高压力不得超过溢流阀本身导阀的调整压力。当远程控制口 K 通过二位二通阀接通油箱时，主阀芯上端的压力接近于零，主阀芯上移到最高位置，阀口开得很大。由于主阀弹簧较软，这时溢流阀 P 口处压力很低，系统的油液在低压下通过溢流阀流回油箱，实现卸荷。

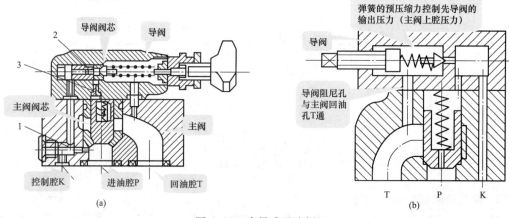

2

3

导阀阀芯

导阀

主阀阀芯

主阀

1

控制腔K　进油腔P　回油腔T

(a)

弹簧的预压缩力控制先导阀的输出压力（主阀上腔压力）

导阀

导阀阻尼孔与主阀回油孔T通

T　　P　　K

(b)

图 6-27　先导式溢流阀

（a）结构图；（b）工作原理图

1、2—阻尼小孔；3—可变阻尼小孔

6.3.2　减压阀

减压阀是使出口压力（二次压力）低于进口压力（一次压力）的一种压力控制阀。其作用是：一个油源能同时向系统提供两个或几个不同压力。减压阀分定值、定差和定比减压阀三种。这三类减压阀中最常见的是定值减压阀。如不指明，通常所称的减压阀即为定值减压阀。

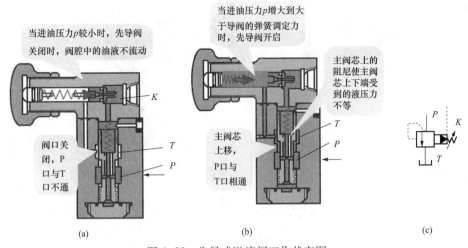

图 6-28　先导式溢流阀工作状态图

（a）主阀芯未开启状态；（b）主阀芯开启状态；（c）职能符号

1. 定值输出减压阀

图 6-29（a）所示为直动式减压阀的结构示意图，P_1 口是进油口，P_2 口是出油口，阀不工作时，阀芯在弹簧作用下处于最下端位置，阀的进、出油口是相通的，亦即阀是常开的。若出口压力增大，使作用在阀芯下端的压力大于弹簧力时，阀芯上移，关小阀口，这时阀处于工作状态。若忽略其他阻力，仅考虑作用在阀芯上的液压力和弹簧力相平衡的条件，则可以认为出口压力基本上维持在某一定值——调定值上。

这时如出口压力减小，阀芯就下移，开大阀口，阀口处阻力减小，压降减小，使出口压力回升到调定值；反之，若出口压力增大，则阀芯上移，关小阀口，阀口处阻力加大，压降增大，使出口压力下降到调定值。图 6-29（d）所示为先导式减压阀的结构图，图 6-30 为先导式减压阀减压以及不减压的工作状态图。

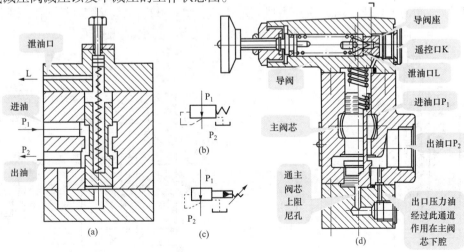

图 6-29　定值减压阀

（a）直动式减压阀结构图；（b）直动式减压阀职能符号图；（c）先导式减压阀职能符号图；（d）先导式减压阀结构图

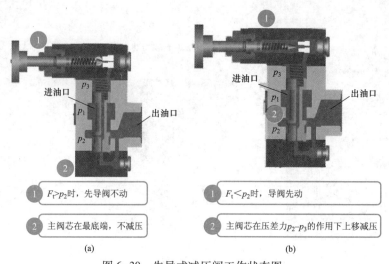

图 6-30　先导式减压阀工作状态图

（a）主阀芯未开启，不减压状态；（b）主阀芯未开启，减压状态

定值减压阀在不同工况（不同的进口压力或不同流量）时保持出口压力基本不变。在机床的定位、夹紧装置的液压系统中要求得到一个比主油路压力（一次压力）低的恒定压力（二次压力）时，采用定值减压阀可以节省设备费用。

2. 定差减压阀

定差减压阀是使进、出油口之间的压力差等于或近似于不变的减压阀，其工作原理如图 6-31（a）所示。

高压油 p_1 经节流口 x_R 减压后以低压 p_2 流出，同时，低压油经阀芯中心孔将压力传至阀芯上腔，则其进、出油液压力在阀芯有效作用面积上的压力差与弹簧力相平衡。只要弹簧力基本不变，就可使压力差 Δp 近似地保持为定值。定差减压阀与其他阀组成如调速阀、定差减压型电液比例方向流量阀等复合阀，实现节流阀口两端压差及输出流量的恒定。

3. 定比减压阀

定比减压阀的二次压力与一次压力成固定比例。图 6-32（a）所示为其工作原理图，其选择阀芯的作用面积 A_1 和 A_2，便可得到所要求的压力比，且比值近似恒定。

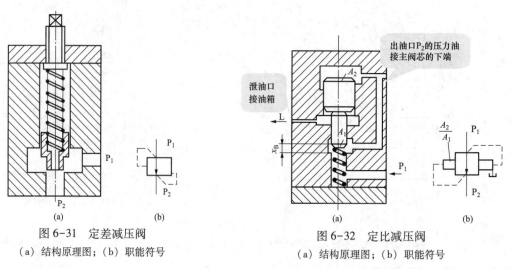

图 6-31　定差减压阀

（a）结构原理图；（b）职能符号

图 6-32　定比减压阀

（a）结构原理图；（b）职能符号

4. 减压阀的应用

减压阀在系统的夹紧、控制、润滑等油路中应用较多。图6-33是用于夹紧系统的减压回路。为防止工件夹紧后变形，在液压缸进油口装一个减压阀，以得到适当压力，图中单向阀是保证主油路工作时，夹紧力不受影响。

应当指出，应用减压

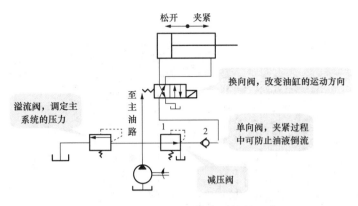

图6-33 减压阀用于夹紧系统的回路

阀组成减压回路虽然可以方便地使某一分支油路压力减低，但油液流经减压阀将产生压力损失，从而增加了功率损失并使油液发热。当分支油路的压力较主油路压力低得多，而需要的流量又很大时，为了减少功率损耗，常采用高、低压液压泵分别供油，以提高系统的效率。

6.3.3 顺序阀

液压系统中有两个以上工作机构需要获得预先规定的先后次序顺序动作时，可用顺序阀来实现。如定位夹紧系统，必须先定位后夹紧；夹紧切削系统，必须先夹紧然后切削，这些都是要严格按照先后顺序动作的规定，来实现系统的正常工作。

顺序阀有直动式和先导式，前者一般用于低压系统，后者用于中高压系统。

1. 直动式顺序阀

图6-34为直动式顺序阀的工作原理和职能符号。图6-34（a）为内控式直动顺序阀。当进液口的压力 P_1 低于其调定压力时，阀芯在弹簧力作用下处于下部位置，将出液口封闭，切断一次回路与二次回路。当进液口压力 P_1 达到或超过其调定压力值时，阀芯克服弹簧力上移，使阀口打开，接通进、出液口，使二次回路中的执行元件工作。

将图6-34（a）中的下盖转过90°后安装，并将盖上螺钉打开作外控口，如图6-34（b）所示，即为外控式顺序阀。这时，内部控制油路被切断，便于利用外控压力 p_k 来操纵阀的开、关。由于顺序阀的一次回路和二次回路均为压力回路，故必须设置泄漏口 L，使内部泄漏的液体引回油箱。

如果令外控式顺序阀的出液口接油箱，它就成为一个卸荷阀［图6-34（c）］。这时可取消单独的泄漏油管，使泄漏口在阀内与回油口接通。

顺序阀依靠控制压力的不同可分为内控式和外控式两种。前者用阀的进口压力控制阀芯的启闭，后者用外来的控制压力油控制阀芯的启闭（即液控顺序阀）。

2. 先导式顺序阀

图6-35所示的 DZ 型顺序阀，主阀为单向阀式，先导阀为滑阀式。顺序阀进口压力油经阻尼孔、主阀上腔、先导阀流往出口。由于阻尼存在，主阀上腔压力低于下端（即进口）压力，主阀芯开启，顺序阀进出油口连通。由于经主阀芯上阻尼孔的泄漏不流向泄油口 L，而是流向出油口 P_2；又因主阀上腔油压与先导滑阀所调压力无关，仅仅通过刚度很弱的主

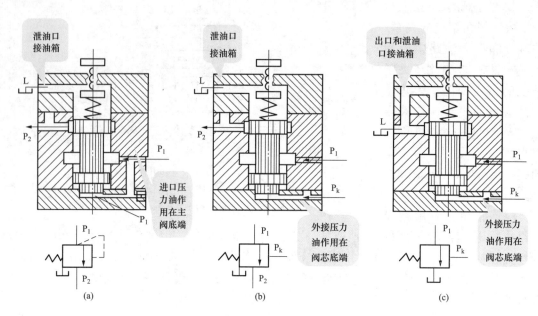

图 6-34　直动式顺序阀的工作原理和职能符号

（a）内控式顺序阀；（b）外控式顺序阀；（c）外控内泄式顺序阀

阀弹簧与主阀芯下端液压力保持主阀芯的受力平衡，故出口压力近似等于进口压力，其压力损失小。

要点提示

（1）进油口的压力油一路经阻尼孔进入主阀上腔并到达先导阀中部环形腔，另一路直接作用在先导滑阀左端。

（2）先导式顺序阀必须是导阀阀芯先开启，使主阀芯上下腔产生压差后主阀芯才开启。

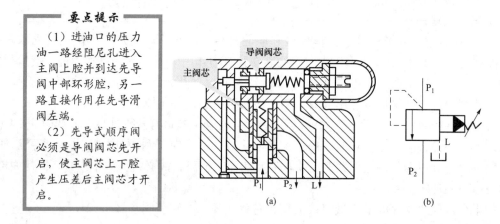

图 6-35　先导式顺序阀

（a）结构图；（b）职能符号

3. 顺序阀的应用

顺序阀主要用于控制液压系统中两个以上的执行元件先后动作，如图 6-36 所示。

图 6-36（a）中换向阀处于图示位置，压力油源先进入液压缸Ⅰ的左腔，活塞按箭头①所示方向右移，至接触工件，油压升高，在达到足以打开顺序阀时油液才能进入液压缸Ⅱ，使活塞沿箭头②所示方向右移。

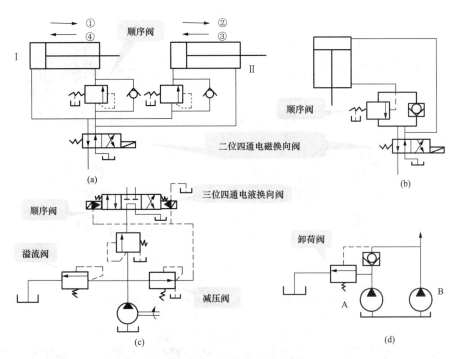

图 6-36 顺序阀的应用

(a) 控制液压缸顺序动作；(b) 用作平衡阀；(c) 用于限定控制油路压力；(d) 用作卸荷阀

在具有立式液压缸的液压回路中可以用顺序阀产生平衡力，如图 6-36（b）所示。

顺序阀在如图 6-36（c）所示的系统中可以保证控制油路具有一定的压力，防止液压泵卸荷时（换向阀处于图示状态）减压阀的进油口油压为零，无减压油输出，不能控制换向阀动作。

在双泵供油系统中，可以用顺序阀进行压力油卸荷。如图 6-36（d）所示，当执行元件快速运动时，两泵同时供油；当执行元件慢速运动或受外力作用停止运动时，系统压力升高，通入顺序阀的压力油将顺序阀打开，使大流量低压泵 A 卸荷。

顺序阀的输出油口接油箱可作普通溢流阀用，不过稳定性较差。

6.3.4 压力继电器

1. 功能

压力继电器是将液压信号转换为电信号的转换装置，即系统压力达到压力继电器调整压力时，发出电信号，操纵电磁阀或通过中间继电器，使油路换向、卸压或实现顺序动作要求，以及关闭电动机等，从而实现程序控制和安全保护。

2. 工作原理

图 6-37 所示为常用柱塞式压力继电器的结构示意图和职能符号。当从压力继电器下端进油口通入的油液压力达到调定压力值时，推动柱塞上移，此位移通过杠杆放大后推动开关动作。改变弹簧的压缩量即可以调节压力继电器的动作压力。

3. 压力阀的常见故障及排除方法

压力阀的常见故障及排除方法如表 6-6 所列。

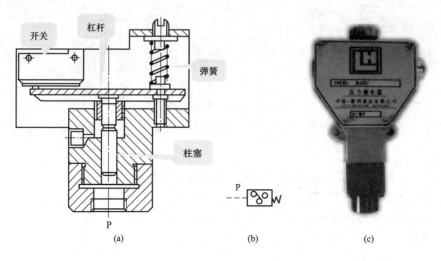

图 6-37　压力继电器

（a）结构图；（b）职能符号；（c）HED1 型柱塞压力继电器实物图

表 6-6　　　　　　　　　　　压力阀常见故障及排除方法

故障现象	产生原因	排除方法
顺序阀振动与噪声严重	① 油管不适合，回油阻力过大； ② 油温过高	① 降低回油阻力； ② 降温至规定温度
顺序阀动作压力与调定压力不符	① 调压弹簧不当； ② 调压弹簧变形，最高压力调不上去； ③ 滑阀卡死	① 反复几次，转动调整手柄，调到所需的压力； ② 更换弹簧； ③ 检查滑阀配合部分，消除毛制
溢流阀压力波动	① 弹簧弯曲或弹簧刚度过低； ② 锥阀与锥阀座接触不良或磨损； ③ 压力表不准； ④ 滑阀动作不灵； ⑤ 油液不清洁，阻尼孔不畅通	① 更换弹簧； ② 更换锥阀； ③ 修理或更换压力表； ④ 调整阀盖螺钉紧固力或更换滑阀； ⑤ 更换油液，清洗阻尼孔
溢流阀明显振动噪声严重	① 调压弹簧变形，不复原； ② 回油路有空气进入； ③ 流量超值； ④ 油温过高，回油阻力过大	① 检修或更换弹簧； ② 紧固油路接头； ③ 调整； ④ 控制油温，将回油给阻力降至 0.5NPa 以下
溢流阀调压失灵	① 调压弹簧折断； ② 滑阀阻尼孔堵塞； ③ 滑阀卡住； ④ 进、出油口接反； ⑤ 先导阀座小孔堵塞	① 更换弹簧； ② 清洗阻尼孔； ③ 拆检并修正，调整阀盖螺钉紧固力； ④ 重装； ⑤ 清洗小孔

续表

故障现象	产生原因	排除方法
减压阀二次压力不稳定并与调定压力不符	① 油箱液面低于回油管口或过滤器，油中混入空气； ② 主阀弹簧太软、变形或在滑阀中卡往，使阀移动困难； ③ 泄漏； ④ 锥阀与阀座配合不良	① 补油； ② 更换弹簧； ③ 检查密封，拧紧螺钉； ④ 更换锥阀
减压阀不起作用	① 泄油口的螺堵未拧出； ② 滑阀卡死； ③ 阻尼孔堵塞	① 拧出螺堵，接上滤管； ② 清洗或重配滑阀； ③ 清洗阻尼孔，并检查油液的清洁度

6.4 流量控制阀

　　液压系统中执行元件运动速度的大小，由输入执行元件的油液流量来确定。调节节流阀的开口面积，便可调节执行元件的运动速度。节流阀适用于一般的节流调速系统，而调速阀适用于执行元件负载变化大而运动速度要求稳定的系统中，也可用于容积节流调速回路中。

　　节流阀在定量泵的液压系统中与溢流阀配合，组成节流调速回路，即进口、出口和旁路节流调速回路如图 6-38 所示，或者与变量泵和安全阀组合使用。

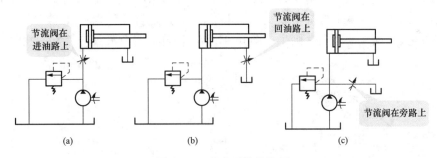

图 6-38　节流元件的作用

（a）进油路节流调速；（b）回油路节流调速回路；（c）旁油路节流调速回路

6.4.1 节流阀

　　由液压系统执行元件速度的表达式可知 $v=\dfrac{q}{A}$ 和 $n=\dfrac{q}{V_M}$，所以改变输入液压缸的流量 q 或改变液压缸有效面积 A 和液压马达的每转排量 V_M，都可以达到调速的目的。

　　对于液压缸来说，在工作中要改变缸的面积 A 来调速是困难的，一般都采用改变 q 的办法来调速。但对于液压马达，则既可改变输入液压马达的流量 q，也能改变液压马达的每转排量 V_M 来实现调速。而改变输入流量可以采用流量阀或采用变量泵来调节，只控制流量就控制了速度。无论哪一种流量控制阀，内部一定有节流阀的构造，因此节流阀可说是最基本的流量控制阀了。

图 6-39 （a）所示为一种普通节流阀的结构图，图 6-39（c）为其职能符号。这种节流阀的节流通道呈轴向三角槽式。压力油从进油口 P_1 流入孔道 a 和阀芯左端的三角槽进入孔道 b，再从出油口 P_2 流出。调节手柄，可通过推杆使阀芯作轴向移动，以改变节流口的通流截面积来调节流量。节流阀的流量特性可用小流量通用公式 $q = KA\Delta p^m$ 来描述，其特性曲线如图 6-40 所示。

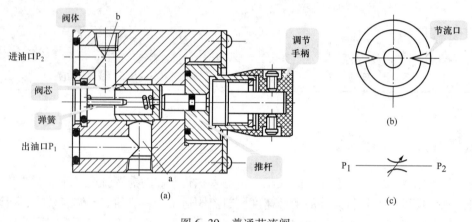

图 6-39 普通节流阀
（a）结构；（b）节流口形式；（c）职能符号

当节流阀开口量不变时，由于阀前后压力差 Δp 的变化，会引起通过节流阀的流量发生变化。节流阀的刚性表示它抵抗负载变化的干扰，保持流量稳定的能力，流量变化越小，节流阀的刚性越大，反之，其刚性则小。图 6-41 为不同开口时节流阀的流量特性曲线。

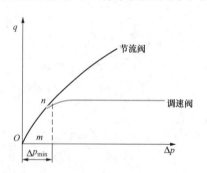

图 6-40 节流阀、调速阀的流量-压力特性曲线

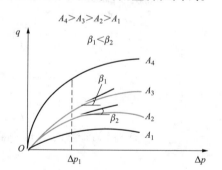

图 6-41 不同开口时节流阀的流量特性曲线

由图 6-41 可以得出如下结论：

（1）同一节流阀，阀前后压力差 Δp 相同，节流开口小时，刚度大。

（2）同一节流阀，在节流开口一定时，阀前后压力差 Δp 越小，刚度越低。

为了保证节流阀具有足够的刚度，节流阀只能在某一最低压力差 Δp 的条件下，才能正常工作，但提高 Δp 将引起压力损失的增加。

节流阀结构简单、制造容易、体积小、使用方便、造价低，但负载和温度的变化对流量稳定性的影响较大，因此只适用于负载和温度变化不大，或速度稳定性要求不高的液压系统。

6.4.2 调速阀

节流阀调速时，节流阀的进出口压力随负载变化而变化，影响节流阀流量的均匀性，使执行机构速度不稳定，如果在负载变化时，设法使节流阀的进出口压力差保持不变，执行机构的运动速度也就相应得到稳定。

根据"流量负反馈"原理设计而成的流量阀称为调速阀。根据"串联减压式"和"并联溢流式"之差别，又分为调速阀和溢流节流阀两种主要类型，调速阀和节流阀在液压系统中的应用基本相同，主要与定量泵、溢流阀组成节流调速系统。

1. 串联减压式调速阀

串联减压式调速阀是在节流阀前面串接一个定差减压阀组合而成的。图 6-42 为其工作原理图。液压泵的出口（即调速阀的进口）压力 p_1 由溢流阀调整基本不变，而调速阀的出口压力 p_3 则由液压缸负载 F 决定。油液先经减压阀产生一次压力降，将压力降到 p_2，p_2 经通道 e、f 作用到减压阀的 d 腔和 c 腔；节流阀的出口压力 p_3 又经反馈通道 a 作用到减压阀的上腔 b，当减压阀的阀芯在弹簧力 F_s 与油液压力 p_2A_2 和 p_3A 作用下处于某一平衡位置时（忽略摩擦力和液动力等），则

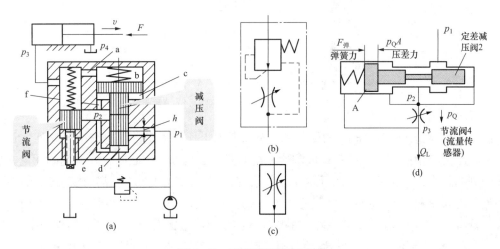

图 6-42　串联减压式调速阀

（a）工作原理图；（b）职能符号；（c）简化职能符号；（d）反馈原理

$$p_2A_1+p_2A_2=p_3A+F_s \tag{6-1}$$

式中　A、A_1 和 A_2——分别为 b 腔、c 腔和 d 腔内压力油作用于阀芯的有效面积，且 $A = A_1+A_2$。故

$$p_2-p_3=\Delta p=F_s/A \tag{6-2}$$

因为弹簧刚度较低，且工作过程中减压阀阀芯位移很小，可以认为 F_s 基本保持不变。故节流阀两端压力差（p_2-p_3）也基本保持不变，这就保证了通过节流阀的流量稳定。

2. 溢流节流阀（旁通型调速阀）

溢流节流阀也是一种压力补偿型节流阀，图 6-43（a）为其工作原理图，图 6-43（b）为其职能符号，图 6-43（c）为其简化职能符号。

从液压泵输出的油液一部分从节流阀 4 进入液压缸左腔推动活塞向右运动，另一部分经溢流阀的溢流口流回油箱，溢流阀阀芯 3 的上端 a 腔同节流阀 4 上腔相通，其压力为 p_2；腔 b 和下端腔 c 同溢流阀阀芯 3 前的油液相通，其压力即为泵的压力 p_1，当液压缸活塞上的负载力 F 增大时，压力 p_2 升高，a 腔的压力也升高，使阀芯 3 下移，关小溢流口，这样就使液压泵的供油压力 p_1 增加，从而使节流阀 4 的前、后压力差（p_1-p_2）基本保持不变。这种溢流阀一般附带一个安全阀 2，以避免系统过载。

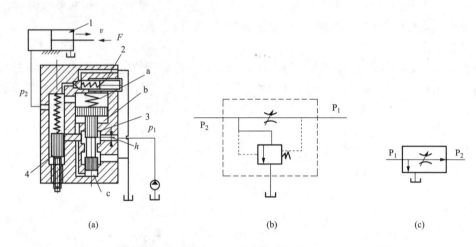

图 6-43 溢流节流阀

（a）工作原理图；（b）职能符号；（c）简化职能符号

1—液压缸；2—安全阀；3—溢流阀；4—节流阀

溢流节流阀是通过 p_1 随 p_2 的变化来使流量基本上保持恒定的，它与串联减压式调速阀虽都具有压力补偿的作用，但其组成调速系统时是有区别的。串联减压式调速阀无论在执行元件的进油路上或回油路上，执行元件上负载变化时，泵出口处压力都由溢流阀保持不变，而溢流节流阀是通过 p_1 随 p_2（负载的压力）的变化来使流量基本上保持恒定的。因而溢流节流阀具有功率损耗低、发热量小的优点。但是，溢流节流阀中流过的流量比调速阀大（一般是系统的全部流量），阀芯运动时阻力较大，弹簧较硬，其结果使节流阀前后压差 Δp 加大（需达 0.3~0.5MPa），因此它的稳定性稍差。

3. 分流集流阀

分流集流阀是分流阀、集流阀和分流集流阀的总称。

分流阀的作用是使液压系统中由同一个能源向两个执行元件供应相同的流量（等量分流），或按一定比例向两个执行元件供应流量（比例分流），以实现两个执行元件的速度保持同步或定比关系。集流阀的作用则是从两个执行元件收集等流量或按比例的回油量，以实现其间的速度同步或定比关系。分流集流阀则兼有分流阀和集流阀的功能，它们的职能符号如图 6-44 所示。

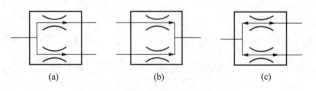

图 6-44 分流集流阀的职能符号

（a）分流阀；（b）集流阀；（c）分流集流阀

6.5　插装阀

前面章节中所介绍的方向、压力和流量三类普通液压控制阀，它们的功能单一，其通径最大不超过 32mm，而且结构尺寸大，不适应小体积、集成化的发展方向和大流量液压系统的应用要求。插装阀是把作为主控元件的锥阀插装在油路块中，故得名插装阀。它具有通流能力大、密封性能好、抗污染、集成度高和组合形式灵活多样等特点，特别适合于大流量液压系统的应用要求。

6.5.1　插装阀的工作原理

插装阀由插装组件、控制盖板和先导阀等组成，如图 6-45 所示。插装组件又称主阀组件，它由阀芯、阀套、弹簧和密封件等组成。插装组件有两个主油路 A 和 B，一个控制油 X，插装组件装在油路块中。

图 6-46 所示为逻辑换向阀的锥阀式基本单元的结构原理图，插装阀主要是由阀芯、阀套以及弹簧等零件组成，对外有两个管道接口 A、B 和一个控制连接口 X。锥阀的工作状态不仅取决于控制口 X 的压力，而且取决于工作油口 A、B 的压力，取决于弹簧力和液动力。

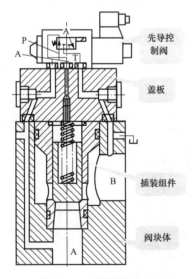

图 6-45　插装阀的组成

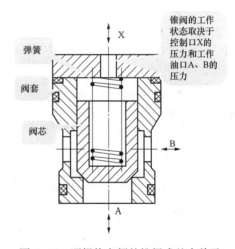

图 6-46　逻辑换向阀的锥阀式基本单元

当控制油口 X 接油箱卸荷时，阀芯下部的液压力克服上部弹簧力将阀芯顶开，至于液流的方向，视 A、B 口的压力大小而定。当 $p_A > p_B$ 时，油液由 A 至 B；当 $p_A < p_B$ 时，油液由 B 至 A。当控制口 X 接压力油，且 $p_X \geqslant p_A$、$p_X \geqslant p_B$，则阀芯在上下端压力和弹簧力的作用下关闭，油口 A 和 B 不通。因此，逻辑换向阀的锥阀单元实际上相当于一个液控二位二通阀。

由逻辑阀组成的液压系统称为液压逻辑系统。根据用途不同，逻辑阀又分为逻辑压力阀、逻辑流量阀和逻辑换向阀三种。

6.5.2　插装方向控制阀

插装方向控制阀是根据控制腔 X 的通油方式来控制主阀芯的启闭。若 X 腔通油箱，则主阀阀口开启；若 X 腔与主阀进油路相通，则主阀阀口关闭。

1. 插装单向阀

如图 6-47 所示，将插装组件的控制腔 X 与油口 A 或 B 连通，即成为普通单向阀。在控制盖板上接一个二位三通液控换向阀（作先导阀），来控制 X 腔的连接方式，即成为液控单向阀，如图 6-48 所示。

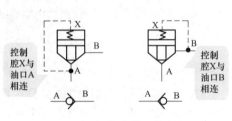

图 6-47 插装式普通单向阀

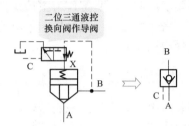

图 6-48 插装式液控单向阀

2. 二位二通插装换向阀

如图 6-49（a）所示，由二位三通先导电磁阀控制主阀芯 X 腔的压力。当电磁阀断电时，X 腔与 B 腔相通，B 腔的油使主阀芯关闭，而 A 腔的油可使主阀芯开启，从 A 到 B 单向流通。当电磁阀通电时，X 腔通油箱，A、B 油路的压力油均可使主阀芯开启，A 与 B 双向相通。图 6-49（b）所示为在控制油路中增加一个梭阀，当电磁阀断电时，梭阀可保证 A 或 B 油路中压力较高者经梭阀和先导阀进入 X 腔，使主阀可靠地关闭，实现液流的双向切断。

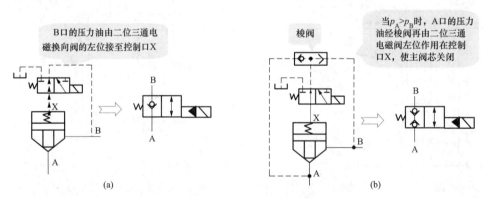

(a)　　　　　　　　　　(b)

图 6-49 二位二通插装换向阀
（a）单向切断；（b）双向切断

3. 二位三通插装换向阀

如图 6-50 所示，由两个插装组件和一个二位三通电磁换向阀组成。当电磁铁通电时，电磁换向阀处于左端位置，插装组件 1 的控制腔通油箱，主阀阀口开启，即 P 与 A 相通；而插装组件 2 的控制腔通压力油，主阀阀口关闭，T 封闭。二位三通插装换向阀相当于一个二位三通电液换向阀。

4. 二位四通插装换向阀

如图 6-51 所示，由四个插装组件和一个二位四通电磁换向阀组成。当电磁铁通电时，

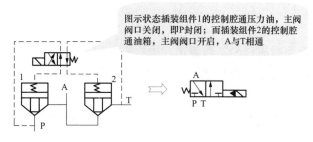

图 6-50　二位三通插装换向阀

P 与 A 相通，B 与 T 相通。二位四通插装换向阀相当于一个二位四通电液换向阀。

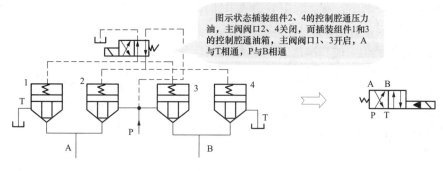

图 6-51　二位四通插装换向阀

5. 三位四通插装换向阀

如图 6-52 所示，由四个插装组件组合，采用 P 型三位四通电磁换向阀作先导阀。

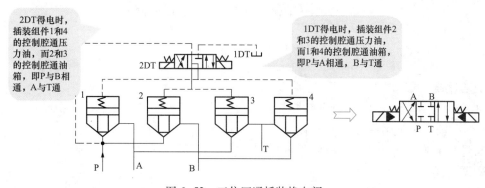

图 6-52　三位四通插装换向阀

当电磁阀处于中位时，四个插装组件的控制腔均通压力油，则油口 P、A、B、T 封闭。当电磁阀处于左端位置时，P 与 A 相通，B 与 T 相通；当电磁阀处于右端位置时，P 与 B 相通，A 与 T 相通。三位四通插装换向阀相当于一个 O 型三位四通电液换向阀。

6.5.3　插装压力控制阀

由直动式调压阀作为先导阀对插装组件控制腔 X 进行压力控制，即构成插装压力控制阀。

1. 插装溢流阀

图 6-53（a）所示为溢流阀的工作原理，B 口通油箱，A 口的压力油经节流小孔（此节流小孔也可直接放在锥阀阀芯内部）进入控制腔 X，并与先导压力阀相通。

2. 插装顺序阀

当图 6-53（a）中的 B 口不接油箱而接负载时，即为插装顺序阀。

3. 插装卸荷阀

如图 6-53（b）所示，在插装溢流阀的控制腔 X 再接一个二位二通电磁换向阀。当电磁铁断电时，具有溢流阀功能；电磁铁通电时，即成为卸荷阀。

4. 插装减压阀

如图 6-53（c）所示，减压阀中的插装组件为常开式滑阀结构，B 为一次压力 P_1 进口，A 为出口，A 腔的压力油经节流小孔与控制腔 X 相通，并与先导阀进口相通。由于控制油取自 A 口，因而能得到恒定的二次压力 P_2，相当于定压输出减压阀。

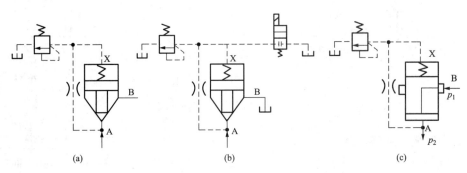

图 6-53　插装压力控制阀
（a）插装溢流阀；（b）插装卸荷阀；（c）插装减压阀

6.5.4　插装流量控制阀

1. 节流阀

如图 6-54 所示，锥阀单元尾部带节流窗口（也有不带节流窗口的），锥阀的开启高度由行程调节器（如调节螺杆）来控制，从而达到控制流量的目的。根据需要，还可在控制口 X 与阀芯上腔之间加设固定阻尼孔 a（节流螺塞），如图 6-54（b）所示。

2. 调速阀

如图 6-55 所示，定差减压阀阀芯两端分别与节流阀进出口相通，从而保证节流阀进出口压差不随负载变化，成为调速阀。

3. 调速回路

图 6-56（a）中由于锥阀 2 和 3 有调节螺钉，因此锥阀的开口量大小可调节。当先导阀 5 处于中位时，锥阀全部关闭，P、A、B、T 互不相通。当先导阀 5 处于左位时，由 P 流向 A 的流速由锥阀 2 上的调节螺钉调节，回油相当于经图 6-56（b）的单向阀 2 流回油箱。当先导阀 5 处于右位时，油口 P 与 B 相通，其进油速度由锥阀 3 上的调节螺钉调节；A 与 T 相通，回油相当于经图 6-56（b）的单向阀 1 流回油箱。

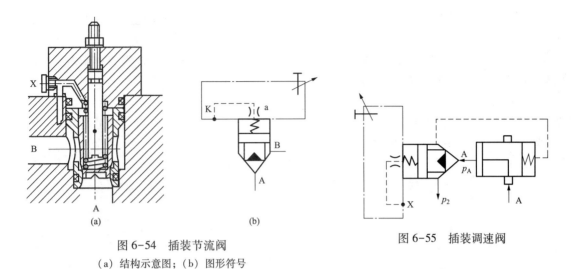

图 6-54　插装节流阀

（a）结构示意图；（b）图形符号

图 6-55　插装调速阀

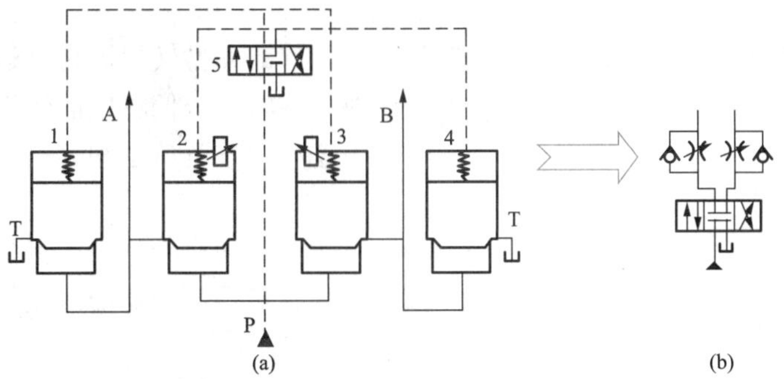

图 6-56　锥阀式调速回路

1~4—锥阀；5—先导阀

要点提示

（1）当先导阀5处于左位时，锥阀1和3关闭，锥阀2和4开启，P与A相通，B与T相通。

（2）当先导阀5处于右位时，锥阀2和4关闭，锥阀1和3打开，P与B相通，其进油速度由锥阀3上的调节螺钉调节；A与T相通。

二通插装阀上的节流阀手调装置若用比例电磁铁取代，就可组成二通插装电液比例节流阀。若在二通插装阀节流阀前串联一个定差减压阀，就可组成二通插装调速阀。

6.6　电液伺服阀

电液伺服控制技术是集机械、液压、电子、计算机、传感等于一体的自动化技术，在精密机床、工程机械以及冶金、矿山、石化、电化、船舶、军工、建筑、起重、运输等主机产品中有着广泛的应用，是这些产品重要的控制手段。在工业发达国家，电液伺服控制技术的应用与发展被认为是衡量一个国家工业制造水平和现代工业发展的重要标志之一，是液压工业和机械自动化领域又一个新的技术热点和经济增长点。电液伺服阀是电液伺服控制系统中最关键的元件，其性能直接影响电液伺服系统的性能，国外已形成完整的电液伺服阀品种和规格系列，并在保持原基本性能与技术指标的前提下，向着简化结构、降低制造成本、提高抗污染能力和高可靠性方向发展。

1. 电液伺服阀的组成

电液伺服阀是电液伺服控制系统中的重要控制元件，在系统中起着电液转换和功率放大作用。具体地说，系统工作时，它直接接收系统传递来的电信号，并把电信号转换成具有相应极性的、成比例的、能够控制电液伺服阀的负载流量或负载压力的信号，从而使系统输出较大的液压功率，用以驱动相应的执行机构。电液伺服阀的性能和可靠性将直接影响系统的性能和可靠性，是电液伺服控制系统中引人注目的关键元件。

电液伺服阀本身是一个闭环控制系统，一般由电—机转换部分，机—液转换和功率放大部分，反馈部分和电控器部分。大部分伺服阀仅由前三部分组成，只有电反馈伺服阀才含有电控器部分，如图 6-57 所示。

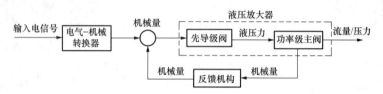

图 6-57　电液伺服阀的组成

（1）电—机转换部分。

电—机转换部分的工作原理是把输入电信号的电能通过特定设计的元件转换成机械运动的机械能，进而驱动液压放大器的控制元件，使之转换成液压能。通常，人们将电能转换为机械能的元件称为力矩马达（输出为转角）或力马达（输出为位移）。力矩马达和力马达有动铁式和动圈式两种结构。常用的典型结构如图 6-58 所示。

图 6-58（a）为永磁桥式动铁式力矩马达。它结构紧凑、体积小、固有频率高，但是输出转角线性范围窄，适用于驱动喷嘴挡板液压放大器的挡板、射流管液压放大器的射流管或偏转板射流放大器的偏转板。

图 6-58（b）为高能永磁动铁式直线力马达。它体积大，加工工艺性好；驱动力大、行程较大；固有频率较低，小于 300Hz，适用于直接驱动功率级滑阀。

图 6-58（c）为永磁动圈式力马达，它又有内磁型和外磁型两种结构形式。

图 6-58（d）为激磁动圈式力马达。它们的共同特点是体积大，加工工艺性好；但是同样的体积下输出力小；机械支撑弹簧的刚度通常不是很大，在同样的惯性下，动圈组件固有频率低。为提高固有频率，可增加支撑刚度及激磁和控制线圈功率，但这样会使尺寸大、功耗大。该型力马达的磁环小，线性范围宽，输出位移大，适用于直接驱动滑阀液压放大器的阀芯运动。

（2）机—液转换和功率放大部分。

机—液转换及功率放大部分，实质上是专门设计的液压放大器，放大器的输入为力矩马达或力马达输出力矩或力，放大器的输出为负载流量和负载压力。伺服阀常用的液压放大器见图 6-59 所示。

图 6-59（a）为双喷嘴挡板式液压放大器，其特点是结构简单，体积小，运动件惯量小，所需驱动力小，无摩擦，灵敏度高；但中位泄漏大，负载刚度差；输出流量小；适于小信号工作，常用做两级伺服阀的前置放大级。

图 6-59（b）为射流管式液压放大器，结构复杂，加工调试难；运动件惯量大；射流管的引压管刚度差，易振动；常用作两级伺服阀的前置放大级。

图 6-59（c）为偏转板式液压放大器，可用于两级伺服阀的前置放大级。

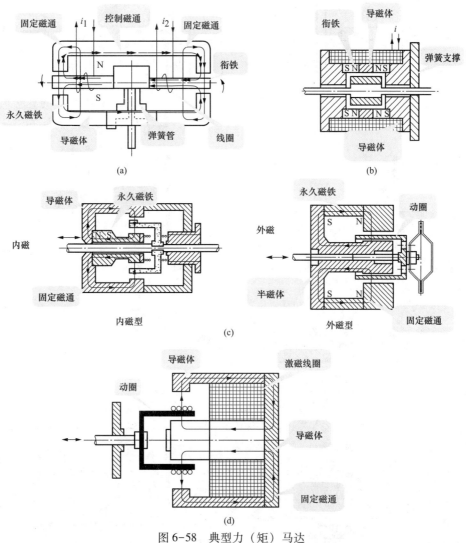

图 6-58　典型力（矩）马达

（a）永磁桥式动铁式力矩马达；（b）高能永磁桥式动铁式直线力马达；

（c）永磁动圈式力马达；（d）激磁动圈式力马达

图 6-60 为滑阀式液压放大器，按节流原理工作。其特点是允许位移大；节流边为矩形或圆周开口时，线性好，输出流量大；流量增益和压力增益高；结构稍复杂，体积大；轴向及径向配套要求高；运动件惯量大，液动力大，要求驱动力大。通常与动圈式或高能永磁直线力马达直接连接，构成单级伺服阀或用作两级伺服阀的前置级，它也是两级和三级伺服阀功率放大器的主要形式。

2. 电液伺服阀的用途

电液伺服阀常用于自动控制系统中的位置控制、速度控制、压力控制和同步控制等。

（1）位置控制回路。如图 6-61（a）所示，这种回路用来实现执行元件的准确位置的控制，指令信号使电液伺服阀的力矩马达动作，通过能量的转换和放大，驱动执行元件达到某一预定位置。再利用位置传感器产生反馈信号与输入指令相比较，消除输入和输出信号的误差，使执行元件准确地停止在预定位置上。

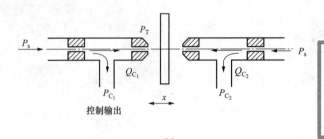

要点提示

由两个固定节流孔和两个可变节流孔组成液压全桥，按节流原理工作。固定节流孔的孔径和喷嘴挡板之间的间隙小，易堵塞，抗污染能力差。

(a)

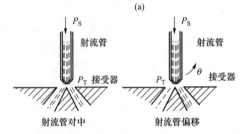

要点提示

按动量转换原理工作。射流管孔径及射流管喷嘴与接受器之间的间隙较喷嘴挡板式大，不易被污物堵塞，抗污染能力强；射流喷嘴有失效对中功能；放大器效率高。

(b)

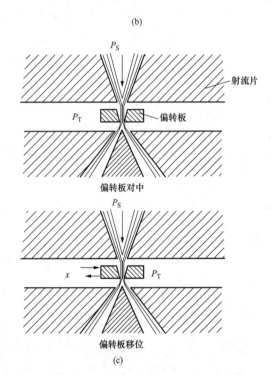

要点提示

按动量转换原理工作。射流喷嘴及偏转板与射流盘之间的间隙大，不易堵塞，抗污染能力强；射流喷嘴有失效对中功能；运动件惯量小。缺点是在高温及低温时性能差。

(c)

图 6-59　液压放大器

（a）双喷嘴挡板式液压放大器；（b）射流管式液压放大器；（c）偏转板式液压放大器

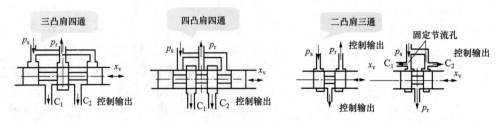

图 6-60　滑阀式液压放大器

（2）压力控制回路。这种回路能维持液压缸中的压力恒定，如图6-61（b）所示。给电液伺服阀输入一定的指令信号，通过能量的转换和放大，使液压缸中油液达到某一预定压力。当油压变化时，由压力传感器产生反馈信号与输入的指令相比较，然后消除指令信号与反馈信号的反差，使液压缸保持恒定压力。

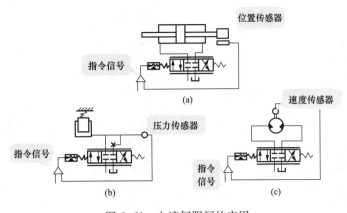

图6-61 电液伺服阀的应用
（a）位置控制回路；（b）压力控制回路；（c）速度控制回路

（3）速度控制回路。它是使执行元件（如液压马达）的速度保持一定值的控制回路，如图6-61（c）所示。输入指令信号，它经能量的转换和放大后，使液压马达具有一定的转速。当速度有变化时，速度传感器发出的反馈信号与指令信号相比较，然后消除指令信号与反馈信号的误差，使液压马达保持一定的速度。

（4）同步控制回路。这种回路是使两个液压缸的位移和速度同步，并且具有高的同步精度。当指令信号输入时，两液压缸同步运动。当出现同步误差时，信号误差反馈给电气系统并与指令信号相比较，使电液伺服阀产生适当位移，修正流量，消除同步误差，实现严格的同步运动。

3. 发展趋势

（1）机电一体化。随着微电子技术的发展，电控元件小型化，位移传感器、压力传感器及其放大器都可以放入阀体内部，采用位移电反馈或压力电反馈，既提高了阀的性能，简化了结构，又方便了使用，得到了普遍的应用。

（2）工业化。虽然电液伺服阀响应快、精度高，但它的加工精度要求高、抗干扰和抗污染能力较差、价格高，难以在一般工业上推广应用，因而相继开发了廉价伺服阀或工业伺服阀，它们的加工精度要求和价格相对较低，抗污染能力较好，而精度和快速性能能够满足工业要求。

（3）集成化。根据实际的使用要求，伺服阀可以与电控器、执行元件和其他阀组组成电液集成系统，使其结构紧凑、性能提高，如电液伺服缸等。

6.7 比例阀

电液比例阀简称比例阀，它是一种按给定的输入电气信号连续地、按比例地对液流的压力、流量和方向进行远距离控制的液压控制阀。比例阀是在对普通的开关阀进行改造的基础上，应用比例电磁铁把输入的电信号按比例地转换成力或位移，从而对压力、流量等参数进行连续控制的一种液压阀。

由于比例阀实现了能连续地、按比例地对压力、流量和方向进行控制，避免了压力和流量有级切换时的冲击。采用电信号可进行远距离控制，既可开环控制，也可闭坏控制。一个比例阀可兼有几个普通液压阀的功能，可简化回路，减少阀的数量，提高其可靠性。

6.7.1　比例阀的工作原理

图 6-62 所示为比例阀工作原理框图。指令信号经比例放大器进行功率放大，并按比例输出电流给比例阀的比例电磁铁，比例电磁铁输出力并按比例移动阀芯的位置，即可按比例控制液流的流量和改变液流的方向，从而实现对执行机构的位置或速度控制。在某些对位置或速度精度要求较高的应用场合，还可通过对执行机构的位移或速度检测，构成闭环控制系统。

比例阀由直流比例电磁铁与液压阀两部分组成，比例阀实现连续控制的核心是采用了比例电磁铁，比例电磁铁种类繁多，但工作原理基本相同，它们都是根据比例阀的控制需要开发出来的。图 6-63 是比例电磁铁的原理图。

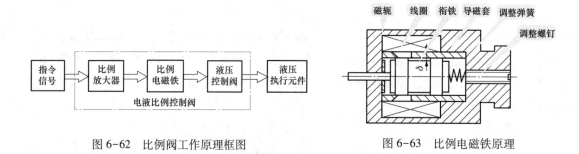

图 6-62　比例阀工作原理框图　　　　　图 6-63　比例电磁铁原理

根据参数的调节方式和它们与所驱动阀芯的连接形式不同，比例电磁铁可分为力控制型、行程控制型和位置调节型三种。

比例阀的液压阀部分与一般液压阀差别不大，而直流比例电磁铁和一般电磁阀所用的电磁铁不同，采用比例电磁铁可得到给定电流成比例的位移输出和吸力输出。比例阀按其控制的参量可分为比例压力阀、比例流量阀、比例方向阀三大类。

6.7.2　电液比例压力阀

比例溢流阀具有比普通溢流阀更强大的功能。比例溢流阀作为定压元件，当控制信号一定时，可获得稳定的系统压力；改变控制信号，可无级调节系统压力，且压力变化过程平稳，对系统的冲击小。将控制信号置为零，即可获得卸荷功能。此时，液压系统不需要压力油，油液通过主阀口以低压流回油箱。

比例溢流阀可方便地构成压力负反馈系统，或与其他控制元件构成复合控制系统。合理调节控制信号的幅值可获得液压系统的过载保护功能。

图 6-64（a）所示为带位置调节型比例电磁铁的直动式比例溢流阀的典型结构，位移传感器为干式结构。与带力控制型比例电磁铁的直动式比例溢流阀不同的是，这种阀采用位置调节型比例电磁铁，衔铁的位移由电感式位移传感器检测并反馈至放大器，与给定信号比

较，构成衔铁位移闭环控制系统，实现衔铁位移的精确调节，即与输入信号成正比的是衔铁位移，力的大小在最大吸力之内由负载需要决定。

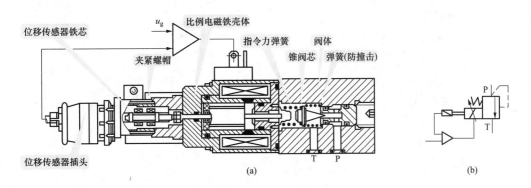

图 6-64　带位置调节型比例电磁铁的直动式比例溢流阀
（a）结构；（b）图形符号

图 6-65（a）所示为先导式比例溢流阀的结构原理。比例溢流阀进油口压力的升降与输入信号电流的大小成比例。若输入信号电流是连续地按比例地或按一定程序变化，则比例溢流阀所调节的系统压力也连续地按比例地或按一定程序进行变化。图 6-65（b）所示为比例溢流阀的图形符号。

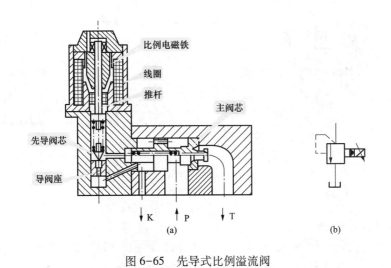

图 6-65　先导式比例溢流阀
（a）结构原理图；（b）图形符号

6.7.3　电液比例流量阀

1. 电液比例节流阀

（1）直动式比例节流阀。如图 6-66（a）所示为直动式比例节流阀的典型结构，这种阀采用换向阀阀体的结构形式，配置 1 个比例电磁铁得到 2 个工位，配置 2 个比例电磁铁得到 3 个工作位，有多种中位机能。

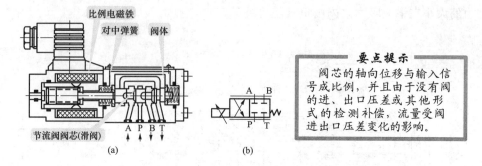

图 6-66　单级比例节流阀的典型结构

（a）结构；（b）图形符号

> **要点提示**
>
> 阀芯的轴向位移与输入信号成比例，并且由于没有阀的进、出口压差或其他形式的检测补偿，流量受阀进出口压差变化的影响。

（2）先导式电液比例节流阀。图 6-67 为位移电反馈型先导式电液比例节流阀。

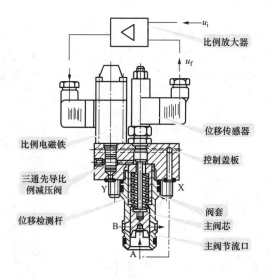

> **要点提示**
>
> 外部电信号 u_i 输入比例放大器4与位移传感器的反馈信号 u_f 比较得出差值。此差值驱动先导阀芯运动，控制主阀芯8上部弹簧腔的压力，从而改变主阀芯的轴向位置即阀口开度。与主阀芯相连的位移传感器5的检测杆1将检测到的阀芯位置反馈到比例放大器4，以使阀的开度保持在指定的开度上。这种位移电反馈构成的闭环回路，可以抑制负载以外的各种干扰力。

图 6-67　位移电反馈型先导式电液比例节流阀

2. 比例阀的应用举例

图 6-68（a）为利用比例溢流阀调压的多级调压回路。改变输入电流 I，即可控制系统获得多级工作压力。它比利用普通溢流阀的多级调压回路所用液压元件数量少，回路简单，且能对系统压力进行连续控制。

图 6-68（b）为采用比例调速阀的调速回路。改变比例调速阀输入电流即可使液压缸获得所需要的运动速度。比例调速阀可在多级调速回路中代替多个调速阀，也可用于远距离速度控制。

总之，采用比例阀能使液压系统简化，所用液压元件数大为减少，既能提高液压系统性能参数及控制的适应性，又能明显地提高其控制的自动化程度，它是一种很有发展前途的液压控制元件。

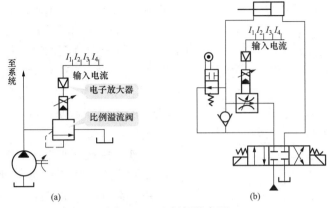

图 6-68 比例阀的应用

（a）应用比例溢流阀实现多级调压；（b）应用比例调速阀的调速回路

6.8 叠加阀

叠加式液压阀简称叠加阀，其阀体本身既是元件又是具有油路通道的连接体，阀体的上、下两面制成连接面。选择同一通径系列的叠加阀，叠合在一起用螺栓紧固，即可组成所需的液压传动系统。

叠加阀现有五个通径系列：$\phi 6$、$\phi 10$、$\phi 16$、$\phi 20$、$\phi 32\text{mm}$，额定压力为 20MPa，额定流量为 10～200L/min。叠加阀按功用的不同分为压力控制阀、流量控制阀和方向控制阀三类，其中方向控制阀仅有单向阀类，主换向阀不属于叠加阀。

1. 叠加阀的结构及工作原理

叠加阀的工作原理与一般液压阀相同，只是具体结构有所不同。现以溢流阀为例，说明其结构和工作原理。

图 6-69（a）所示为 Y_1-F10D-P/T 先导型叠加式溢流阀。其型号意义是：Y 表示溢流阀，F 表示压力等级（20MPa），10 表示 $\phi 10\text{mm}$ 通径系列，D 表示叠加阀，P/T 表示进油口为 P、回油口为 T。

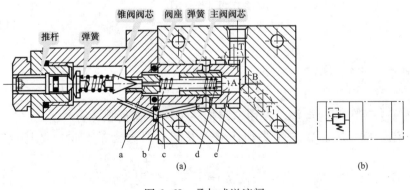

图 6-69 叠加式溢流阀

（a）结构图；（b）图形符号

　　它由先导阀和主阀两部分组成，先导阀为锥阀，主阀相当于锥阀式的单向阀。其工作原理是：压力油由进油口 P 进入主阀阀芯 6 右端的 e 腔，并经阀芯上阻尼孔 d 流至阀芯 6 左端 b 腔，再经小孔 a 作用于锥阀阀芯 3 上。当系统压力低于溢流阀的调定压力时，锥阀阀芯 3 打开，b 腔的油液经锥阀口及孔 c 由油口 T 流回油箱，主阀阀芯 6 右腔的油经阻尼孔 d 向左流动，于是使主阀阀芯的两端油液产生压力差，此压力差使主阀阀芯克服弹簧 5 而左移，主阀阀口打开，实现了自油口 T 的溢流。调节弹簧 2 的预压缩量便可调节溢流阀的调整压力，即溢流压力。图 6-69（b）所示为叠加式溢流阀的图形符号。

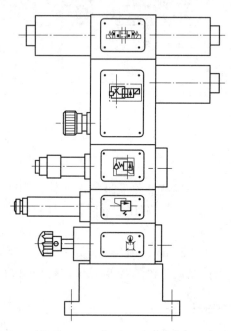

图 6-70　叠加式液压阀装置示意图

2. 叠加式液压阀系统的组装

　　叠加阀自成体系，每一种通径系列的叠加阀，其主油路通道和螺钉孔的大小、位置、数量都与相应通径的板式换向阀相同。因此，将同一通径系列的叠加阀互相叠加，可直接连接而组成集成化液压系统。图 6-70 所示为叠加式液压阀装置示意图。最下面的是底板，底板上有进油孔、回油孔和通向液压执行元件的油孔，底板上面第一个元件一般是压力表开关，然后依次向上叠加各压力控制阀和流量控制阀，最上层为换向阀，用螺栓将它们紧固成一个叠加阀组。一般一个叠加阀组控制一个执行元件。如果液压系统有几个需要集中控制的液压元件，则用多联底板，并排在上面组成相应的几个叠加阀组。元件之间可实现无管连接，不仅省掉大量管件，减少了产生压力损失、泄漏和振动的环节，而且使外观整齐，便于维护保养。

3. 叠加式液压系统的特点

　　（1）用叠加阀组装液压系统，不需要另外的连接块，因而结构紧凑，体积小，重量轻。

　　（2）系统的设计工作量小，绘制出叠加阀式液压系统原理图，即可进行组装，且组装简便、组装周期短。

　　（3）调整、改换或增减系统的液压元件方便简单。

思考与练习

　　1. 试述压力控制阀的类型、作用、结构和工作原理及职能符号。

　　2. 试述溢流阀、减压阀、顺序阀在原理及图形符号上的异同，顺序阀作溢流阀的应用。

　　3. 图 6-71 的两个回路中各溢流阀的调定压力分别为 $p_{Y1} = 3MPa$，$p_{Y2} = 2MPa$，$p_{Y3} = 4MPa$。问：外负载无穷大时，泵的出口压力 p_P 各为多少？

　　4. 图 6-72 所示减压回路中，若溢流阀的调定压力为 5MPa，减压阀的调定压力为

1.5MPa，试分析活塞在作空载运动和夹紧工件运动停止时，A、B 处的压力值。

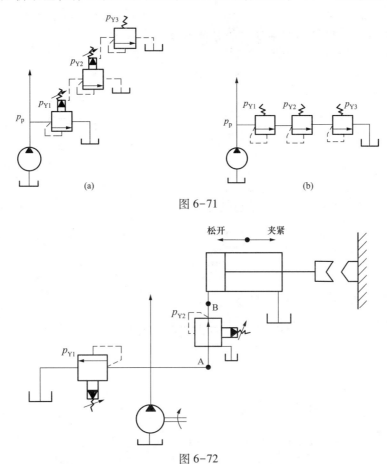

图 6-71

图 6-72

5. 阀的铭牌不清楚时，若不拆开，如何判断哪个是溢流阀、减压阀及顺序阀？

6. 试述单向阀、液控单向阀的工作原理及职能符号。

7. 试述换向阀的控制方式，以及换向阀的"位"和"通"的含义。

8. 三位换向阀常用中位机能有哪几种？它们的主要特点是什么？

9. 电液动换向阀的先导阀为何选用"Y"型机能？

10. 试述普通节流阀与调速阀的工作原理、性能比较及职能符号。

11. 调速阀与节流阀在结构和性能上有何异同？各适用于什么场合？

12. 图 6-73 所示油路中，液压缸无杆腔有效面积 $A_1 = 100cm^2$，有杆腔的有效面积 $A_2 = 50cm^2$，液压泵的额定流量为 10L/min，试求：

（1）若调速阀开口允许通过的流量为 6L/min，活塞右

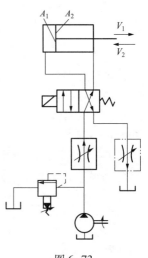

图 6-73

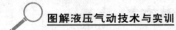

移速度 V_1=? 其返回速度 V_2=?

（2）若将此调速阀串接在回油路上（其开口不变）时，V_1=? V_2=?

13. 说明图 6-74 所示图形符号所表示的意义。

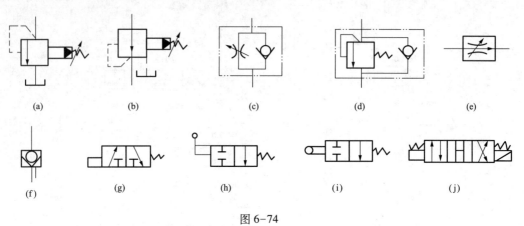

（a）　　　（b）　　　（c）　　　（d）　　　（e）

（f）　　　（g）　　　（h）　　　（i）　　　（j）

图 6-74

14. 试述逻辑换向阀的工作原理及应用。

15. 比例阀、伺服阀和叠加阀各有什么特点?

第7章 辅助装置

本章导读

● 了解液压系统的辅助装置包括油箱、温控装置、过滤器、蓄能器、密封件和管件等，它们是保证液压元件和系统安全、可靠运行以及延长使用寿命的重要辅助装置。

● 重点掌握油箱、蓄能器、滤油器等辅助装置的工作原理及功能。

7.1 油箱

7.1.1 油箱的功能

典型的液压油源及油箱装置，俗称液压泵站，如图 7-1 所示，油箱作为液压系统的重要组成部分，其主要功能有以下方面。

（1）盛放油液。油箱必须能够盛放液压系统中的全部油液。

（2）散发热量。液压系统中的功率损失导致油液温度升高，油液从系统中带回来的热量有一部分靠油箱壁散发到周围环境的空气中。因此，要求油箱具有较大的表面积，并应尽量设置在通风良好的位置上。

（3）逸出空气。油液中的空气将导致噪声和元件损坏。因此，要求油液在油箱内平缓流动，以利于分离空气。

（4）沉淀杂质。油液中未被过滤器滤除的细小污染物，可以沉落到油箱底部。

（5）分离水分。油液中游离的水分聚积在油箱中的最低点，以备清除。

（6）安装元件。在中小型设备的液压系统中，常把电动机、液压泵装置或控制阀组件安装在油箱的箱顶上。因此，要求油箱的结构强度、刚度必须足够

图 7-1　油箱装置

大，以支撑这些装置。

7.1.2　油箱的结构特点

油箱的典型结构如图 7-2 所示。油箱的容积决定了散热面积和储热量的大小，故对工作的温度影响很大。油箱内部用隔板 7、9 将吸油管 1 与回油管 4 隔开。顶部、侧部和底部分别装有滤油网 2、液位计 6 和排放污油的放油阀 8。安装液压泵及其驱动电动机的安装板 5 则固定在油箱顶面上。

此外，近年来又出现了充气式的闭式油箱，它不同于开式油箱（图 7-2 所示），不同之处在于油箱是整个封闭的，顶部有一充气管，可送入 0.05～0.07MPa 过滤纯净的压缩空气。空气或者直接与油液接触，或者被输入到蓄能器式的皮囊内不与油液接触。这种油箱的优点是改善了液压泵的吸油条件，但它要求系统中的回油管、泄油管承受背压。油箱本身还须配置安全阀、电接点压力表等元件以稳定充气压力，因此它只在特殊场合下使用，如图 7-3 所示。

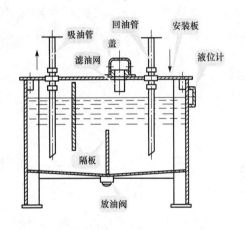

图 7-2　油箱的典型结构

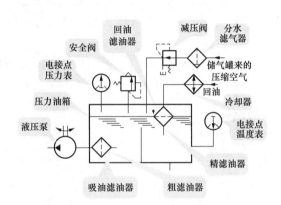

图 7-3　压力油箱示意图

7.2　蓄能器

蓄能器是一种储存压力液体的液压元件。当液压传动系统需要时，蓄能器所储存的压力液体在其加载装置作用下被释放出来，输送到液压传动系统中去工作；而当液压传动系统中工作液体过剩时，这些多余的液体又会克服加载装置的作用力，进入蓄能器储存起来。因此，蓄能器既是液压传动系统的液压源，又是液压传动系统多余能量的吸收和储存装置。

7.2.1　蓄能器的类型及典型结构

蓄能器作为液压系统中一种储存和释放能量的装置，按其储存能量的方式不同分为重力加载式（重锤式）、弹簧加载式（弹簧式）和气体加载式。气体加载式又分为非隔离式（气瓶式）和隔离式，而隔离式包括活塞式、气囊式和隔膜式等。它们的结构简图和特点见表 7-1。过去有一种重力式蓄能器，体积庞大，结构笨重，反应迟钝，现在工业上已很少应用。

表 7-1 蓄能器的种类和特点

名称		结构简图	特点和说明
弹簧式			① 利用弹簧的压缩和伸长来储存、释放压力能； ② 结构简单，反应灵敏，但容量小； ③ 小容量、低压 ($p \leqslant 1 \sim 1.2$MPa)，不用于高压和高频的工作场合
充气式	气压式		① 利用气体的压缩和膨胀来储存、释放压力能； ② 容量大，惯性小，反应灵敏，轮廓尺寸小，但气体容易浸入油内，影响系统工作平衡栓； ③ 只适用于大容量的中、低压回路
	活塞式		① 利用气体的压缩和膨胀来储存、释放压力能； ② 结构简单，工作可靠，安装容易，维护方便，但惯性大，活塞和缸之间有障碍，反应不够灵敏，密封要求高； ③ 用来储存能量，可供中、高压系统吸收压力做功之用
	皮囊式		① 利用气体的压缩和膨胀来储存、释放压力能； ② 结构小，重量轻，安装方便，维护容量，皮囊惯性小； ③ 皮囊容量较大，可用来储存的能量较大，故皮囊式适用于吸收冲击的场合

7.2.2 蓄能器的功用

蓄能器的功用主要是储存系统多余的压力能，并在需要时释放出来。在液压系统中蓄能器有以下功用。

（1）作辅助动力源。若液压系统的执行元件在一个工作循环内运动速度相差较大，不同阶段系统所需的流量变化较大，可采用蓄能器和液压泵组成液压油源，如图 7-4 所示，在系统不需大量油液时，可以把液压泵输出的多余压力油液储存在蓄能器内，到需要时再由蓄能器快速释放给系统。在液压系统中设置蓄能器，可使系统选用流量等于循环周期内平均流量 q_m 的液压泵，以减小电动机功率消耗，降低系统温升。

（2）维持系统压力。在液压泵停止向系统提供油液的情况下，蓄能器能把储存的压力油液供给系统，补偿系统泄漏或充当应急能源，使系统在一段时间内维持系统压力，如夹紧工件或举顶重物，为节省动力消耗，要求液压泵停机或卸载，此时可在执行元件进口处并联蓄能器，由蓄能器补充泄漏，保持恒压，以保证执行元件的工作可靠（如图 7-5 所示）。

（3）作应急动力源。某些液压系统要求在液压泵发生故障或停电时，执行元件应能继续完成必要的动作以紧急避险、保证安全。因此要求在液压系统中设置适当容量的蓄能器作为紧急动力源，避免油源突然中断所造成的机件损坏。如图 7-6 所示为采用蓄能器作应急动力源。

（4）吸收液压冲击。由于换向阀的突然换向，液压泵的突然停转、执行元件运动的突然停止等原因，液压系统管路内的液体流动会发生急剧变化，产生液压冲击。因这类液压冲击大多发生于瞬间，液压系统中的安全阀来不及开启，因此常常造成液压系统中的仪表、密封损坏或管道破裂。若在冲击源的前端管路安装蓄能器，则可以吸收或缓和这种液压冲击，如图7-7所示。

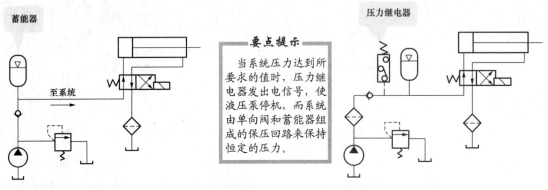

要点提示

当系统压力达到所要求的值时，压力继电器发出电信号，使液压泵停机，而系统由单向阀和蓄能器组成的保压回路来保持恒定的压力。

图7-4　蓄能器作辅助动力

图7-5　蓄能器维持系统压力

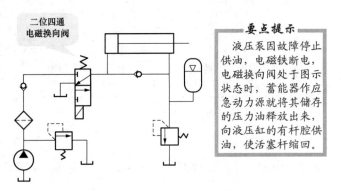

要点提示

液压泵因故障停止供油，电磁铁断电，电磁换向阀处于图示状态时，蓄能器作应急动力源就将其储存的压力油释放出来，向液压缸的有杆腔供油，使活塞杆缩回。

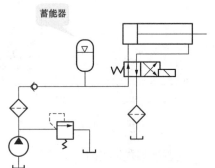

图7-6　蓄能器作应急动力源

图7-7　蓄能器吸收液压冲击

7.2.3　蓄能器的使用和安装

蓄能器在液压回路中的安放位置随其功用而不同：吸收液压冲击或压力脉动时宜放在冲击源或脉动源近旁；补油保压时宜放在尽可能接近有关的执行元件处。

使用蓄能器必须注意如下几点：

（1）充气式蓄能器中应使用惰性气体（一般为氮气），允许工作压力视蓄能器结构形式而定，例如，皮囊式为3.5~32MPa。

（2）不同的蓄能器各有其适用的工作范围，例如，皮囊式蓄能器的皮囊强度不高，不能承受很大的压力波动，且只能在-20~70℃的温度范围内工作。

（3）皮囊式蓄能器原则上应垂直安装（油口向下），只有在空间位置受限制时才允许倾斜或水平安装。

（4）装在管路上的蓄能器须用支板或支架固定。

（5）蓄能器与管路系统之间应安装截止阀，供充气、检修时使用。蓄能器与液压泵之间应安装单向阀，防止液压泵在停车时蓄能器内储存的压力油液倒流。

7.3 滤油器

据统计资料表明，液压系统中的故障约有 75% 是由于油液污染造成的。液压系统中的污染物常来自外部或系统内部。来自外部的污染原因包括液压元件及系统在加工、装配过程中残留的切屑、毛刺、型砂、锈片、漆片、棉絮、灰尘等污染物进入油液中所造成，来自系统内部的污染原因主要是系统在运行过程中零件磨损后的脱落物和油液因理化作用而生成的氧化物、胶状物等，这些污染物会加速液压元件中相对运动表面的磨损，擦伤密封件，影响元件及系统的性能和使用寿命，同时污染物亦可堵塞系统中的小孔、缝隙，卡住阀类元件，造成元件动作失灵甚至损坏。因此，在适当的部位安装过滤器可以清除油液中的固体杂质，使油液保持清洁，延长液压元件使用寿命，保证液压系统工作的可靠性。

7.3.1 滤油器的主要性能指标——过滤精度

过滤精度是滤油器的一项重要性能指标。过滤精度指滤芯所能滤掉的杂质颗粒的公称尺寸，以 μm 来度量。例如，过滤精度为 20μm 的滤芯，从理论上说，允许公称尺寸为 20μm 的颗粒通过，而大于 20μm 的颗粒应完全被滤芯阻流。实际上，在滤芯下游仍发现有少数大于 20μm 的颗粒，因此，这种概念的过滤精度叫绝对过滤精度，简称过滤精度。

滤油器按过滤精度可以分为粗过滤器、普通过滤器、精过滤器和特精过滤器四种，它们分别能滤去公称尺寸为 100μm 以上、10~100μm、5~10μm 和 5μm 以下的杂质颗粒。不同类型的液压系统对油液的过滤精度要求也不同，其推荐值见表 7-2 所示。

表 7-2 过 滤 精 度 推 荐 值

系统类别	润滑系统	传动系统			伺服系统
系统工作压力（MPa）	0~2.5	<14	14~32	>32	21
过滤精度（μm）	<100	25~50	<25	<10	<5
滤油器精度	粗	普通	普通	普通	精

7.3.2 常见的滤油器及其特点

滤油器按其滤芯材料的过滤机制来分，有表面型滤油器、深度型滤油器和吸附型过滤器三种。

（1）表面型滤油器。

整个过滤作用是由一个几何面来实现的。滤下的污染杂质被截留在滤芯元件靠油液上游的一面。在这里，滤芯材料具有均匀的标定小孔，可以滤除比小孔尺寸大的杂质。由于污染杂质积聚在滤芯表面上，因此它很容易被阻塞住。网式滤芯、线隙式滤芯属于这种类型。

（2）深度型滤油器。

这种滤芯材料为多孔可透性材料，内部具有曲折迂回的通道。大于表面孔径的杂质直接被截留在外表面，较小的污染杂质进入滤材内部，撞到通道壁上，由于吸附作用而得到滤除。滤材内部曲折的通道也有利于污染杂质的沉积。纸芯、毛毡、烧结金属、陶瓷和各种纤维制品等属于这种类型。

（3）吸附型滤油器。

这种滤芯材料把油液中的有关杂质吸附在其表面上。磁芯即属于此类。常见的滤油器式样及其特点见表 7-3 所示。

表 7-3　　　　　　　　　　　　常见的滤油器及其特点

类型	名称或结构简图	特 点 说 明
表面型		① 过滤精度与铜丝网层数及网孔大小有关。在压力管路上常用100、150、200目（每英寸长度上孔数）的铜丝网，在液压泵吸油管路上常采用20~40目铜丝网； ② 压力损失不超过 0.004MPa； ③ 结构简单，通流能力大，清洗方便，但过滤精度低
		① 滤芯由绕在芯架上的一层金属线组成，依靠线间微小间隙来挡住油液中杂质的通过； ② 压力损失约为 0.03~0.06MPa； ③ 结构简单，通流能力大，过滤精度高，但滤芯材料强度低，不易清洗； ④ 用于低压管道中，当用在液压泵吸油管上时，它的流量规格宜选得比泵大
吸附型	磁性滤油器	① 滤芯由永久磁铁制成，能吸住油液中的铁屑、铁粉、带磁性的磨料； ② 常与其他型式滤芯合起来制成复合式滤油器； ③ 对加工钢铁件的机床液压系统特别适用
深度型		① 结构与线隙式相同，但滤芯为平纹或波纹的酚醛树脂或木浆微孔滤纸制成的纸芯。为了增大过滤面积，纸芯常制成折叠形； ② 压力损失约为 0.01~0.04MPa； ③ 过滤精度高，但堵塞后无法清洗，必须更换纸心； ④ 通常用于精过滤

7.3.3 滤油器的选用和应用

1. 滤油器的选用

滤油器按其过滤精度（滤去杂质的颗粒大小）的不同，有粗过滤器、普通过滤器、精密过滤器和特精过滤器四种，它们分别能滤去大于 $100\mu m$、$10\sim100\mu m$、$5\sim10\mu m$ 和 $1\sim5\mu m$ 大小的杂质。

选用滤油器时，要考虑下列几点：

（1）过滤精度应满足预定要求。

（2）能在较长时间内保持足够的通流能力。

（3）滤芯具有足够的强度，不因油液的作用而损坏。

（4）滤芯抗腐蚀性能好，能在规定的温度下持久地工作。

（5）滤芯清洗或更换简便。

因此，滤油器应根据液压系统的技术要求，按过滤精度、通流能力、工作压力、油液黏度、工作温度等条件选定其型号。

2. 滤油器的安装

滤油器在液压系统中的安装位置通常有以下几种：

（1）安装在泵的吸油口处，如图 7-8（a）所示。为了保护液压泵，一般在泵的吸油路上都安装有表面型滤油器是以滤去较大的杂质微粒，并且滤油器的过滤能力应为泵流量的两倍以上，压力损失小于 0.02MPa。

（2）安装在压力油路上，如图 7-8（b）所示。精滤油器可用来滤除可能侵入阀类等元件的污染物。其过滤精度应为 $10\sim15\mu m$，且能承受油路上的工作压力和冲击压力，压力降应小于 0.35MPa。同时应安装安全阀以防滤油器堵塞。

（3）安装在系统的回油路上，如图 7-8（c）所示。一般与过滤器并联地安装一背压阀，当过滤器堵塞达到一定压力值时，背压阀打开。

（4）安装在系统分支油路上，如图 7-8（d）所示。

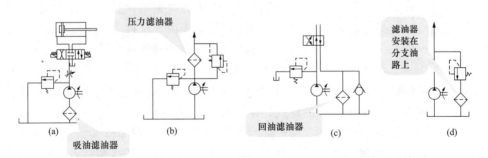

图 7-8　过滤器的安装位置

（a）安装在泵的吸油口处；（b）安装在压力油路上；（c）安装在系统的回油路上；（d）安装在系统分支油路上

（5）单独过滤系统。大型液压系统可专设一液压泵和滤油器组成独立过滤回路。

液压系统中除了整个系统所需的滤油器外，还常常在一些重要元件（如伺服阀、精密节流阀等）的前面单独安装一个专用的精滤油器来确保它们的正常工作。

7.4 密封装置

油液的泄漏以及外部空气及泥水的侵入会影响液压泵的工作性能和液压执行元件运动的平稳性（爬行），使系统容积效率过低，甚至工作压力达不到要求值。因此，液压系统对密封的技术要求很高，但不可以过度密封，因为过度密封虽可防止泄漏，但会造成密封部分的剧烈磨损，缩短密封件的使用寿命，增大液压元件内的运动摩擦阻力，降低系统的机械效率，所以，合理地选用和设计密封装置在液压系统的设计中十分重要。

密封按其工作原理可分为非接触式密封和接触式密封，前者主要指间隙密封，后者指密封件密封。

（1）间隙密封。间隙密封是靠相对运动件配合面之间的微小间隙来进行密封的，常用于柱塞、活塞或阀的圆柱配合副中，一般在阀芯的外表面开有几条等距离的均压槽，它的主要作用是使径向压力分布均匀，减少液压卡紧力，同时使阀芯在孔中对中性好，以减小间隙的方法来减少泄漏。同时槽所形成的阻力，对减少泄漏也有一定的作用。均压槽一般宽 0.3~0.5mm，深为 0.5~1.0mm。圆柱面配合间隙与直径大小有关，对于阀芯与阀孔一般取 0.005~0.017mm。

这种密封的优点是摩擦力小，缺点是磨损后不能自动补偿，主要用于直径较小的圆柱面之间，如液压泵内的柱塞与缸体之间，滑阀的阀芯与阀孔之间的配合。

（2）O 型密封圈。O 型密封圈一般用耐油橡胶制成，其横截面呈圆形，它具有良好的密封性能，内外侧和端面都能起密封作用，结构紧凑，运动件的摩擦阻力小，制造容易，装拆方便，成本低，且高低压均可以用，所以在液压系统中得到广泛的应用。

O 型密封圈的安装沟槽，除矩形外，也有 V 型、燕尾形、半圆形、三角形等，实际应用中可查阅有关手册及国家标准。

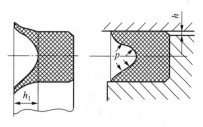

图 7-9　唇形密封圈的工作原理

（3）唇形密封圈。唇形密封圈根据截面的形状可分为 Y 型、V 型、U 型、L 型等。其工作原理如图 7-9 所示。液压力将密封圈的两唇边 h_1 压向形成间隙的两个零件的表面。这种密封作用的特点是能随着工作压力的变化自动调整密封性能，压力越高，则唇边被压得越紧，密封性越好；当压力降低时，唇边压紧程度也随之降低，从而减少了摩擦阻力和功率消耗，除此之外，还能自动补偿唇边的磨损，保持密封性能不降低。

目前，液压缸中普遍使用如图 7-10 所示的所谓小 Y 型密封圈作为活塞和活塞杆的密封。其中图 7-10（a）为轴用密封圈，图 7-10（b）所示为孔用密封圈。这种小 Y 型密封圈的特点是断面宽度和高度的比值大，增加了底部支承宽度，可以避免摩擦力造成的密封圈的翻转和扭曲。

在高压和超高压情况下（压力大于 32MPa），V 型密封圈也有应用，V 型密封圈形状如图 7-11 所示，它由多层涂胶织物压制而成，通常由压环、密封环和支承环三个圈叠在一起使用，此时已能保证良好的密封性，当压力更高时，可以增加中间密封环的数量，这种密封圈在安装时要预压紧，所以摩擦阻力较大。

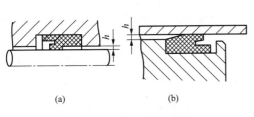

图 7-10 小 Y 型密封圈

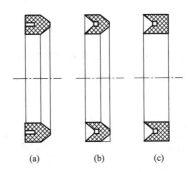

图 7-11 V 型密封圈

（a）支承环；（b）密封环；（c）压环

唇形密封圈安装时应使其唇边开口面对压力油，使两唇张开，分别贴紧在机件的表面。

（4）油封。用以防止旋转轴的润滑油外漏的密封件，通常称为油封，油封主要用于液压泵、液压马达等的旋转轴的密封，防止润滑介质从旋转部分泄漏，防止泥土等杂物进入，起防尘圈的作用。油封主要用于液压泵、液压马达等的旋转轴的密封，防止润滑介质从旋转部分泄漏，防止泥土等杂物进入，起防尘圈的作用。

油封一般由耐油橡胶制成，主要包括耐油橡胶、骨架和弹簧 3 部分，其形式很多。图 7-12（a）为 J 型无骨架式橡胶油封，图 7-12（b）为油封安装情况。

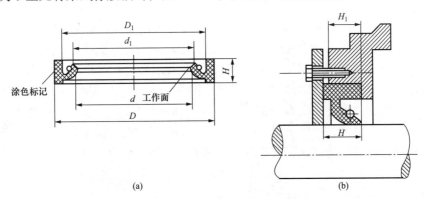

图 7-12 J 型无骨架式橡胶油封

（a）油封形式；（b）油封安装情况

油封在自由状态下，内径比轴径小，油封装进轴后，即使无弹簧，也对轴有一定的径向力，此力随油封使用时间的增加而逐渐减小，因此需要弹簧予以补偿。当轴旋转时，在轴与唇口之间形成一层薄而稳定的油膜而不致漏油，当油膜超过一定厚度时就会漏油。径向力的大小及其分布的均匀性、轴的加工质量对油封工作有很大影响，油封的使用寿命与胶料材质、油封结构、油的种类、油温及轴的线速度等有关，寿命随线速度的增加而降低。油封安装时应使唇边在油压力作用下贴在轴上，而不能装反。

（5）组合式密封装置。随着液压技术的应用日益广泛，系统对密封的要求越来越高，普通的密封圈单独使用已不能很好地满足密封性能，特别是使用寿命和可靠性方面的要求，因此，研究和开发了由包括密封圈在内的两个以上元件组成的组合式密封装置。

图 7-13（a）所示的为 O 型密封圈与截面为矩形的聚四氟乙烯塑料滑环组成的组合密

封装置。其中，滑环 2 紧贴密封面，O 型圈 1 为滑环提供弹性预压力，在介质压力等于零时构成密封，由于密封间隙靠滑环，而不是 O 型圈，因此摩擦阻力小而且稳定，可以用于 40MPa 的高压；往复运动密封时，速度可达 15m/s；往复摆动与螺旋运动密封时，速度可达 5m/s。矩形滑环组合密封的缺点是抗侧倾能力稍差，在高低压交变的场合下工作容易漏油。

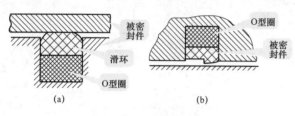

图 7-13 组合式密封装置

图 7-13 (b) 为由支持滑环 2 和 O 型圈 1 组成的轴用组合密封，由于支持环与被密封件 3 之间为线密封，其工作原理类似唇边密封。支持环采用一种经特别处理的化合物，具有极佳的耐磨性、低摩擦和保形性，不存在橡胶密封低速时易产生的 "爬行" 现象，工作压力可达 80MPa。

组合式密封装置由于充分发挥了橡胶密封圈和滑环（支持环）的长处，因此不仅工作可靠，摩擦力低而稳定，而且使用寿命比普通橡胶密封提高近百倍，在工程上的应用日益广泛。

7.5 热交换器

液压系统工作时，液压泵和马达（液压缸）的容积损失和机械损失、阀类元件和管路的压力损失及液体摩擦损失等消耗的能量几乎全部转化为热量。这些热量除一部分散发到周围空间外，大部分使系统油液温度升高。如果油液温度过高（>80℃），将严重影响液压系统的正常工作。一般规定液压用油的正常油温范围为 15~65℃。保证油箱有足够的容量和散热面积，是一种控制油温过高的有效措施。但是，某些液压装置（如行走机械等）由于受结构限制，油箱不能很大；一些采用液压泵—马达的闭式回路，由于油液需要往复循环，工作时不能回到油箱冷却。这样就不可能单靠油箱散热来控制油温的升高。此外，有的液压装置还要求能够自动控制油液温度。对以上这些场合，就必须采取强制冷却的办法，通过冷却器来控制油液温度，使之合乎系统工作要求。

液压系统工作前，如果油液温度低于 10℃，将因油的黏度较大，使液压泵的吸入和启动发生困难。为保证系统正常工作，必须设置加热器，通过外界加热的办法来提高油液的温度。

综上所述，冷却器和加热器的作用在于控制液压系统的正常工作温度，保证液压系统的正常工作，二者又总称为热交换器。

1. 冷却器

冷却器按冷却介质可分为水冷、风冷和氨冷等形式，常用的是水冷和风冷。最简单的冷却器是蛇形管式冷却器，如图 7-14 所示。它直接装在油箱内，冷却水从蛇形管内部通过，带走热量。这种冷却器结构简单，但冷却效率低，耗水量大。

液压系统中采用较多的冷却器是强制对流式多管

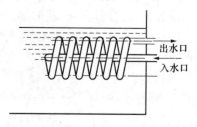

图 7-14 蛇形管冷却器

冷却器，如图7-15所示。油液从进油口流入，从出油口流出；冷却水从进水口进入，通过多根水管后由出水口流出。油液在水管外部流动时，它的行进路线因冷却器内设置了隔板而加长，因而增加了热交换效果，冷却效率高。但这种冷却器重量较大。

此外，还有一种翅片式冷却器也是多管式水冷却器，如图7-16所示。它是在圆管或椭圆管外嵌套上许多径向翅片，其散热面积可达光滑管的8~10倍。椭圆管的散热效果一般比圆管更好。图7-17为冷却器的职能符号。

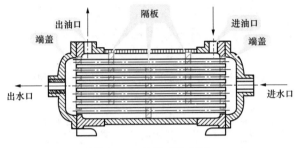

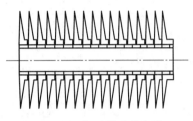

图7-15 多管式冷却器 　　　　图7-16 翅片管式冷却器

液压系统亦可采用汽车的风冷式散热器来进行冷却。这种方式不需要水源，结构简单，使用方便，特别适用于行走机械的液压系统，但冷却效果较水冷式差。

冷却器造成的压力损失一般为$(0.1~1)\times10^5$MPa。冷却器一般应安装在回油管或低压管路上。

2. 加热器

液压系统的加热器一般结构简单，能按需要自动调节最高和最低温度的电加热器。这种加热器的安装方式如图7-18所示。加热器应安装在油箱内液流流动处，以利于热量的交换。由于油液是热的不良导体，单个加热器的功率容量不能太大，以免其周围油液过热后发生变质现象。

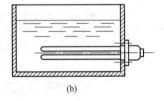

(a)　　　　　　(b)

图7-17 冷却器的职能符号 　　　图7-18 加热器

(a) 职能符号；(b) 安装方式

7.6 管件及管接头

管道元件包括管道和管接头。液压系统中的泄漏问题大部分都出现在管系中的接头上，为此对管材的选用，接头型式的确定（包括接头设计、垫圈、密封、箍套、防漏涂料的选用等），管系的设计（包括弯管设计、管道支承点和支承型式的选取等）以及管道的安装（包括正确的运输、储存、清洗、组装等）都要审慎从事，以免影响整个液压系统的使用质量。

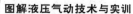

1. 油管

液压系统中使用的油管种类很多，有钢管、铜管、尼龙管、塑料管、橡胶管等，须按照安装位置、工作环境和工作压力来正确选用。油管的特点及其适用范围如表7-4所示。

表 7-4　　　　　　　　　　　　　　液压系统中使用的油管

种　类		特点和适用场
硬管	钢管	能承受高压，价格低廉，耐油，抗腐蚀，刚性好，但装配时不能任意弯曲；常在装拆方便处用作压力管道，中、高压用无缝管，低压用焊接管
	紫铜管	易弯曲成各种形状，但承压能力一般不超过 6.5~10MPa，抗振能力较弱，又易使油液氧化；通常用在液压装置内配接不便之处
软管	尼龙管	乳白色半透明，加热后可以随意弯曲成形或扩口，冷却后又能定形不变，承压能力因材质而异，自 2.5~8MPa 不等
	塑料管	质轻耐油，价格便宜，装配方便，但承压能力低，长期使用会变质老化，只宜用作压力低于 0.5MPa 的回油管、泄油管等
	橡胶管	高压管由耐油橡胶夹几层钢丝编织网制成，钢丝网层数越多，耐压越高，价格昂贵，用作中、高压系统中两个相对运动件之间的压力管道；低压管由耐油橡胶夹帆布制成，可用作回油管道

2. 管接头

管接头是油管与油管、油管与液压件之间的可拆装连接件，它必须具有装拆方便、连接牢固、密封可靠、外形尺寸小、通流能力大、压力损失小、工艺性好等。

管接头的种类很多，其规格品种可查阅有关手册。液压系统中油管与管接头的常见连接方式如表7-5所示。管路旋入端用的连接螺纹采用国家标准米制锥螺纹（ZM）和普通细牙螺纹（M）。

表 7-5　　　　　　　　　　　　　　液压系统中常用的管接头

名称	结 构 简 图	特点和说明
焊接式管接头	球形头	① 连接牢固，利用球面进行密封，简单可靠； ② 焊接工艺必须保证质量，必须采用厚壁钢管，装拆不便
卡套式管接头	油管　卡套	① 用卡套卡住油管进行密封，轴向尺寸要求不严，装拆简便； ② 对油管径向尺寸精度要求较高，为此要采用冷拔无缝钢管
扩口式管接头	油管　管套	① 用油管管端的扩口在管套的压紧下进行密封，结构简单； ② 适用于铜管、薄壁钢管、尼龙管和塑料管等低压管道的连接

续表

名称	结 构 简 图	特点和说明
扣压式管接头		① 用来连接高压软管； ② 在中、低压系统中应用
固定铰接管接头	螺钉 组合垫圈 接头体 组合垫圈	① 是直角接头，优点是可以随意调整布管方向，安装方便，占空间小； ② 接头与管子的连接方法，除本图卡套式外，还可用焊接式； ③ 中间有通油孔的固定螺钉把两个组合垫圈压紧在接头体上进行密封

　　锥螺纹依靠自身的锥体旋紧和采用聚四氟乙烯等进行密封，广泛用于中、低压液压系统；细牙螺纹密封性好，常用于高压系统，但要采用组合垫圈或 O 型圈进行端面密封，有时也可用紫铜垫圈。

　　国外对管子材质、接头型式和连接方法上的研究工作从未间断。最近出现一种用特殊的镍钛合金制造的管接头，它能使低温下受力后发生的变形在升温时消除，即把管接头放入液氮中用芯棒扩大其内径，然后取出来迅速套装在管端上，便可使它在常温下得到牢固、紧密的结合。这种"热缩"式的连接已在航空和其他一些加工行业中得到了应用，它能保证在 40~55MPa 的工作压力下不出现泄漏。这是一个十分值得注意的动向。

思考与练习

　　1. 液压辅助装置的功用是什么？

　　2. 蓄能器有什么用途？有哪些类型？使用蓄能器时应注意哪些问题？

　　3. 油箱在液压系统中起什么作用？在其结构设计中应注意哪些问题？

　　4. 滤油器安装在系统的什么位置上？选用过滤器时应考虑哪些问题？

　　5. 密封件应满足哪些基本要求？

　　6. 举例说明冷却器的冷却原理。

　　7. 液压系统中液压泵的额定压力为 6.3MPa，输出流量为 40L/min，试确定油管规格。

第8章 典型液压系统

本章导读

- 了解并掌握铆接机液压系统的组成、工作原理及其应用。
- 了解并掌握自动打桩机液压系统的组成、工作原理及其应用。
- 了解 X 光隔室透视站位液压系统的组成、工作原理及其应用。
- 了解并掌握 QY-8 型液压起重机液压系统的组成、工作原理、特点及其应用。
- 了解并掌握组合机床液压系统的组成、工作原理、特点及其应用。
- 了解炼钢炉前操作机械手液压系统的组成、工作原理。
- 了解并掌握 YA32-200 型四柱万能液压机液压系统的组成、工作原理、特点及其应用。

8.1 铆接机液压系统

全液压铆接机是一种新颖的铆接机械，全液压铆接机共有 10 个部件组成，整机示意图如图 8-1 所示，它采用了液压与电气自动控制技术，把机械、液压和电气自动控制有机地结合在一起，铆接力大，工效高、噪声低、振动小，铆接作业安全可靠，并减轻了工人的劳动强度。可适用于汽车、桥梁、锅炉、机械和建筑行业的铆接作业，它是传统的气压铆接机的更新产品。目前在汽车大梁的铆接流水线上已得到了广泛应用，其经济效益和社会效益显著。

全液压铆接机的工艺过程是先快速接近工件（低压），然后铆接，铆接时是需要高压油的，铆接结束后快速退回。其液压原理图如图 8-2 所示。

（1）上铆模块快速趋近铆钉。

当铆接准备工作完成后，按铆钳上的按钮，电磁阀 1YA 通电，三位四通电磁阀左位接通，液压泵停止卸载，压力油经阀左位，通过液控单向阀、增压缸前缸、高压胶管进入铆接液压缸上腔，推动活塞杆伸出，使上铆模块快速趋近铆钉，如图 8-3 所示。

（2）铆接工作。

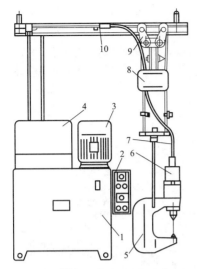

图 8-1　全液压铆接机组成示意图

1—液压箱；2—电气箱；3—电动机；4—液压发生器；

5—铆钳；6—液压缸；7—油管；

8—悬吊装置；9—小车；10—导轨

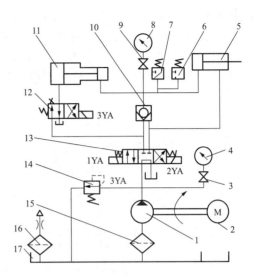

图 8-2　全液压铆接机液压系统原理图

1—液压泵；2—电动机；3、9—压力表开关；

4、8—压力计；5—工作缸；6、7—压力继电器；

10—液控单向阀；11—增压缸；12、13—电磁阀；

14—溢流阀；15—过滤器；16—空气过滤器；17—油箱

　　当上铆模压到铆钉后，系统油压开始升高。当压力达到低压压力继电器 SP1 设定值时发出信号，使时间继电器工作，接通二位四通电磁阀 3YA 动作，阀右位接入系统，压力油进入增压缸后腔，推动活塞动作，使增压缸前腔油液 1∶5 增压，经高压胶管输入铆接液压缸上腔。获得极高压力，从而完成铆接工作，如图 8-4 所示。

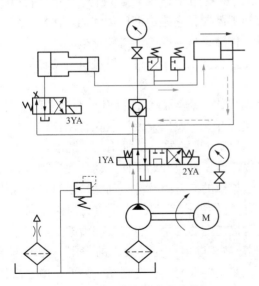

图 8-3　上铆模块快速趋进铆钉

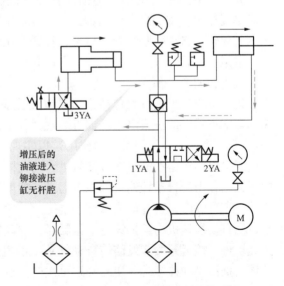

图 8-4　上铆模压到铆钉后铆接工作

（3）快速退回。

　　当铆接工作完成后，铆接机油压继续升高，当达到油路上高压继电器 SP2 的设定值时，使时间继电器工作，切断 1YA、3YA 电源，使 2YA 工作，从而使系统油路换向，使铆接液压缸实现返回动作，如图 8-5 所示。液压缸油液经液控单向阀、三位四通电磁阀右位排回油箱，增压缸活塞也回到原始位置，其动作由时间继电器控制，工作完成后，2YA 即断电，三位四通电磁阀位于中位，液压缸卸载，完成一次循环。

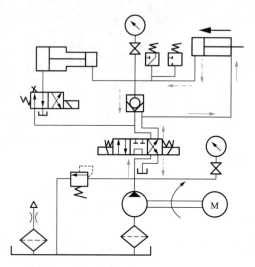

要点提示
(1)图中红色实线箭头表示压力油路的走向，红色虚线表示回油的油路走向。
(2)图中黑色实线箭头表示油缸的运动方向。

图 8-5 铆接工作完成后铆接液压缸返回

8.2 低空间落锤式自动打桩机液压系统

如图 8-6 所示的低空间落锤式自动打桩机，它主要用于在现有建筑物低空间内打桩，以满足现有建筑物加高、地基加固、纠偏扶正等施工需要，它是由液压传动的。该机器包含枕木、导轨、自动夹紧装置、机架、提锤液压缸、桩锤、自动挂钩、滑轮、电葫芦、接近开关、滑架及其升降液压缸、桩帽、分段式预制水泥桩及液压站等部件，打桩机自动打桩前的工作流程如图 8-7 所示。

自动打桩的工艺过程包括：当提锤缸通过自动挂钩机构等将桩锤提升至要求的高度时，装在自动挂钩上的位置测量杆逼近装在滑架上的接近开关 1 发信，使安装在自动挂钩上的电磁铁 7YA 通电（克服弹簧力的作用）以实现自动挂钩与桩锤的自动脱钩，桩锤沿着滑道以接近于自由落体运动的速度进行打桩，与此同时提锤液压缸也开始反向运动，使自动挂钩也向下运动；由于自动挂钩机构向下运动的速度低于桩锤的准自由落体运动，所以当自动挂钩机构接近桩锤时，桩锤已完成了打桩运动并停留在桩帽上；此刻自动挂钩机构继续向下运动，当自动挂钩机构与桩锤将要接触时，自动挂钩机构上的测量杆也与装在滑架上的接近开关 2 接近，接近开关 2 发信使自动挂钩上的电磁铁 7YA 断电，在弹簧力的作用下实现自动挂钩与桩锤自动挂接，并使提锤缸再次向上运动，实现再次的上提锤运动。另外，由于滑架与桩帽是固定连接的，所以当桩帽随着桩锤的锤击与桩一起下移时，滑架也跟随桩帽一起下移，以保证桩锤的有效行程和打桩的自动进行。当一根预制桩打完后，采用接桩的方法再重复上面的过程，直至达到预定的打桩要求。

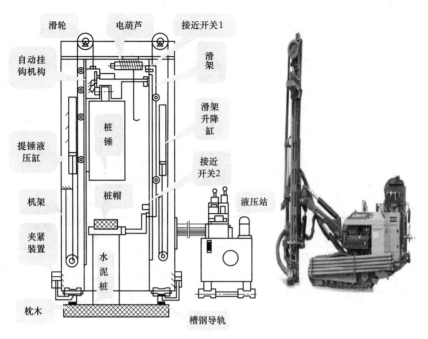

图 8-6 自动打桩机的结构示意图

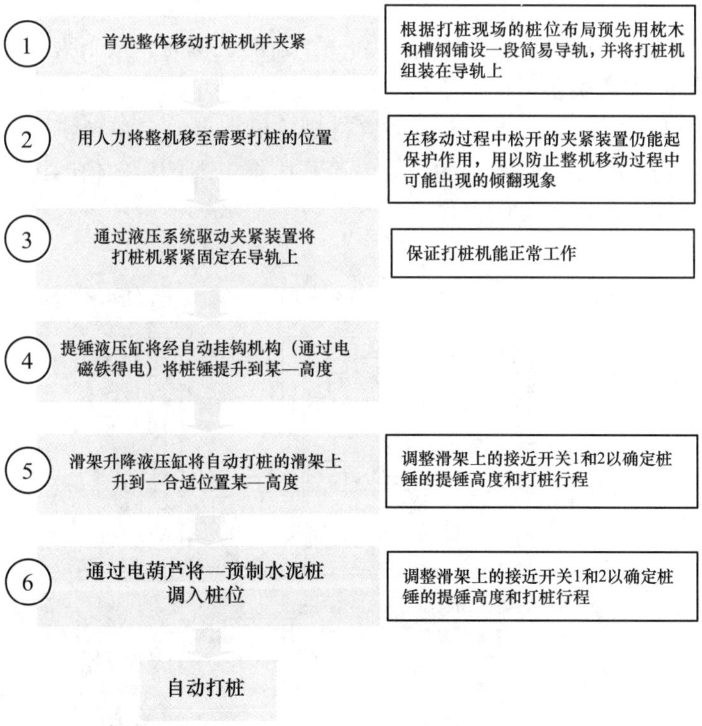

①	首先整体移动打桩机并夹紧	根据打桩现场的桩位布局预先用枕木和槽钢铺设一段简易导轨,并将打桩机组装在导轨上
②	用人力将整机移至需要打桩的位置	在移动过程中松开的夹紧装置仍能起保护作用,用以防止整机移动过程中可能出现的倾翻现象
③	通过液压系统驱动夹紧装置将打桩机紧紧固定在导轨上	保证打桩机能正常工作
④	提锤液压缸将经自动挂钩机构(通过电磁铁得电)将桩锤提升到某一高度	
⑤	滑架升降液压缸将自动打桩的滑架上升到一合适位置某一高度	调整滑架上的接近开关1和2以确定桩锤的提锤高度和打桩行程
⑥	通过电葫芦将一预制水泥桩调入桩位	调整滑架上的接近开关1和2以确定桩锤的提锤高度和打桩行程

自动打桩

图 8-7 自动打桩机作业前的准备工作流程图

　　将打桩机紧紧固定在导轨上的夹紧装置的运动以及桩锤的升降、滑架的升降运动都是采用液压系统来驱动，自动打桩机的液压系统原理图如图8-8所示。

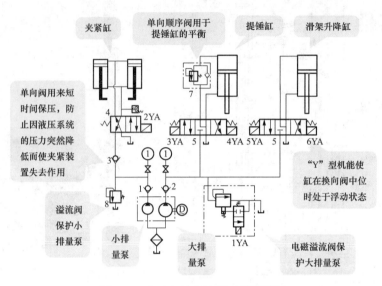

图8-8　自动打桩机液压系统原理图

　　在将打桩机移到新桩位前，应把桩锤和滑架放到最低位置，以降低整机的重心，然后再移动打桩机，当全部的打桩结束后，可将整机拆成三件搬运出施工场地。

　　液压系统的工作原理如下：当打桩机移到一个新的桩位时，按下夹紧按钮，电磁铁2YA通电使二位四通换向阀切换至右位，小排量泵的压力油经单向阀、换向阀进入夹紧液压缸的有杆腔（如图8-9所示），带动两套夹紧装置将打桩机牢牢地夹在导轨上，夹紧力大小取决于溢流阀8的设定值。当夹紧缸回路的压力升至压力继电器的设定值时即发信使大排量泵升压，滑架升降缸和提锤液压缸投入工作。

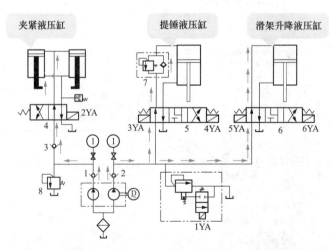

图8-9　夹紧液压缸夹紧、桩锤提升及滑架上升时的油路图

　　当电磁铁3YA和4YA均不通电时，换向阀处于中位，利用其Y型中位机能使缸处于浮

动状态，以满足打桩时滑架随桩帽一起下落的工作要求。当调整桩锤的工作位置时，采用点动方式使阀中的电磁铁 1YA 通电，实现提锤缸的点动提锤；当自动打桩时，由装在自动滑架上的两个接近开关 1 和 2（参见图 8-6）发出的电信号来控制电磁铁 1YA 或 2YA 的通电状态，实现提锤缸的自动往复运动，自动往复运动的行程由接近开关 1 和 2 两者之间的距离来确定。液压系统的电磁铁动作顺序表如表 8-1 所示。

表 8-1 　　　　　　　　　　自动打桩机液压系统电磁铁的动作顺序表

电磁铁 动作名称	1YA	2YA	3YA	4YA	5YA	6YA	7YA
夹　　紧		+					
点动调整		+	+ (−)	− (+)			
滑架提升		+			+		
滑架下落		+				+	
滑架浮动		− (+)				+ (−)	− (+)
提　　锤		+	+				
落　　锤		+					+
挂钩下落		+		+			
挂钩挂锤		+					
松开停止							

注　1. 表中+（−）或−（+）表示交替通断电，其余+表示得电，空白表示断电。

　　2. 7YA 表示自动挂钩上的电磁铁。

　　3. 除松开停止阶段，其他工况时压力继电器始终通电。

8.3　组合机床液压系统

1. 概述

组合机床是由一些通用和专用部件组合而成的专用机床。图 8-10 所示为带有液压夹紧的液压动力滑台的系统原理图，动力滑台是组合机床上实现进给运动的一种通用部件，配上动力头和主轴箱可以对工件完成各种孔加工、端面加工等工序，即可实现钻、扩、铰、镗、刮端面、铣削、倒角及攻螺纹等加工。动力滑台有机械滑台和液压滑台之分，液压动力滑台用液压缸驱动，在电气和机械装置的配合下可以实现各种自动工作循环。

它可实现多种工作循环，包括定位夹紧→快进→一工进→二工进→死挡铁停留→快退→原位停止松开工件的自动工作循环。其对液压系统性能的主要要求是速度换接平稳，进给速度稳定，功率利用合理，效率高，发热小。

2. 工作原理

该系统采用限压式变量泵供油，并配有二位二通电磁阀卸荷，变量泵与进油路的调速阀组成容积节流调速回路，用电液换向阀控制液压系统的主油路换向，用行程阀实现快进和工进的速度换接。

（1）夹紧工件。

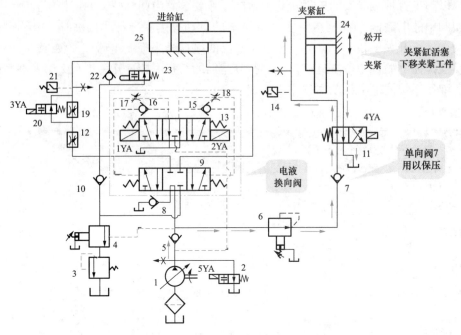

图 8-10　液压动力滑台液压系统工作原理

1—变量泵；2、20—二位二通电磁阀；3—溢流阀；4—顺序阀；5、7、8、10、15、16、22—单向阀；
6—减压阀；9—液动阀；11—电磁换向阀；12、19—调速阀；13—电磁换向阀；14、21—压力继电器；
17、18—节流阀；23—行程阀；24—进给缸；25—夹紧缸

夹紧油路一般所需压力要求小于主油路，故在夹紧油路上装有减压阀 6，以减低夹紧缸的压力。按下启动按钮，泵启动并使电磁铁 4YA 通电，夹紧缸 24 松开以便安装并定位工件。当工件定好位以后，发出讯号使电磁铁 4YA 断电，夹紧缸活塞夹紧工件。其油路如图 8-10 所示。

（2）进给缸快速前进。

当工件夹紧后，油压升高，压力继电器 14 发出讯号使 1YA 通电，电磁换向阀 13 和液动换向阀 9 均处于左位。其油路如图 8-11 所示，形成差动连接，液压缸 25 快速前进。因快速前进时负载小、压力低，故顺序阀 4 打不开（其调节压力应大于快进压力），变量泵以调节好的最大流量向系统供油。

（3）一工进。

当滑台快进到达预定位置（即刀具趋近工件位置），挡铁压下行程阀 23，于是调速阀 12 接入油路，压力油必须经调速阀 12 才能进入进给缸左腔，负载增大，泵的压力升高，打开液控顺序阀 4，单向阀 10 被高压油封死，第一种工作进给的工作油路如图 8-12 所示。一工进的速度由调速阀 12 调节，此时的系统压力升高到大于限压式变量泵的限定压力 P_B，泵的流量便自动减小到与调速阀的节流量相适应。

（4）二工进。

当第一次工作进给到位时，滑台上的另一挡铁压下行程开关，使电磁铁 3YA 通电，于是阀 20 左位接入油路，如图 8-12 所示。由泵来的压力油须经调速阀 12 和 19 才能进入 25 的左腔。其他各阀的状态和油路与一工进相同。二工进速度由调速阀 19 来调节，但阀 19 的

调节流量必须小于阀 12 的调节流量，否则调速阀 19 将不起作用。

（5）死挡铁停留。

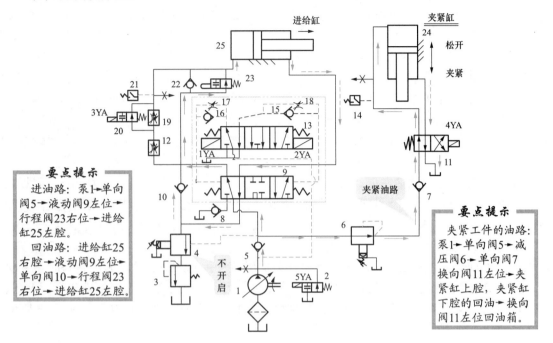

图 8-11 液压动力滑台进给缸快速前进时的液压系统原理图

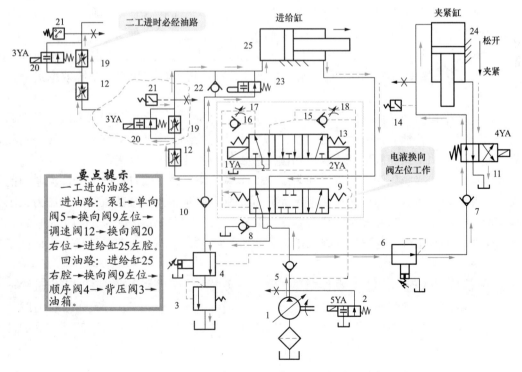

图 8-12 液压动力滑台进给缸工作进给速度时的油路原理图

当被加工工件为不通孔且轴向尺寸要求严格或需刮端面等情况时，则要求实现死挡铁停留。当滑台二工进到位碰上预先调好的死挡铁，活塞不能再前进，停留在死挡铁处，停留时间用压力继电器 21 和时间继电器（装在电路上）来调节和控制。

（6）快速退回。

滑台在死挡铁上停留后，泵的供油压力进一步升高，当压力升高到压力继电器 21 的预调动作压力时（这时压力继电器入口压力等于泵的出口压力，其压力增值主要决定于调速阀 19 的压差），压力继电器 21 发出信号，使 1YA 断电，2YA 通电，换向阀 13 和 9 均处于右位。这时油路为：

进油路：泵 1→单向阀 5→换向阀 9 右位→进给缸 25 右腔。

回油路：进给缸 25 左腔→单向阀 22→换向阀 9 右位→单向阀 8→油箱。

于是液压缸 25 便快速左退。由于快速时负载压力小（小于泵的限定压力 P_B），限压式变量泵便自动以最大调节流量向系统供油。又由于进给缸为差动缸，所以快退速度基本等于快进速度。

（7）进给缸原位停止，夹紧缸松开。

当进给缸左退到原位时，挡铁碰行程开关发出信号，使 2YA、3YA 断电，同时使 4YA 通电，于是进给缸停止，夹紧缸松开工件。当工件松开后，夹紧缸活塞上挡铁碰行程开关，使 5YA 通电，液压泵卸荷，一个工作循环结束。当下一个工件安装定位好后，则又使 4YA、5YA 均断电，重复上述步骤。

3. 液压系统的特点

本系统采用限压式变量泵和调速阀组成容积节流调速系统，把调速阀装在进油路上，而在回油路上加背压阀。这样就获得了较好的低速稳定性、较大的调速范围和较高的效率。而且当滑台需死挡铁停留时，用压力继电器发出信号实现快退比较方便。

采用限压式变量泵并在快进时采用差动连接，不仅使快进速度和快退速度相同（差动缸），而且比不采用差动连接的流量可减小一倍，其能量得到合理利用，系统效率进一步得到提高。

采用电液换向阀使换向时间可调，改善和提高了换向性能。采用行程阀和液控顺序阀来实现快进与工进的转换，比采用电磁阀的电路简化，而且使速度转换动作可靠，转换精度也较高。此外，用两个调速阀串联来实现两次工进，使转换速度平稳而无冲击。

夹紧油路中串接减压阀，不仅可使其压力低于主油路压力，而且可根据工件夹紧力的需要来调节并稳定其压力；当主系统快速运动时，即使主油路压力低于减压阀所调压力，因为有单向阀 7 的存在，夹紧系统也能维持其压力（保压）。夹紧油路中采用二位四通阀 11，它的常态位置是夹紧工件，这样即使在加工过程中临时停电，也不至于使工件松开，保证了操作安全可靠。

本系统可较方便地实现多种动作循环。例如可实现多次工进和多级工进。工作进给速度的调速范围可达 6.6~660mm/min，而快进速度可达 7m/min。所以它具有较大的通用性。

此外，本系统采用两位两通阀卸荷，比用限压式变量泵在高压小流量下卸荷方式的功率消耗要小。

8.4 X光隔室透视站位液压系统

实行X光隔室透视，是避免医生身体受X光长期辐射的有效措施。

图8-13为X光隔室透视示意图。室1为医生工作间——无X射线辐射的暗室，室3为受检者透视室，球管4放射X射线的光室，两室之间以防护墙隔离，荧光屏2镶装于防护墙上。检查时，受检者进入室3，面向荧光屏站立在转盘5上，医生在室1座位上注视着荧光屏，启动X射线球管机后，通过各按钮开关进行控制检查。

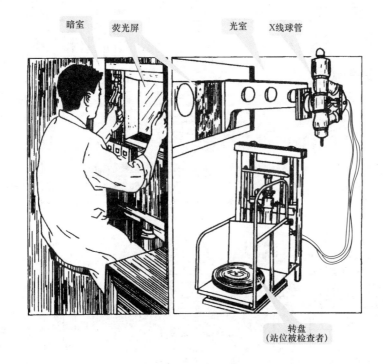

图8-13 X光隔室透视示意图

转盘5可带动受检者作上下移动和左右回转，荧光屏也可作上下移动。各机构的运动可单独进行，也可配合进行，速度可快可慢，医生可方便地对受检者检查身体各部位。

图8-14为透视站位液压系统原理图。转盘及荧光屏的升降分别由各自的液压缸13、11带动，为了消除降落时装备自重及受检人对运动平稳性的影响，在两个缸的无杆腔分别设置了平衡阀10，转盘的回转由轴向柱塞液压马达12驱动。图8-15为X光隔室透视站位工作过程液压系统原理图。

因受检者站立在转盘上，故要求转盘缓慢而平稳运动，但液压马达12在过低转速下转动不易保证平稳，因此，在液压马达的输出轴上设置了一套减速机构，以便在满足转盘低速稳定回转的要求下，提高液压马达的转速，确保液压马达工作在稳定转速区段；同时，为保证转盘的准确定位（即液压马达12供油停止，转盘随即固定在一定位置而无漂移）；在液压马达的A、B口均设置了液控单向阀9。

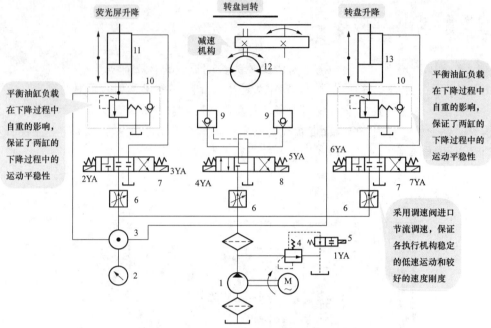

图 8-14　X 光隔室透视站位液压系统原理图

1—叶片泵；2—压力计；3—多点压力计开关；4—溢流阀；5—二位二通电磁换向阀；
6—调速阀；7—OP 形机能三位四通电磁换向阀；8—Y 型机能三位四通电磁换向阀；
9—液压锁；10—平衡阀；11—荧光屏升降缸；12—转盘回转液压马达；13—转盘升降缸

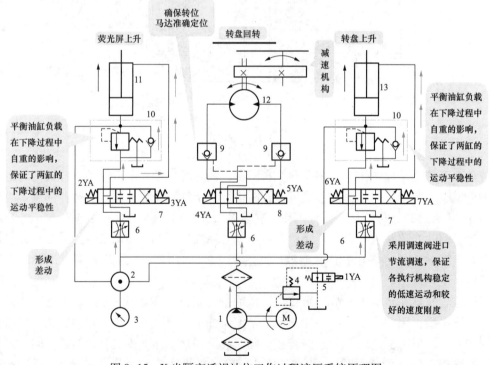

图 8-15　X 光隔室透视站位工作过程液压系统原理图

1—叶片泵；2—压力计；3—多点压力计开关；4—溢流阀；5—二位二通电磁换向阀；
6—调速阀；7—OP 形机能三位四通电磁换向阀；8—Y 型机能三位四通电磁换向阀；
9—液压锁；10—平衡阀；11—荧光屏升降缸；12—转盘回转液压马达；13—转盘升降缸

8.5 QY-8型液压起重机液压系统

1. 起重机的用途与工艺要求

QY-8型液压起重机是全回转动臂式汽车起重机。它由汽车部分的起升机构、回转机构、变幅机构、臂架伸缩机构和下车的前后支腿机构所组成。它主要用于室外装卸及安装时起升重物，适用于工矿企业、建筑工地、港口码头和货场等工作。起重机的外形如图 8-16 所示，全长为 9360mm，宽为 3600mm，高为 3090mm，全车总重 13.5t。最大起升高度为 13m，最大变幅 10m，最大起重量 8t，最高车速为 60km/h。起重机各机构均采用液压传动。

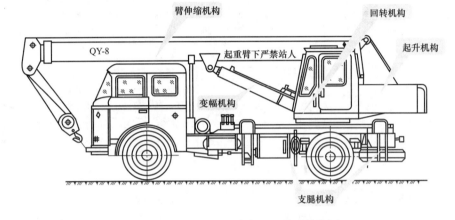

图 8-16　QY-8 型汽车起重机外形结构图

液压起重机的工作循环一般为：支腿放下→回转→变幅臂升起→吊臂伸出→起升重物→回转→降落重物→吊臂缩回→变幅落臂→收支腿，有时车需间隔移动。

QY-8 型汽车液压起重机的液压传动系统图如图 8-17 所示，起重机的支腿、吊臂、变幅、回转和起升机构均采用液压传动和操纵，系统只用一台轴向柱塞泵供油。

轴向柱塞泵 3 从油箱 1 经滤油器 2 吸入液压油，通过二位三通换向阀 5-1 把油路分成两路：一路是二位三通换向阀 5-1 经左位接入系统，压力油流入支腿操纵阀5-2 和 5-3 的中位，其压力由溢流阀 5-4 调定。操纵阀 5-2 或 5-3 可使支腿伸出或缩回。当支腿操纵阀 5-2 和 5-3 同时处于不工作的中位时，压力油直接回油箱，实现液压泵卸荷。另一路是二位三通换向阀 5-1 处于图示位置时，压力油通过中心回转接头 20 进入各机构系统的换向阀，其压力由溢流阀 10-1 调定。操纵各机构换向阀就可以实现伸缩、变幅、回转和起升动作。当各换向阀处于不工作的中间位置时，压力油直接经中心回转接头 20 流回油箱。各机构液压回路工作原理分述如下。

液压泵的卸荷回路可以通过两条油路来实现，卸荷回路 1 的油路如图 8-18（a）所示，卸荷回路 2 的油路如图 8-18（b）所示。

四个支腿（分前支腿和后支腿）分别由四个双作用液压缸驱动，安装在车身两侧。工作时活塞伸出使汽车轮离开地面，承受起重机整个重量。支腿液压缸的缸底上装有双向液压锁，以保证支腿的锁紧性，后支腿放下回路的油路如图 8-19（a）所示，前支腿放下回路的油路如图 8-19（b）所示。当作业完毕后，先收缩前支腿，再收缩后支腿。只要将换向

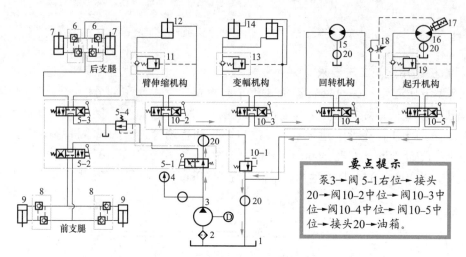

图 8-17　QY-8 型汽车起重机液压传动系统图

1—油箱；2—滤油器；3—液压泵；4—压力表；5-1—二位三通换向阀；5-2、5-3、10-2、10-3、10-4、
10-5—三位四通换向阀；6、8—双向液压锁；7—后支腿液压缸；9—前支腿液压缸；11、13、19—平衡阀；
5-4、10-1—溢流阀；15、16—双向定量马达；17—制动马达；18—单向节流阀；20—中心回转接头；12、14—臂伸缩液压缸

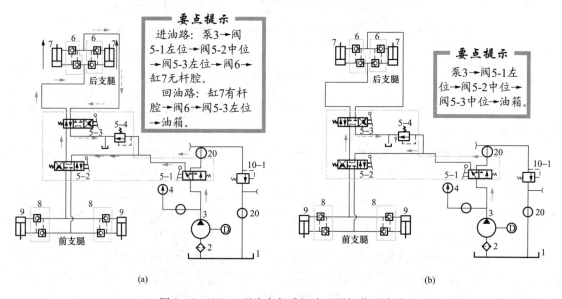

(a)　　　　　　　　　　　　　(b)

图 8-18　QY-8 型汽车起重机液压泵卸荷回路图
（a）油泵卸荷回路 1；（b）油泵卸荷回路 2

阀 5-2 和 5-3 进行换向，即可实现收缩支腿的动作。

要点提示

双向液压锁 6 和 8 的作用：

（1）当支腿放下后，以保证吊车作业时工作腔油液不渗漏，使支腿不会逐渐自行收缩。

（2）防止油管破裂时支腿突然失去作用而造成事故。

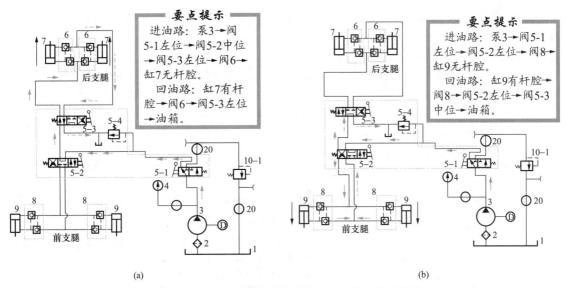

图 8-19　QY-8 型汽车起重机前、后支腿工作油路图

（a）后支腿放下回路；（b）前支腿放下回路

　　吊臂伸缩机构安装在车的上部。吊臂为两节伸缩式，由一个双作用液压缸带动，可按需要伸出或缩回，吊臂伸出回路的油路循环如图 8-20 所示。

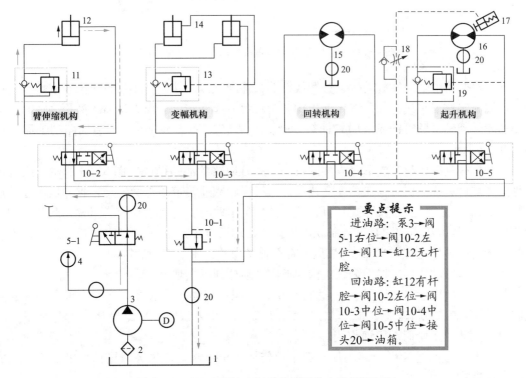

图 8-20　QY-8 型汽车起重机吊臂伸出油路原理图

　　变幅机构是由两个双作用变幅液压缸支撑吊臂，使臂升起和落下。它安装在臂架与回转台之间，当压力油进入变幅缸内，活塞将伸出，吊臂升起以增加起升高度，变幅起升回路的

油路循环如图 8-21 所示。平衡阀 11 和 13 是用来限制臂架伸缩缸和变幅缸的降落速度及平衡作用。

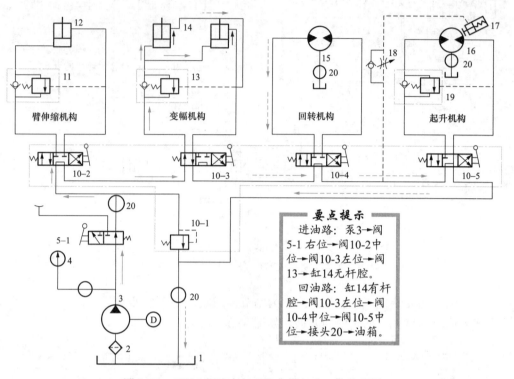

图 8-21　QY-8 型汽车起重机变幅起升工作油路图

回转机构是由轴向柱塞马达通过摆线针轮减速器减速，并通过小齿轮与内齿圈啮合，由于内齿圈固定在下车架上，所以传动机构和旋转台一起旋转。当压力油通入液压马达时，可使小齿轮带动转台顺时针或反时针回转 360°，最大转速为 2.5r/min。回转回路的油路循环如图 8-22 所示。

起升机构是完成起升或下降重物的机构，起升回路的油路循环如图 8-23 所示。起升机构固定在转台后架上。由轴向柱塞马达通过二级齿轮减速箱带动卷筒转动，它的最大起升速度为 8m/min。减速箱高速轴的制动是由液压缸 17 驱动的。当马达开始工作时（起升机构开始工作），系统的压力油同时进入制动液压缸，推动活塞压缩弹簧使抱闸松开。当马达不工作时（起升机构停止工作），制动液压缸将在弹簧力的作用下使马达制动。

各机构返回时，只需将操纵各机构的换向阀换位即可实现。

起升制动液压缸 17 保证起升马达转动松开，停止制动，使起升工作安全可靠。单向阻尼阀 18 是用来控制制动液压缸的动作速度，使制动缸缓开快闭。平衡阀 19 的作用如下：

（1）在重物下降时起限速作用。

（2）与三位四通 K 形换向阀配合起平衡作用，防止制动器失灵，重物自由下落，造成意外人身事故。

2. 液压系统回路的特点

（1）上车与下车工作机构用二位三通阀控制。当支腿下放时，上车所有机构均不能工作。当上车各机构工作时，支腿将不动。这样保证了各机构工作安全可靠，不会发生互相干

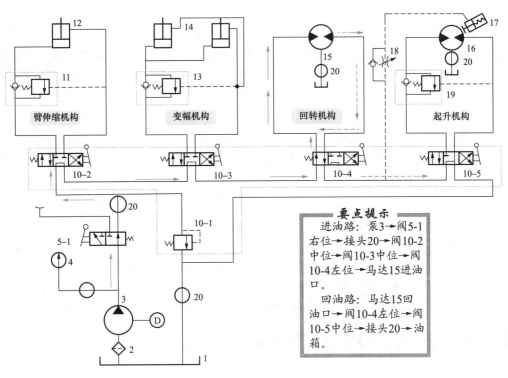

要点提示

进油路：泵3→阀5-1右位→接头20→阀10-2中位→阀10-3中位→阀10-4左位→马达15进油口。

回油路：马达15回油口→阀10-4左位→阀10-5中位→接头20→油箱。

图 8-22　QY-8 型汽车起重机回转回路工作原理图

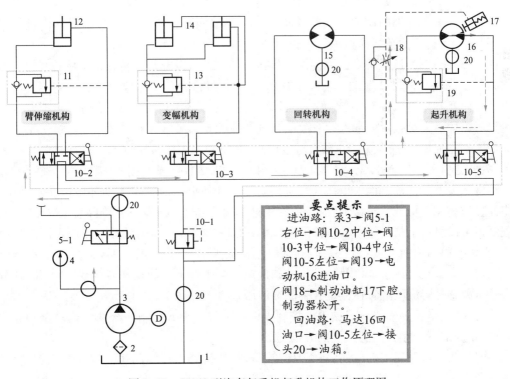

要点提示

进油路：泵3→阀5-1右位→阀10-2中位→阀10-3中位→阀10-4中位→阀10-5左位→阀19→电动机16进油口。

阀18→制动油缸17下腔。制动器松开。

回油路：马达16回油口→阀10-5左位→接头20→油箱。

图 8-23　QY-8 型汽车起重机起升机构工作原理图

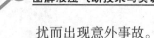

扰而出现意外事故。

（2）限速机能。当液压马达 16 降落重物时，来自泵的油液经阀 10-5 右位进入马达和阀 19 的控制油路。由于马达回油路有平衡阀而产生背压使进油压力升高，当进油压力升高到阀 19 的调定值时，平衡阀开启，马达因得以回油而转动，重物降落。若重物下降速度过快，以致泵来不及供油时，进油路压力立刻下降，阀 19 趋于关闭，增大回油节流效果，减慢重物下降速度，从而限制因重物的重力作用而加速转动的速度，保证了重物下降速度的稳定。

（3）补油作用。手动换向阀 10-5 的中位具有使马达 16 的右侧油路与系统回油路接通的机能。在重物下落制动过程中，马达由于重物惯性作用会造成进油路吸空，当换向阀 10-5 处在中位时，液压马达能靠自吸能力从油箱中补油。

（4）制动性能。在起升马达起升重物时，进入制动器液压缸 17 的压力油需经过单向阻尼阀 18 中的阻尼孔，就使制动器的松闸时间略滞后于马达的启动时间，可避免悬挂于空中的重物启动时产生失去控制的"溜钩"现象。当马达在运动状态下制动时，制动器液压缸 17 中的油液在弹簧推力的作用下立即通过单向阻尼阀 18 中的单向阀返回油箱，因而在马达油路切断的同时立即制动，使重物安全、可靠、准确地停留在指定位置上。

（5）为了避免其他机构工作引起制动松闸，起升回路只能置于串联油路的最后一级。

8.6 炼钢炉前操作机械手液压系统

在炼钢车间中，将炼好的钢水由钢水包浇注入钢锭模之前有一系列的炉前操作工作，如在放置钢锭模的底盘上要吹扫除尘、喷涂涂层，在底盘凹坑内充填废钢屑、放置铁垫板，还需在钢锭模内放置金属防溅筒，并将它们与垫板及底盘点焊在一起，这些操作由机械手完成。图 8-24 为炼钢炉前操作机械手工作原理图。

图 8-24（a）为机械手工作原理图。机械手的腕部可以分别绕转腕轴 1 旋转，由液压缸 26 驱动，并可绕转腕轴 2 摆动，由液压缸 25 驱动，机械手掌 3 作成铲斗状，它不仅可以铲取钢屑，而且利用上爪 4（由液压缸 23 驱动）和下爪 5（由液压缸 24 驱动）可抓取铁垫和防溅筒等物体。在机械手的掌上装有喷吹空气的喷嘴 6 和喷吹涂料的喷嘴 7。机械手的小臂 8 和大臂 9 分别由小臂液压缸 19 和大臂液压缸 18 驱动。大臂液压缸 18 由机液伺服阀 15 通过反馈杠杆进行闭环控制，小臂液压缸 19 由另一机液伺服阀（图中未标明）进行闭环控制。小臂和大臂的连杆机构可以保证在机械手处于任何姿态时，转腕轴都保持在水平位置，这将使操作简化。机械手转台 10 由转台液压缸 17 通过链轮 11 驱动，转台液压缸 17 由机液伺服阀通过操纵器上的凸轮 16 进行开环控制。图 8-24（b）为操纵器工作原理图。它由小杆 12、大杆 13 和转杆 14 组成，它们分别控制机械手的小臂、大臂和转台。22 为小臂负载感受臂液压缸，它可将小臂负载的变化准确地反应到小杆上，使操作者感受。21 和 20 分别为大臂负载感受臂液压缸和转台负载感受臂液压缸。

图 8-25 为炼钢炉前操作机械手的控制方框图。因大小臂控制系统的结构完全相同，故图 8-25 中只表示了小臂控制系统的方框图。

小臂和大臂都采用了机液伺服阀，构成了杆杠式位移负反馈的机液位置伺服控制系统，这保证了小臂的摆角 θ_3 能按比例地跟踪小杆摆角 φ_3。转台的转角 θ_1 则由转杆的转角 φ_1 进行开环控制。小臂与小杆之间以及大臂和大杆之间都是采用了压力伺服控制系统，以保证操

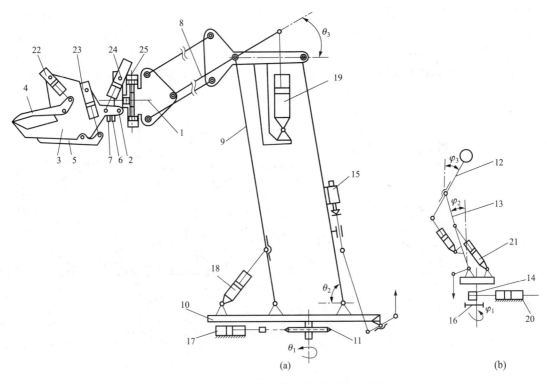

图 8-24 炼钢炉前操作机械手工作原理图

（a）机械手工作原理图；（b）操纵器工作原理图

1、2—转腕轴；3—机械手掌；4—上爪；5—下爪；6、7—喷嘴；8—小臂；9—大臂；

10—机械手转台；11—链轮；12—小杆；13—大杆；14—转杆；15—机液伺服阀；16—凸轮；

17—转台液压缸；18—大臂液压缸；19—小臂液压缸；20—转台负载感受臂液压缸；

21—大臂负载感受臂液压缸；22~25—液压缸

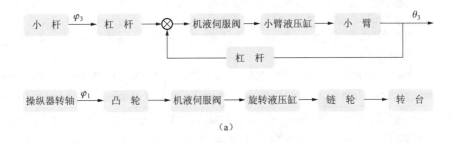

图 8-25 炼钢炉前操作机械手的控制方框图

（a）操作器对机械手的控制方框图；（b）机械手负载感受系统的方框图

纵器小杆上感受的力 f_3 能准确地反应小臂上负载力 F_3 的变化。系统中采用了电液伺服阀和压力传感器,由于转台负载感受液压缸和转台液压缸并联,转杆上感受的力矩 t_1 也能反应转台负载力矩 T_1 的变化。

图 8-26 为炼钢炉前操作机械手的液压系统图。机械手上爪液压缸 23、下爪液压缸 24、摆腕液压缸 25 和转腕液压缸 26 分别由电磁换向阀 1、2、3 和 4 控制。

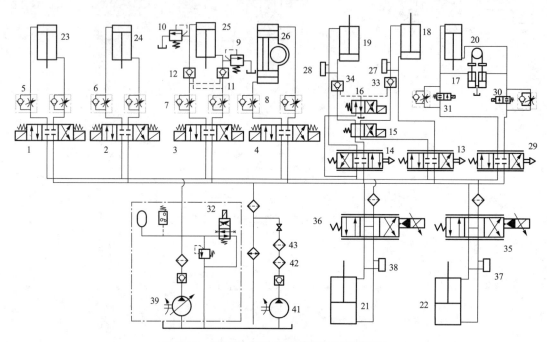

图 8-26   炼钢炉前操作机械手的液压系统图

1~4—电磁换向阀;5~8—单向节流阀;9、10—安全阀;11、12—液控单向阀;13、14—机液伺服阀;
15、16—换向阀;17—转台双作用液压缸;18—大臂液压缸;19—小臂液压缸;20、21—小杆负载感受液压缸;
22—大杆负载感受液压缸;23~26—液压缸;27、28—压力传感器;29—机液伺服阀;30、31—换向阀;
32—压力继电器;33、34—液控单向阀;35、36—电液伺服阀;37、38—压力传感器;39—恒压变量泵;
40—蓄能器;41—循环泵;42—吸附过滤器;43—过滤器

液压缸 23、24、25 和 26 的油路中都装有单向节流阀 5、6、7、8 用以控制爪的开、闭和腕的旋转和摆动速度。G9 的油路中除有单向节流阀 7 外,还有腕负载过载保护的两个安全阀 9、10 和腕的摆动姿态自锁的两个液控单向阀 11、12。小臂液压缸 19 和大臂液压缸 18 分别由机液伺服阀 14、13 进行闭环控制,换向阀 15 用来控制 19 和 18 油路的通断,换向阀 16 是由压力继电器 32 进行控制的,只有油源压力高于某特定值后大小臂才能工作,换向阀 16 和液控单向阀 33、34 组成闭锁油路,当系统发生故障使阀 16 失电后,大臂和小臂不致因载荷而下降以确保安全。压力传感器 27 和 28 分别感受小臂和大臂的负载作为负载感受系统的给定值。转台双作用液压缸 17 由机液伺服阀 29 进行开环控制,油路具有双向过载保护功能,在换向阀 30、31 失电时油路具有双向节流功能以限制转台的运动速度。在操纵器的负载感受系统中,小杆负载感受液压缸 21 和大杆负载感受液压缸 22 分别由电液伺服阀 35 和 36 控制。37 和 38 为压力传感器,它是负载感受系统的检测反馈元件。转台负载感受液压缸 20 则与转台液压缸 17 的油路相并联,使负载力矩直接感受。

油源油路中有恒压变量泵 39、蓄能器 40 和压力继电器 32，并具有安全溢流和卸压功能。由于操作机械手是在高温、易燃环境中工作，采用抗燃磷酸酯作为液压工作介质。在循环泵 41 后的 42 为吸附过滤器，内装吸附剂用以降低磷酸酯在使用过程中的酸度，过滤器 43 用以阻留通过 42 的颗粒。

8.7　YA32-200 型四柱万能液压机液压系统

1. 概述

液压机是锻压、冲压、冷挤、校直、弯曲、粉末冶金、塑料制品的压制成型等工艺中广泛应用的压力加工机械，它是最早应用液压传动的机械之一。液压机液压系统的工作压力常采用 20~30MPa，主缸工作速度不超过 50m/s，快进速度不超过 300m/s。对液压机液压系统的基本要求有以下几点。

（1）为完成一般的压制工艺，要求主缸（上液压缸）驱动上滑块，实现"快速下行→慢速接近工件、加压→保压延时→泄压→快速返回→原位停止"；要求顶出缸（下液压缸）驱动下滑块，实现"顶出→停留→退回→原位停止"的工作循环。

（2）系统压力要能经常变换和调整，并能产生较大压制力以满足工作要求。

（3）流量大、功率大、空行程与加压行程的速度差异大，因此要求功率利用合理，工作平稳，安全可靠。

图 8-27 为 YA32 型四柱万能液压机，其主缸和顶出缸的动作都是由液压系统来控制实现，YB32-200 型四柱万能液压机液压系统原理图如图 8-28 所示。

图 8-27　YA32-100 四柱万能液压机

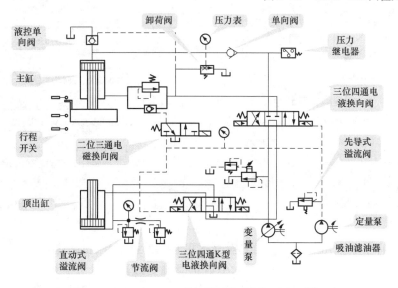

图 8-28　YA32-200 型四柱万能液压机液压系统

2. YB32-200型四柱万能液压机液压系统

主缸（上液压缸）驱动上滑块，要求能实现"快速下行→慢速接近工件、加压→保压延时→泄压→快速返回→原位停止"的工艺要求；顶出缸（下液压缸）驱动下滑块，要求能实现"顶出→停留→退回→原位停止"的工作循环。控制主缸及顶出缸的电磁铁的动作顺序如表8-2所示。

表8-2　　　　　　　　　　　　　电磁铁的动作顺序表

动作	元件	1YA	2YA	3YA	4YA	5YA
主　缸	快速下行	+	−	−	−	+
	慢速加压	+	−	−	−	−
	保　　压	−	−	−	−	−
	泄压回程	−	+	−	−	−
	停　　止	−	−	−	−	−
顶出缸	顶　　出	−	−	+	−	−
	退　　回	−	−	−	+	−
	压　边	+	−	±	−	−

注　"+"表示电磁铁得电，"-"表示电磁铁失电。

（1）启动。

电磁铁全部不得电，主泵输出油液通过阀6、21中位卸载，如图8-28所示。

（2）主缸运动。

按下启动按钮，电磁铁1YA通电，低压控制油进入液动换向阀6的左端，右端回油，并使液控单向阀9打开。此时主缸滑块在自重作用下快速下降，置于液压缸顶部的充液箱内的油液经液控单向阀12进入主缸上腔补油。其油路如图8-29所示。

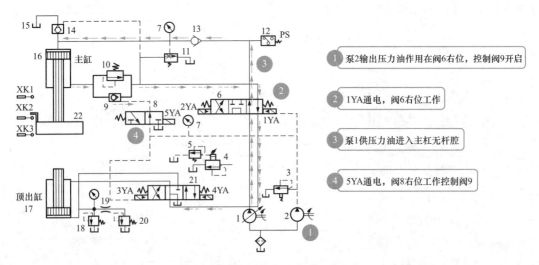

图8-29　YA32-200型四柱万能液压机主缸快速压下油路循环图

主缸的快速下行的工作过程：按下启动按钮，电磁铁1YA、5YA通电，阀7切换到右位，并通过阀 8 右为开启液控单向阀 9。

进油路：泵 1 ——→阀 6 右位——→单向阀 13 ——→主缸 16 上腔。

回油路：主缸 16 下腔——→液控单向阀 9 ——→阀 6 右位——→阀 21 中位——→油箱。

此时，主缸 22 在自重作用下快速下降，置于液压缸顶部的充液箱 15 内的油液经液控单向阀 14 进入主缸上腔补油。

（3）主缸慢速接近工件、加压。

当主缸滑块 22 上的挡块 23 压下行程开关 XK2 时，电磁铁 5YA 断电，阀 8 处于常态，阀 9 关闭，此时主缸实现慢速下行过程，其进油路同快速下行过程，其回油路的油路循环如图 8-30 所示。

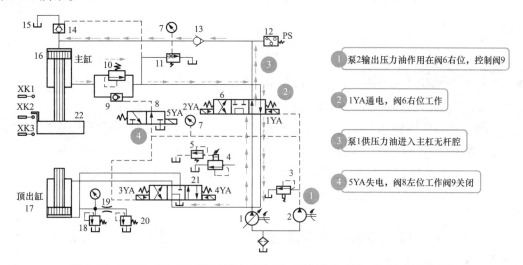

图 8-30　YA32-200 型四柱万能液压机主缸慢速接近工件、加压油路循环图

此时，主缸 22 在自重作用下快速下降，置于液压缸顶部的充液箱 15 内的油液经液控单向阀 14 进入主缸上腔补油。

压力油推动活塞使滑块慢速接近工件，当主缸活塞接触工件后，阻力急剧增加，上腔油压进一步升高，变量泵 1 的排油量自动减少，主缸的速度降低。

（4）保压。

当主缸上腔压力达到预定值时，压力继电器 12 发信号，使 1YA 失电，阀 6 回中位，主缸上下腔封闭，单向阀 13 和充液阀 14 的锥面保证了良好的密封性，使主缸保压。保压时间由时间继电器调整。保压期间，泵经阀 6、21 的中位卸载。

（5）泄压，主缸回程。

保压结束时继电器发出信号，2YA 得电，阀 6 处于左位。由于主缸上腔压力很高，液动滑阀 12 处于上位，压力油使外控顺序阀 11 开启，泵 1 输出油液经阀 11 回油箱。泵 1 在低压下工作，此压力不足以打开充液阀 14 的主阀芯，而是先打开该阀的卸载阀芯，使主缸上腔油液经此卸载阀芯的开口泄回上位油箱，压力逐渐降低。

当主缸上腔压力泄到一定值后，阀 12 回到下位，阀 11 关闭，泵 1 压力升高，阀 14 完全打开，此时的进油路：泵 1 ——→阀 6 左位——→阀 9 ——→主缸下腔。

回油路：主缸上腔——→阀 14 ——→上位油箱 15。

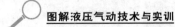
实现主缸快速回程。

（6）主缸原位停止。

当主缸滑块上升至触动行程开关 1S，2YA 失电，阀 6 处于中位，液控单向阀 9 将主缸下腔封闭，主缸原位停止不动。泵 1 输出油液经阀 6、21 中位卸载。

（7）顶出缸顶出及退回。

顶出缸顶出：3YA 得电，阀 21 处于左位。

进油路：泵 1→阀 6 中位→阀 21 左位→下缸下腔。

回油路：下缸上腔→阀 21 左位→油箱；下缸活塞上升，顶出。

顶出缸缩回：3YA 失电，4YA 得电，阀 21 处于右位，下缸活塞下行，退回。

思考与练习

1. 铆接机液压系统回路中的增压缸与液控单向阀各有什么作用。

2. 铆接机液压系统中的荧光屏升降和转盘升降的换向阀 7 的左位为什么采用 "P" 型结构？平衡阀 10 有什么作用？

3. QY-8 型液压起重机液压系统共有哪些回路组成？各回路有什么特点。

4. 动力滑台液压系统是由哪些基本液压回路组成的？阀 4 和阀 23 在油路中起什么作用？

5. YA32-200 型四柱万能液压机液压系统能实现哪些工作循环，工作原理是什么？

第9章　气压传动元件

本章导读

- 了解气压传动的工作原理。
- 了解并掌握气动元件包括气源装置、气缸、气马达、气压控制元件、气动逻辑元件及真空元件的工作原理、图形符号、结构形式等。

9.1　空气压缩机

1. 简介

气压传动，是以压缩空气为工作介质进行能量传递和信号传递的一门技术。

气压传动的工作原理是利用空压机把电动机或其他原动机输出的机械能转换为空气的压力能，然后在控制元件的作用下，通过执行元件把压力能转换为直线运动或回转运动形式的机械能，从而完成各种动作，并对外做功。

气压传动系统和液压传动系统类似，由四部分组成的，它们是气源装置控制元件、执行元件和辅助元件，如图9-1所示。

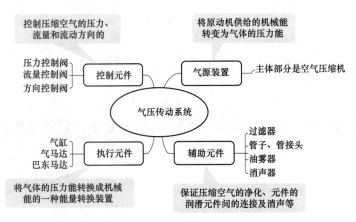

图9-1　气压传动系统的组成及作用

203

（1）气源装置：获得压缩空气的装置。其主体部分是空气压缩机，它将原动机供给的机械能转变为气体的压力能。

（2）控制元件：用来控制压缩空气的压力、流量和流动方向的，以便使执行机构完成预定的工作循环。它包括各种压力控制阀、流量控制阀和方向控制阀等。

（3）执行元件：是将气体的压力能转换成机械能的一种能量转换装置，包括气缸、回转马达、摆动马达。

（4）辅助元件：是保证压缩空气的净化、元件的润滑、元件间的连接及消声等所必需的，它包括过滤器、油雾器、管接头及消声器等。

气压传动系统中的气源装置是为气动系统提供满足一定质量要求的压缩空气，它是气压传动系统的重要组成部分。由空气压缩机产生的压缩空气，必须经过降温、净化、减压、稳压等一系列处理后，才能供给控制元件和执行元件使用。而用过的压缩空气排向大气时，会产生噪声，应采取措施，降低噪声，改善劳动条件和环境质量。

2. 分类

工厂气动系统的主体是空气压缩机，压缩机能将电动机或内燃机的机械能转化为压缩空气的压力能。除此之外还有对压缩空气进行各种处理的辅助元件，如干燥器等，因为虽然在压力、流量方面满足了气压传动的要求，但压缩空气中的水分、杂质、油气等尚未去除。另外，部分气动装置需油润滑。空气压缩机的种类很多，如图9-2所示。

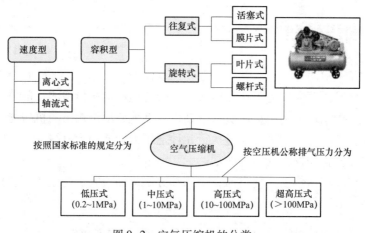

图9-2　空气压缩机的分类

容积型空压机是通过机件的运动，使密封容积发生周期性大小的变化，从而完成对空气的吸入和压缩过程。这种空压机又有几种不同形式，如活塞式、螺杆式、叶片式等。其中最常用的是活塞式低压空压机。

速度型空压机的原理是利用转子或叶轮的高速旋转使空气产生高速度具有高动能，再使气流速度降低，将动能转化为压力能。

3. 压缩机的工作原理

（1）单级活塞式压缩机。

单级活塞式压缩机［见图9-3（a）］只需一个行程就将吸入的大气压空气压缩到所需要的压力。如图9-3（a）中的活塞3右移，气缸容积2增加，缸内压力小于大气压，空气便从进气阀门 8 进入缸内。在行程末端，活塞向左运动，进气阀关闭，空气被压缩，而同时排气阀 1 被打开，输出空气进入储气罐。

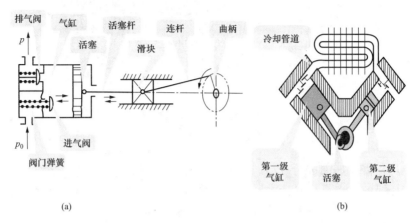

图 9-3　活塞式空压机
（a）单级；（b）两级

当气缸内的容积增大时，活塞无杆腔的压力低于大气压力 p_0，进气阀开启，外界空气吸入缸内，这个过程称为压缩过程。当缸内压力高于输出空气管道内压力 p 后，排气阀打开，压缩空气送至输气管内，这个过程称为排气过程。活塞的往复运动是由电动机的曲柄滑块机构形成的，曲柄旋转运动转换为活塞的往复运动。

带这种结构的压缩机在排气过程结束时总有剩余容积存在。在下一次吸气时，剩余容积内的压缩空气会膨胀，从而减少了吸入的空气量，降低了效率，增加了压缩功。且由于剩余容积的存在，当压缩比增大时，温度急剧升高。故当输出压力较高时，应采取分级压缩。分级压缩可降低排气温度，节省压缩功，提高容积效率，增加压缩气体排气量。

这种型式的压缩机通常用于需要 $3 \times 10^5 \sim 7 \times 10^5 \mathrm{Pa}$ 压力范围的系统。

（2）两级活塞式压缩机。

在单级压缩机中，若空气压力超过 $6 \times 10^5 \mathrm{Pa}$，产生的热量将大大地降低压缩机的效率。因此，工业中使用的活塞式压缩机通常是两级的［见图 9-3（b）］。由两个阶段将吸入的大气压空气压缩到最终的压力。如果最终压力为 $7 \times 10^5 \mathrm{Pa}$，第一级气缸通常将它压缩到 $3 \times 10^5 \mathrm{Pa}$，然后被冷却，再输送到第二级气缸中压缩到 $7 \times 10^5 \mathrm{Pa}$。压缩空气通过中间冷却器后温度大大下降，再进入第二级气缸。因此，相对于单级压缩机提高了效率，最后输出的温度约在 120℃。

活塞式空压机的优点是结构简单，使用寿命长，并且容易实现大容量和高压输出。缺点是振动大，噪声大，且因为排气为断续进行，输出有脉动，需要贮气罐。

（3）螺杆式压缩机。

螺杆式空压机的工作原理如图 9-4 所示。在壳体中装有一对互相啮合的螺旋转子，其中一根转子具有凸面齿形，另一根转子具有凹面齿形，两根转子之间及壳体三者围成的空间，在转子回转过程中沿轴向移动，其容积逐渐减小。这样，从进口吸入的空气逐渐被压缩，并从出口排出。此类压缩机可连续输出流量超过 $400 \mathrm{m}^3 / \mathrm{min}$，压力高达 $10 \times 10^5 \mathrm{Pa}$；和叶片式压缩机相比，此类压缩机能输送出连续的无脉动的压缩空气。

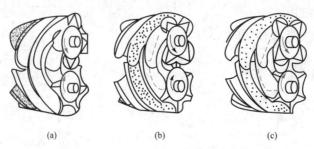

图 9-4 螺杆式空压机

（a）吸气；（b）压缩；（c）排气

螺杆式空压机需要加油进行冷却、润滑及密封，所以在出口处也要设置油水分离器。

螺杆式空压机的优点是排气压力脉动小，输出流量大，无需设置贮气罐，结构中无易损件，寿命长，效率高。缺点是制造精度要求高，运转噪声大。且由于结构刚度的限制，只适用于中低压范围使用。

（4）叶片式空压机。

叶片式空压机的工作原理如图 9-5 所示。把转子偏心安装在定子（机体）内，叶片插在转子的放射状槽内，叶片能在槽内滑动。左半周叶片逐渐外伸，空间逐渐增大吸气。右半周叶片、转子和机体内壁构成的容积空间在转子回转过程中逐渐变小，由此从进气口吸入的空气就逐渐被压缩排出。这样，在回转过程中不需要活塞式空压机中具有的吸气阀和排气阀。在转子的每一次回转中，将根据叶片的数目多次进行吸气、压缩和排气，所以输出压力的脉动小。

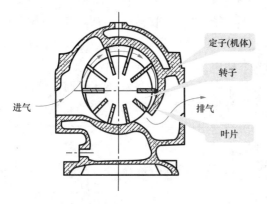

图 9-5 叶片式空压机

通常情况下，叶片式空压机需采用润滑油对叶片、转子和机体内部进行润滑、冷却和密封，所以排出的压缩空气中含有大量的油分。因此在排气口需要安装油水分离器和冷却器，以便把油分从压缩空气中分离出来进行冷却并循环使用。

通常所说的无油空压机，是采用石墨或有机合成材料等自润滑材料作为叶片材料。运转时无需添加任何润滑油，压缩空气不被污染，满足了无油化的要求。此外，在进气口设置空气流量调节阀，根据排出气体压力的变化自动调节流量，使输出压力保持恒定。

叶片式空压机的优点是能连续排出脉动小的额定压力的压缩空气，所以一般无需设置贮气罐，并且结构简单，制造容易，操作维修方便，运转噪声小。缺点是叶片、转子和机体之间机械摩擦较大，产生较高的能量损失，因而效率较低。

4. 空压机的选择

选择空压机主要考虑气动系统所需要的工作压力和流量两个主要参数。

活塞式空压机适用的压力范围大，特别适用于压力较高的中小流量场合，目前仍是应用最广泛的一种空压机。螺杆式、离心式空压机运转平稳，排气均匀，是较新的具有发展前途的空压机，螺杆式适用于低压力，中、小流量的场合，离心式则适用于低压力大流量的场合。叶片式空压机适用于低、中压力，中、小流量的场合。

9.2 气动执行元件

气动执行元件是以压缩空气为动力源，将气体的压力能再转换为机械能的装置，用来实现既定的动作。它主要有气缸和气马达两类，前者作直线运动，后者作旋转运动。

9.2.1 气缸

气缸是气动执行元件，将压缩空气的压力能转变为机械能（往复直线运动或往复摆动）。

1. 气缸的分类

从气缸活塞承受气体压力是单向还是双向可分为单作用气缸和双作用气缸。

从气缸的安装形式分为固定式气缸、轴销式气缸和回转式气缸。

从气缸的功能及用途进行分类包括普通气缸、缓冲气缸、气—液阻尼缸、摆动气缸和冲击气缸。

气缸的种类很多，分类方法也是各有侧重，表 9-1 列出了常见气缸的结构和功能。

表 9-1 　　　　　　　　　　　　常见气缸的结构和功能

类别	名　称	简　图	原理及功能
单作用气缸	活塞式气缸		压缩空气驱动活塞向一个方向运动，借助外力复位，可以节约压缩空气，节省能源
			压缩空气驱动活塞向一个方向运动，靠弹簧复位，输出推力随行程而变化，适用于小行程
	薄膜式气缸		压缩空气作用在膜片上，使活塞杆向一个方向运动，靠弹簧复位，密封性好，适用于小行程
	柱塞式气缸		柱塞向一个方向运动，靠外力返回。稳定性较好，用于小直径气缸

类别	名 称	简 图	原理及功能
双作用气缸	普通式气缸	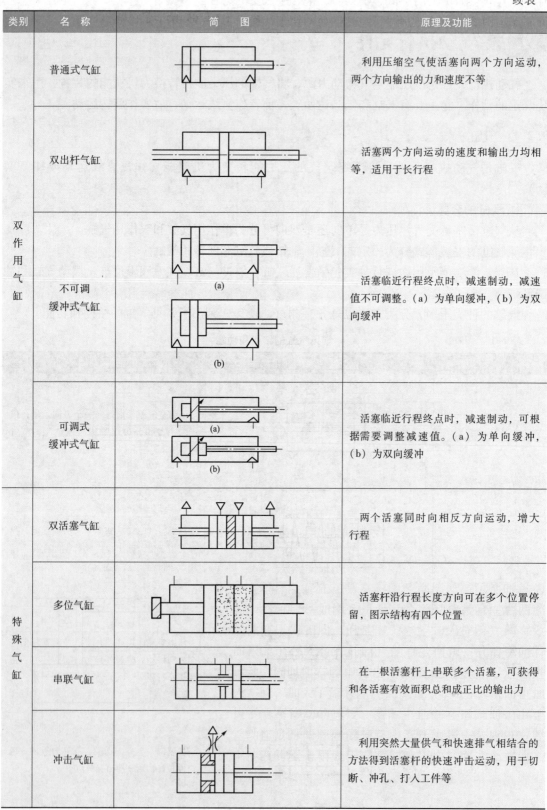	利用压缩空气使活塞向两个方向运动,两个方向输出的力和速度不等
	双出杆气缸		活塞两个方向运动的速度和输出力均相等,适用于长行程
	不可调缓冲式气缸	(a) (b)	活塞临近行程终点时,减速制动,减速值不可调整。(a)为单向缓冲,(b)为双向缓冲
	可调式缓冲式气缸	(a) (b)	活塞临近行程终点时,减速制动,可根据需要调整减速值。(a)为单向缓冲,(b)为双向缓冲
特殊气缸	双活塞气缸		两个活塞同时向相反方向运动,增大行程
	多位气缸		活塞杆沿行程长度方向可在多个位置停留,图示结构有四个位置
	串联气缸		在一根活塞杆上串联多个活塞,可获得和各活塞有效面积总和成正比的输出力
	冲击气缸		利用突然大量供气和快速排气相结合的方法得到活塞杆的快速冲击运动,用于切断、冲孔、打入工件等

类别	名　称	简　图	原理及功能
特殊气缸	数字气缸		将若干个活塞轴向依次装在一起，其运动行程从小到大按几何级数排列，由输入的气动信号决定输出
	回转气缸		进排气导管和导气头固定而气缸本体可相对转动。用于机床夹具和线材卷曲装置上
	伺服气缸		将输入的气压信号成比例地转换为活塞杆的机械位移。用于自动调节系统中
	钢索式气缸		以钢丝绳代替刚性活塞杆的一种气缸，用于小直径、特长行程的场合
	增压气缸		活塞杆面积不相等，根据力平衡原理，可由小活塞端输出高压气体
	气—液增压缸		液体是不可压缩的，根据力的平衡原理，利用两两相连活塞面积的不等，压缩空气驱动大活塞，小活塞便可输出相应比例的高压液体
	气—液阻尼缸		利用液体不可压缩的性能及液体流量易于控制的优点，获得活塞杆的稳速运动
	伸缩气缸		伸缩气缸由套筒构成，可增大行程，推力和速度随行程而变化，适用于翻斗汽车动力气缸

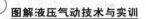
表9-2列出了气缸的各种安装形式。

表9-2			气 缸 的 安 装 形 式		
名　称			简　图		说　明
缸体固定式	支座式	轴向耳座			轴向支座，支座上承受力矩，气缸瓦径越大，力矩越大
		切向耳座			轴向支座，支座上承受力矩，气缸瓦径越大，力矩越大
	法兰式	前法兰 MF1			前法兰紧固，安装螺钉受拉力较大
		后法兰 MF2			后法兰紧固，安装螺钉受拉力较小
		自配法兰			法兰由使用单位视安装条件现配
销轴式气缸	尾部轴销式	单耳轴销 MP4			气缸可绕尾轴摆动
		双耳轴销 MP2			
	头部轴销				气缸可绕头部轴摆动
	中间轴销				气缸可绕中间轴摆动

2. 几种具有特殊用途的气缸

大多数气缸的工作原理与液压缸相同，这里具体介绍几种具有特殊用途的气缸。

（1）气液阻尼缸。

普通气缸工作时，由于气体的压缩性，当外部载荷变化较大时会产生"爬行"或"自走"现象，使气缸的工作不稳定。为了使气缸运动平稳，普遍采用气液阻尼缸。气液阻尼缸由气液缸组合而成，它的工作原理如图 9-6 所示。它是以压缩空气为能源，并利用油液的不可压缩性和控制油液排量来获得活塞的平衡运动和调节活塞的运动速度的。

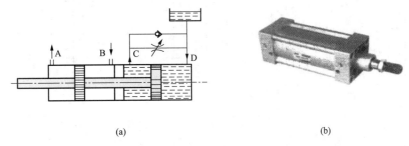

(a)　　　　　　　　　　　　　(b)

图 9-6　串联式气液阻尼缸的工作原理

（a）工作原理；（b）实物图

（2）薄膜式气缸。

薄膜式气缸是一种利用膜片在压缩空气作用下产生变形来推动活塞杆作直线运动的气缸。

图 9-7 为薄膜式气缸结构简图。它可以是单作用的，也可以是双作用的。薄膜式气缸与活塞式气缸相比较，具有结构紧凑、简单，成本低，维修方便，寿命长和效率高等优点。但因膜片的变形量有限，其行程较短，一般不超过 50mm，气缸活塞上的输出力随行程的加大而减小，因此它的应用范围受到一定限制，适用于气动夹具、自动调节阀及短行程工作场合。

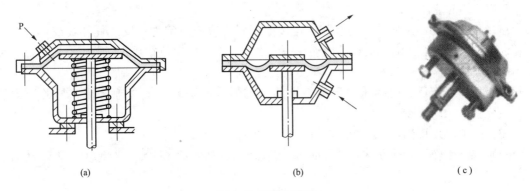

(a)　　　　　　　　　　(b)　　　　　　　　　(c)

图 9-7　薄膜式气缸

（a）单作用式；（b）双作用式；（c）实物图

（3）冲击气缸。

冲击气缸是一种体积小、结构简单、易于制造、耗气功率小，但能产生相当大的冲击力的一种特殊气缸。与普通气缸相比，冲击气缸的结构特点是增加了一个具有一定容积的蓄能腔和喷嘴。

冲击气缸的整个工作过程可简单地分为三个阶段。

第一个阶段［图9-8（a）］，压缩空气由孔A输入冲击缸的下腔，蓄气缸经孔B排气，活塞上升并用密封垫封住喷嘴，中盖和活塞间的环形空间经排气孔与大气相通。

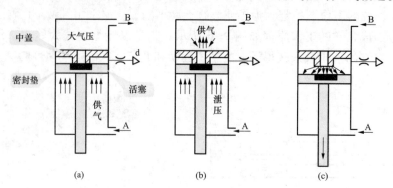

图9-8　冲击式气缸工作原理图

（a）第一阶段；（b）第二阶段；（c）第三阶段

第二阶段，压缩空气改由孔B进气，输入蓄气缸中，冲击缸下腔经孔A排气。由于活塞上端气压作用在喷嘴上的面积较小，而活塞下端受力面积较大，一般设计成喷嘴面积的9倍，缸下腔的压力虽因排气而下降，但此时活塞下端向上的作用力仍然大于活塞上端向下的作用力。

第三阶段，蓄气缸的压力继续增大，冲击缸下腔的压力继续降低，当蓄气缸内压力高于活塞下腔压力的9倍时，活塞开始向下移动，活塞一旦离开喷嘴，蓄气缸内的高压气体迅速充入到活塞与中间盖间的空间，使活塞上端受力面积突然增加9倍，于是活塞将以极大的加速度向下运动，气体的压力能转换成活塞的动能，产生很大的冲击力。

3. 气缸的使用

使用气缸时应注意以下几点。

（1）要使用清洁干燥的压缩空气，连接前配管内应充分清洗；安装耳环式或耳轴式气缸时，应保证气缸的摆动和负载的摆动在一个水平面内，应避免在活塞杆上施加横向负载和偏心负载。

（2）根据工作任务的要求，选择气缸的结构形式、安装方式并确定活塞杆的推力和拉力。

（3）一般不使用满行程，而其行程余量为30~100mm。

（4）气缸工作推荐速度在0.5~1m/s，工作压力为0.4~0.6MPa，环境温度为5~60℃范围内。

（5）气缸运行到终端，运动能量不能完全被吸收时，应设计缓冲回路或增设缓冲机构。

9.2.2　气马达

气动马达（简称气马达）是将压缩空气的压力能转换成旋转的机械能的装置。与液压马达相比，气马达具有以下特点：

（1）工作安全。可以在易燃易爆场所工作，同时不受高温和振动的影响。

（2）可以长时间满载工作而温升较小。

（3）可以无级调速。控制进气流量，就能调节马达的转速和功率。额定转速可从每分钟几十转到几十万转。

（4）具有较高的启动转矩。可以直接带负载运动。

（5）结构简单，操作方便，维护容易，成本低。

（6）输出功率相对较小，最大只有 20kW 左右。

（7）耗气量大，效率低，噪声大。

1. 气马达的分类及特点

气马达按结构形式可分为叶片式气马达、活塞式气马达、薄膜式气马达和齿轮式气马达等，如图 9-9 所示。最为常见的是活塞式气马达和叶片式气马达。叶片式气马达制造简单、结构紧凑，但低速性能不好，适用于中、小功率的机械，目前，在矿山及风动工具中应用普遍。活塞式气马达在低速情况下有较大的输出功率，它的低速性能好，适宜于载荷较大和要求低速性能好的机械，如起重机、绞车、绞盘、拉管机等。

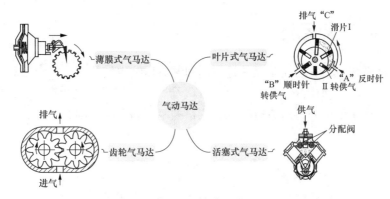

图 9-9 气动马达

2. 气马达的工作原理

图 9-10 是气马达的工作原理图。叶片式气马达一般有 3~10 个叶片，它们可以在转子的径向槽内活动。转子和输出轴固联在一起，装入偏心的定子中。当压缩空气从 A 口进入定子腔内，一部分进入叶片底部，将叶片推出，使叶片在气压推力和离心力综合作用下，抵在定子内壁上；另一部分进入密封工作腔作用在叶片的外伸部分，产生力矩。由于叶片外伸面积不等，转子受到不平衡力矩而逆时针旋转。做功后的气体由定子孔 C 排出，剩余气体经孔 B 排出。改变压缩空气输入进气孔（B 进气），马达则反向旋转。如图 9-10（a）所示。当压缩空气从 A 口进入定子内，会使叶片带动转子作逆时针旋转，产生转矩。废气从排气口 C 排出；而定子腔内残留气体则从 B 口排出。如需改变气马达旋转方向，只需改变进、排气口即可。

图 9-10（b）是径向活塞式马达的原理图。压缩空气经进气口进入分配阀（又称配气阀）后再进入气缸，推动活塞及连杆组件运动，再使曲柄旋转。曲柄旋转的同时，带动固定在曲轴上的分配阀同步转动，使压缩空气随着分配阀角度位置的改变而进入不同的缸内，依次推动各个活塞运动，由各活塞及连杆带动曲轴连续运转。与此同时，与进气缸相对应的气缸则处于排气状态。

图 9-10（c）是薄膜式气马达的工作原理图。它实际上是一个薄膜式气缸，当它作往复运动时，通过推杆端部的棘爪使棘轮转动。

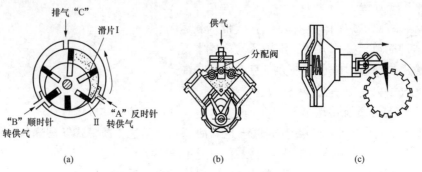

图 9-10　气马达工作原理图

（a）叶片式；（b）活塞式；（c）薄膜式

9.3　气动控制元件

在气压传动系统中，气动控制元件是控制和调节压缩空气的压力、流量和方向的各类控制阀，其作用是保证气动执行元件（如气缸、气马达等）按设计的程序正常地进行工作。气压控制阀按作用可分为压力控制阀、流量控制阀和方向控制阀。

9.3.1　压力控制阀

1. 压力控制阀的作用及分类

气动系统不同于液压系统，一般每一个液压系统都自带液压源（液压泵）；而在气动系统中，一般来说，由空气压缩机先将空气压缩储存在贮气罐内，然后经管路输送给各个气动装置使用。而贮气罐的空气压力往往比各台设备实际所需要的压力高些，同时其压力波动值也较大。因此需要用减压阀（调压阀）将其压力减到每台装置所需的压力，并使减压后的压力稳定在所需压力值上。

有些气动回路需要依靠回路中的压力变化实现控制两个执行元件的顺序动作，所用的这种阀就是顺序阀。顺序阀与单向阀的组合称为单向顺序阀。

所有的气动回路或贮气罐为了安全起见，当压力超过允许压力值时，需要实现自动向外排气，这种压力控制阀叫安全阀（溢流阀）。

因此，在气动控制系统的压力阀也有减压阀、顺序阀和溢流阀之分。

2. 减压阀

图 9-11 是 QTY 型直动式减压阀，其调压范围为 $0.05 \sim 0.63 \text{MPa}$。为限制气体流过减压阀所造成的压力损失，规定气体通过阀内通道的流速在 $15 \sim 25 \text{m/s}$ 范围内。

（1）作用。

减压阀的作用是将较高的输入压力调整到系统需要的低于输入压力的调定压力，并能保持输出压力稳定，不受输出空气流量变化和气源压力波动的影响。

其工作原理是输出 P_2 由调压弹簧 2、3 进行调节。顺时针旋转手柄 1，压缩弹簧 2、3 及膜片 5 使阀芯 9 下移，进气阀口的开度增大使 P_2 增大，反之，若逆时针旋转手柄 1，进气阀口的开度会减小，P_2 随之减小。

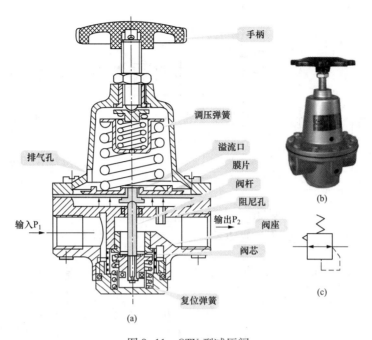

图 9-11　QTY 型减压阀

（a）结构图；（b）实物图；（c）职能符号

安装减压阀时，要按气流的方向和减压阀上所示的箭头方向，依照分水滤气器、减压阀、油雾器的安装次序进行安装。调压时应由低向高调，直至规定的调压值为止。阀不用时应把手柄放松，以免膜片经常受压变形。

（2）特点。

1）空气减压阀是在一般气动控制系统和一般气动管路中需要保持一定空气压力的条件下使用。

2）空气减压阀亦称气动调压阀，是溢流式直动型空气减压阀，它直接靠手柄操纵调压弹簧来调节输出压力，可在规定调压范围内实现无级调压，并保持稳定于调定值。

3）空气减压阀下游压力（输出口压力）超过调定压力时，溢流阀开始溢流，故对于不准溢漏到空气中的有害气体，不得直接采用本系列产品。

4）空气减压阀采用平衡式进气阀，故输入压力在高于调定压力的范围内的变动对输出压力影响甚微。

（3）型号说明。

减压阀的型号含义如图 9-12 所示。

3. 顺序阀

顺序阀是依靠气路中压力的作用而控制执行元件按顺序动作的压力控制阀，其工作原理与液压顺序阀基本相同，如图 9-13 所示，它根据弹簧的预

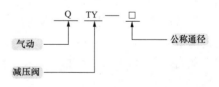

图 9-12　型号说明

压缩量来控制其开启压力。当输入压力达到或超过开启压力时，顶开弹簧，于是 P 到 A 才有输出；反之，A 无输出。

顺序阀一般很少单独使用，往往与单向阀配合在一起，构成单向顺序阀。图 9-14 所示

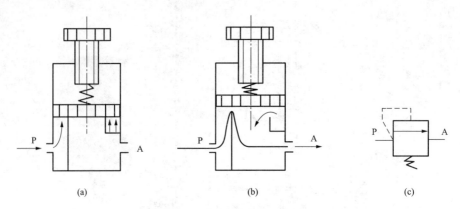

图 9-13 顺序阀工作原理图

（a）关闭状态；（b）开启状态；（c）职能符号

为单向顺序阀的工作原理图。当压缩空气由左端进入阀腔后，作用于活塞上的气体压力超过压缩弹簧的作用力时，将活塞顶起，压缩空气从 P 经 A 输出，如图 9-14（a）所示，此时单向阀在压差所产生的作用力及弹簧力的作用下处于关闭状态。反向流动时，输入侧变成排气口，输出侧压力将顶开单向阀，由 T 口排气，如图 9-14（b）所示。调节旋钮就可改变单向顺序阀的开启压力，以便在不同的开启压力下，控制执行元件的顺序动作。

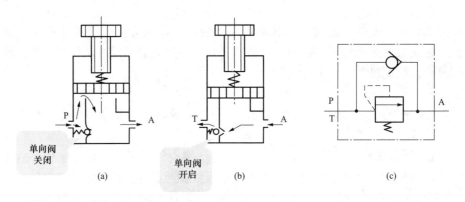

图 9-14 单向顺序阀

（a）关闭状态；（b）开启状态；（c）职能符号

4. 安全阀（溢流阀）

在气压传动系统中，安全阀是用于防止气动装置和设备及管路等破坏而限制回路最高压力的阀。当气压超过最高限制压力时，安全阀自动打开排气，待气压低于最高限制压力时，安全阀自动关闭。

（1）工作原理。

图 9-15 所示是安全阀工作原理图。当系统中气体压力在调定范围内时，作用在活塞上的压力小于弹簧的作用力，活塞处于关闭状态，如图 9-15（a）所示。当系统压力升高，作用在活塞上的压力大于弹簧的预定压力时，活塞向上移动，阀门开启排气，如图 9-15（b）所示。直到系统压力降到调定范围以下，阀门又重新关闭。开启压力的大小与弹簧的预压量有关。

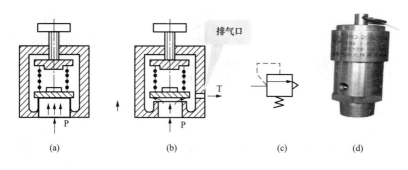

图 9-15 安全阀

（a）关闭状态；（b）关闭状态；（c）职能符号；（d）实物图

（2）型号说明。

以 PQ 系列安全阀为例，其型号的含义如图 9-16 所示。

图 9-16 型号说明

9.3.2 方向控制阀

气动方向控制阀和液压方向控制阀相似，按其作用特点可分为单向型和换向型两种，方向控制阀的类型可以根据表 9-3 进行分类。

表 9-3   方向控制阀的类型

分 类 方 式	形 式
按阀内气体的流动方向	单向阀、换向阀
按阀芯的结构形式	截止阀、滑阀
按阀的密封形式	硬质密封、软质密封
按阀的工作位置及通路数	二位三通、二位五通、三位五通等
按控制阀芯运动的控制方式	气压控制、电磁控制、机械控制、手动控制

1. 单向型

单向型控制阀包括单向阀、或门型梭阀、与门型梭阀和快速排气阀。其实物图如图 9-17 所示。

（1）或门型梭阀。

在气压传动系统中，当两个通路 P_1 和 P_2 均与另一通路 A 相通，而不允许 P_1 与 P_2 相通时，就要用或门型梭阀，如图 9-18 所示。

如图 9-18（a）所示，当 P_1 进气时，将阀芯推向右边，通路 P_2 被关闭，于是气流从 P_1 进入通路 A。反之，气流则从 P_2 进入 A，如图 9-18（b）所示。当 P_1、P_2 同时进气时，哪端压力高，A 就与哪端相通，另一端就自动关闭。图 9-18（c）为该阀的职能符号。

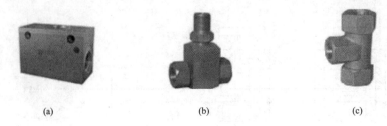

图 9-17　单向型控制阀实物图

（a）KS，KAa，KSb 系列梭阀；（b）S-L6，S-L10 气动梭阀；（c）296A 气动梭阀

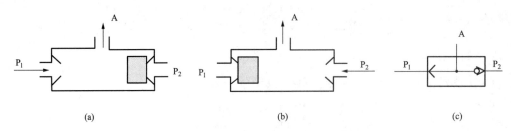

图 9-18　或门型梭阀

（a）从 P_1 进气；（b）从 P_2 进气；（c）职能符号

（2）与门型梭阀（双压阀）。

与门型梭阀又称双压阀，该阀只有当两个输入口 P_1、P_2 同时进气时，A 口才能输出。图 9-19 所示为与门型梭阀。

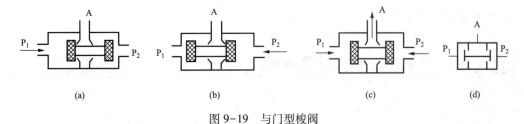

图 9-19　与门型梭阀

（a）从 P_1 进气；（b）从 P_2 进气；（c）从 P_1 和 P_2 进气；（d）职能符号

（3）快速排气阀。

快速排气阀又称快排阀，它是为加快气缸运动作快速排气用的。图 9-20 为膜片式快速排气阀。

2. 换向型控制阀

换向型控制阀根据控制方式不同分为很多种类，如图 9-21 所示。

（1）气压控制换向阀。

换向阀是利用空气的压力与弹簧力相平衡的原理来进行控制。图 9-22（a）为没有控制信号 K 时的状态，阀芯在弹簧及 P 腔压力作用下，阀芯位于上端，阀处于排气状态，A 与 T 相通，P 不通。当输入控制信号 K 时，如图 9-22（b）所示，主阀芯下移，打开阀口使 A 与 P 相通，T 不通。

（2）电磁控制换向阀。

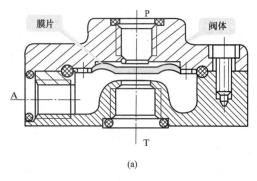
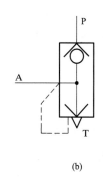

图 9-20　膜片式快速排气阀

（a）结构示意图；（b）职能符号

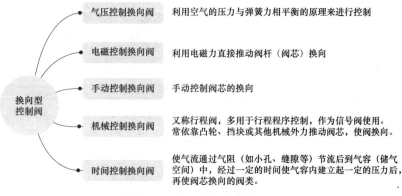

图 9-21　换向型控制阀的类型

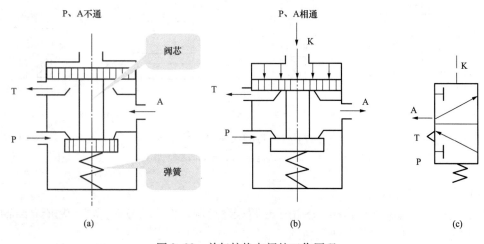

图 9-22　单气控换向阀的工作原理

（a）无控制信号状态；（b）有控制信号状态；（c）职能符号

　　直动式电磁换向阀利用电磁力直接推动阀杆（阀芯）换向，根据操纵线圈的数目——单线圈和双线圈，可分为单电控和双电控两种。图 9-23 为单电控直动式电磁阀工作原理。

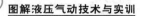

电磁线圈未通电时，P、A 断开，A、T 相通；通电时，电磁力通过阀杆推动阀芯向下移动时，使 P、A 接通，T 与 P 断开。这种阀的阀芯的移动靠电磁铁，复位靠弹簧，换向冲击较大，故一般制成小型阀。若将阀中的复位弹簧改成电磁铁，就成为双电控直动式电磁阀。

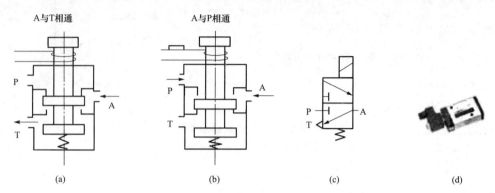

图 9-23　单电控直动式电磁换向阀的工作原理
（a）原始状态；（b）通电状态；（c）职能符号；（d）实物图

（3）手动控制换向阀。

图 9-24 所示为推拉式手动阀的工作原理和结构图。

如用手压下阀芯，如图 9-24（a）所示，则 P 与 A、B 与 T_2 相通。手放开，而阀依靠定位装置保持状态不变。当用手将阀芯拉出时，如图 9-24（b）所示，则 P 与 B、A 与 T_1 相通，气路改变，并能维持该状态不变。

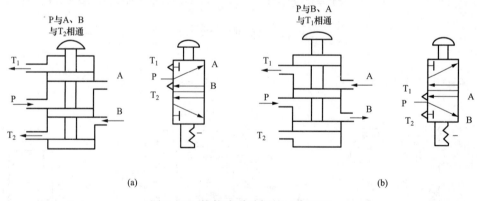

图 9-24　推拉式手动阀的工作原理
（a）压下阀芯时状态；（b）拉起阀芯时状态

（4）机械控制换向阀。

机械控制换向阀又称行程阀，多用于行程程序控制，作为信号阀使用。常依靠凸轮、挡块或其他机械外力推动阀芯，使阀换向。

图 9-25 所示为机械控制换向阀的一种结构形式。当机械凸轮或挡块直接与滚轮 1 接触后，通过杠杆 2 使阀芯 5 换向。其优点是减少了顶杆 3 所受的侧向力；同时，通过杠杆传力也减少了外部的机械压力。

（5）时间控制换向阀。

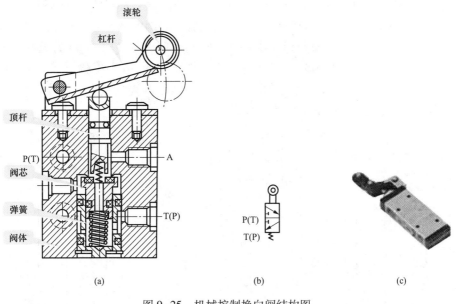

图 9-25 机械控制换向阀结构图

（a）结构图；（b）职能符号；（c）实物图

时间控制换向阀是使气流通过气阻（如小孔、缝隙等）节流后到气容（储气空间）中，经过一定的时间使气容内建立起一定的压力后，再使阀芯换向的阀类。在不允许使用时间继电器（电控制）的场合（如易燃、易爆、粉尘大等），用气动时间控制就显出其优越性。

1）延时阀。图 9-26 所示为二位三通常断延时型换向阀。从该阀的结构上可以看出，它由两大部分组成。延时那部分包括可调节流阀、气容和排气单向阀，换向部分实际是一个二位三通差压控制换向阀。

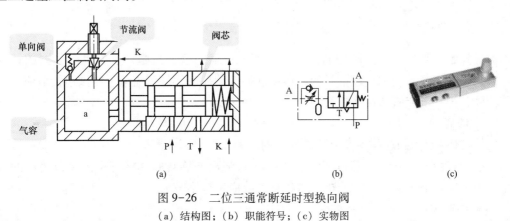

图 9-26 二位三通常断延时型换向阀

（a）结构图；（b）职能符号；（c）实物图

当无气控信号时，P 与 A 断开，A 腔排气。当有气控信号时，从 K 腔输入，经过可调节流阀，节流后到气容内，使气容不断充气，直到气容内的气压上升到某一值时，阀芯由左向右移动，使 P 与 A 接通，A 有输出。当气控信号消失后，气容内的气压经单向阀从 K 腔迅速排空。如果将 P、T 口换接，则变成二位三通延时型换向阀。这种延时阀的工作压力范围为 0~0.8MPa，信号压力范围为 0.2~0.8MPa，延时时间为 0~20s，延时精度是 120%。

延时精度是指延时时间受气源压力变化和延时时间的调节重复性的影响程度。

2）脉冲阀。脉冲阀是靠气流流经气阻、气容的延时作用，使压力输入长信号变为短暂的脉冲信号输出的阀类。其工作原理如图9-27所示。图9-27（a）所示为无信号输入的状态；图9-27（b）所示为有信号输入的状态，此时滑柱向上，A口有输出，同时从滑柱中间节流小孔不断向气室（气容）中充气；图9-27（c）所示为当气室内的压力达到一定值时，滑柱向下，A与T接通，A口的输出状态结束。

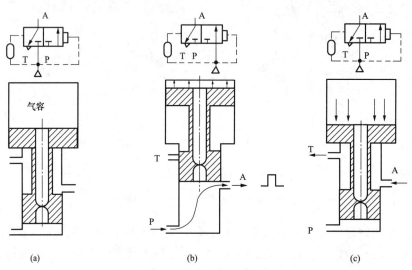

图9-27 脉冲阀工作原理图

（a）无信号输入状态；（b）右信号输入状态；（c）信号输入终了状态

这种阀的信号工作压力范围是0.2~0.8MPa，脉冲时间为2s。

9.3.3 流量控制阀

流量控制阀是通过改变阀的通流面积来调节压缩空气的流量，进而控制气缸的运动速度、换向阀的切换时间和气动信号的传递速度的气动控制元件。流量控制阀包括节流阀、单向节流阀、排气节流阀和快速排气阀。

1. 节流阀

图9-28所示为圆柱斜切型节流阀的结构图。

压缩空气由P口进入，经过节流后，由A口流出。旋转阀芯螺杆可改变节流口的开度大小。由于这种节流阀的结构简单，体积小，故应用范围较广。

2. 单向节流阀

单向节流阀是由单向阀和节流阀并联而成的组合式流量控制阀，如图9-29所示。当气流沿着一个方向，例如，P→A流动时［如图9-29（a）所示］，经过节流阀节流；反方向流动［如图9-29（b）所示］，由A→T时单向阀打开，不节流，单向节流阀常用于气缸的调速和延时回路。

3. 排气节流阀

排气节流阀是装在执行元件的排气口处，调节进入大气中气体流量的一种控制阀。它不

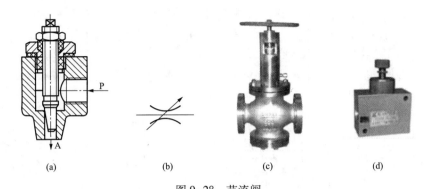

图 9-28　节流阀

（a）结构原理图；（b）职能符号；（c）实体；（d）KL 系列节流阀

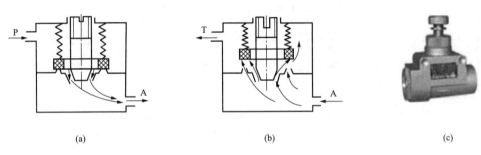

图 9-29　单向节流阀

（a）P→A 状态；（b）A→T 状态；（c）KLA 单向节流阀实物图

仅能调节执行元件的运动速度，还常带有消声器，所以也能起降低排气噪声的作用。

图 9-30 所示为排气节流阀工作原理图。其工作原理和节流阀相似，靠调节节流口 1 处的通流面积来调节排气流量，由消声套 2 来减小排气噪声。

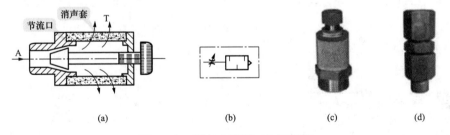

图 9-30　排气节流阀工作原理图

（a）结构图；（b）职能符号；（c）排气消声节流阀；（d）排气节流阀

应当指出，用流量控制的方法控制气缸内活塞的运动速度，采用液压控制比采用气动控制容易。特别是在极低速控制中，要按照预定行程变化来控制速度，用气动很难实现。在外部负载变化很大时，仅用气动流量阀也不会得到满意的调速效果。为提高其运动平稳性，建议采用气液联动。

4. 快速排气阀

图 9-31 所示为快速排气阀工作原理图。进气口 P 进入压缩空气，并将密封活塞迅速上

推，开启阀口 2，同时关闭排气口 T，使进气口 P 和工作口 A 相通〔图 9-31（a）〕。图 9-31（b）是 P 口没有压缩空气进入时，在 A 口和 P 口压差作用下，密封活塞迅速下降，关闭 P 口，使 A 口通过 T 口快速排气。

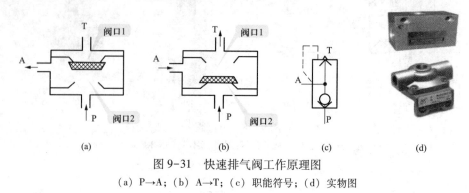

图 9-31　快速排气阀工作原理图

（a）P→A；（b）A→T；（c）职能符号；（d）实物图

快速排气阀常安装在换向阀和气缸之间。图 9-32 所示为快速排气阀在回路中的应用。它使气缸排气不用通过换向阀而快速排出，从而加速了气缸往复的运动速度，缩短了工作周期。

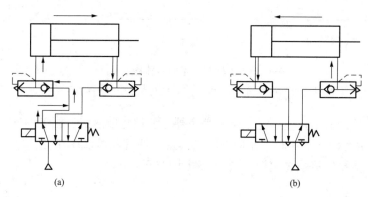

图 9-32　快速排气阀的应用回路

（a）活塞杆伸出；（b）活塞杆缩回

9.4　气动逻辑元件

气动逻辑元件是一种以压缩空气为工作介质，通过元件内部可动部件的动作，改变气体的流动方向，从而实现一定逻辑功能的流体控制元件。气动逻辑元件种类很多，按工作压力可分为高压、低压、微压三种。按结构形式分类，主要包括截止式、膜片式、滑阀式和球阀式等几种类型。本节仅对高压截止式逻辑元件作一简要介绍。

1. 气动逻辑元件的特点

（1）元件孔径较大，抗污染能力较强，对气源的净化程度要求较低。

（2）元件在完成切换动作后，能切断气源和排气孔之间的通道，即具有关断能力，无功耗气量较低。

（3）负载能力强，可带多个同类型元件。

（4）在组成系统时，元件间的连接方便、调试简单。

（5）适应能力较强，可在各种恶劣环境下工作。

（6）响应时间一般在 10ms 以内。

2. 高压截止式逻辑元件

（1）"是门"和"与门"元件。

图 9-33 所示为"是门"元件及"与门"元件的工作原理图。图中 P 为气源口，A 为信号输入口，当气源口 P 改为信号口 B 时，则成为"与门"元件，即只有当 A 和 B 同时输入信号时，S 才有输出，否则 S 无输出。

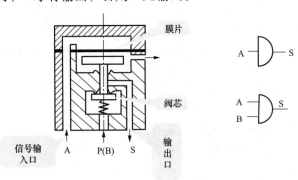

要点提示

当 A 无信号，阀芯 2 在弹簧及气源压力 P 作用下上移，关闭阀口，封住 P→S 通路，S 无输出。当 A 有信号，膜片 1 在输入信号作用下，推动阀芯 2 下移，封住 S 与排气孔通道，同时接通 P→S 通路，S 有输出。即元件的输入和输出始终保持相同状态。

图 9-33 "是门"和"与门"元件
(a) 结构图；(b) 职能符号

（2）"或门"元件。

图 9-34 所示为"或门"元件的工作原理图。图中，A、B 为信号输入孔，S 为输出孔。显然，当 A、B 均有信号输入时，S 定有输出。显示活塞用于显示输出的状态。

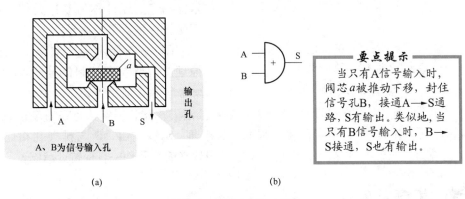

要点提示

当只有 A 信号输入时，阀芯 a 被推动下移，封住信号孔 B，接通 A→S 通路，S 有输出。类似地，当只有 B 信号输入时，B→S 接通，S 也有输出。

图 9-34 "或门"元件
(a) 结构图；(b) 职能符号

（3）"非门"和"禁门"元件。

图 9-35 所示为"非门"及"禁门"元件的工作原理图。图中，A 为信号输入孔，S 为信号输出孔，P 为气源孔。活塞 1 用以显示输出的有无，显然，此时为"非门"元件。若将

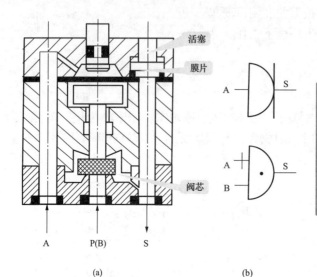

图 9-35 "非门"及"禁门"元件

（a）结构图；（b）职能符号

要点提示

（1）在A无信号输入时，阀芯3在气源压力作用下上移，开启下阀口，关闭上阀口，接通P→S通路，S有输出。

（2）当A有信号输入时，膜片2在输入信号作用下，经阀杆推动阀芯3下移，开启上阀口，关闭下阀口，S无输出。

气源口 P 改为信号 B 口，该元件就成为"禁门"元件。在 A、B 均有信号时，阀杆及阀芯 3 在 A 输入信号作用下封住 B 孔，S 无输出；在 A 无信号输入，而 B 有输入信号时，S 就有输出，即 A 输入信号起"禁止"作用。

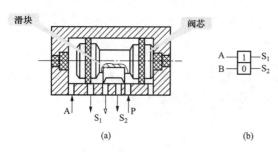

图 9-36 "双稳"元件工作原理图

（a）工作原理图；（b）职能符号

"或非"元件是一种多功能逻辑元件，用它可以组成"与门"、"或门"、"非门"、"双稳"等逻辑元件。

（4）记忆元件。

记忆元件分为单输出和双输出两种。双输出记忆元件称为双稳元件，单输出记忆元件称为单记忆元件。

图 9-36 所示为"双稳"元件工作原理图。当 A 有控制信号输入时，阀芯

带动滑块右移，接通 P→S_1 通路，S_1 有输出，而 S_2 与排气孔相通，无输出。此时，"双稳"处于"1"状态；在 B 输入信号到来之前，A 信号虽消失，阀芯仍然保持在右端位置。当 B 有输入信号时，阀芯被推向左端位置，则 P→S_2 相通，S_2 有输出，S_1 与排气孔相通，此时"双稳"处于"0"状态；B 信号消失后，A 信号未到来前，元件一直保持此状态。

9.5 真空元件

真空吸附已广泛应用于电子电器生产、汽车制造、产品包装、板材输送等作业中。真空吸附是利用真空发生装置产生真空压力，为动力源，由真空吸盘吸附抓取物体，从而达到移动物体，为产品的加工和组装服务。对任何具有较光滑表面的物体，特别是那些不适合于夹紧的物体，都可使用真空吸附来完成。

在一个典型的真空吸附系统中，常用的元件有真空发生装置（真空泵或真空发生器）、真空开关、真空破坏阀、真空过滤器和真空吸盘等。

9.5.1 真空元件介绍

1. 真空发生器

真空发生器，由于它获取真空容易，结构简单，体积小，无可动机械部件，使用寿命长，安装使用方便，因此应用十分广泛。真空发生器产生的真空度可达 88kPa，尽管产生的负压力（真空度）不大，流量也不大，但可控可调，稳定可靠，瞬时开关特性好，无残余负压，同一输出口可正负压交替使用。

（1）工作原理。

典型真空发生器结构原理如图 9-37 所示。它是由先收缩后扩张的拉瓦尔喷管、负压腔和接收管等组成，有供气口、排气口和真空口。当供气口的供气压力高于一定值后，喷管射出超声速射流。由于气体的黏性高速射流卷吸走负压腔内的气体，使该腔形成很低的真空度。在真空口 A 处接上真空吸盘，靠真空压力和吸盘吸附面积可吸取物体。

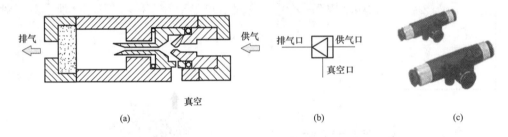

图 9-37　真空发生器

（a）工作原理图；（b）职能符号；（c）实物图

（2）真空发生器的性能。

1）真空发生器的耗气量。真空发生器耗气量是由工作喷嘴直径决定的，但同时也与工作压力有关。同一喷嘴直径，其耗气量随工作压力的增加而增加。喷嘴直径是选择真空发生器的主要依据。喷嘴直径越大，抽吸流量和耗气量越大，而真空度越低；喷嘴直径越小，抽吸流量和耗气量越小，其真空度越高。

2）排气特性和流量特性。排气特性是指真空压力、吸入流量或空气消耗量随真空发生器的供气压力变化的关系，它们随着供气压力的增加而增大。

流量特性是指在真空发生器的供气压力一定时，真空压力与吸入流量的关系。吸入流量是指从吸入口吸入的空气流量。

3）真空度。真空度存在最大值，当超过最大值，即使增加工作压力，真空度非但没有增加反而会下降。真空发生器产生的真空度最大可达 88kPa。实际使用时，建议真空度可选定在 70kPa，工作压力在 0.5MPa 左右。

4）抽吸时间。指真空吸盘内的真空度到达所需要的真空压力的时间或供气阀切换至真空压力开关接通时所需的时间。它与吸附腔的容积（扩散腔、吸附管道容积及吸盘容积等）、吸附表面泄漏状况及所需真空度的大小等有关。

5）二级真空发生器。图 9-38 所示的真空发生器是设计成二级扩散管形式的二级真空

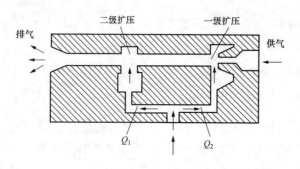

图 9-38　二级真空发生器

发生器。采用二级式真空发生器与单级式产生的真空度是相同的，但在低真空度时吸入流量增加约 1 倍，其吸入流量为 Q_1+Q_2。这样在低真空度的应用场合吸附动作响应快，如用于吸取具有透气性的工件时特别有效。

2. 真空吸盘

真空吸盘是利用吸盘内形成负压（真空）而把工件吸附住的元件。它适用于抓取薄片状的工件，如塑料板、矽钢片、纸张及易碎的玻璃器皿等，要求工件表面平整光滑，无孔无油。

根据吸取对象的不同需要，真空吸盘的材料由丁腈橡胶、硅橡胶、氟化橡胶和聚氨酯橡胶等与金属压制而成。

除要求吸盘材料的性能要适应外，吸盘的形状和安装方式也要与吸取对象的工作要求相适应。常见真空吸盘的形状和结构有平板型、深型、风琴型等多种。图 9-39 所示为吸盘结构及图形符号。

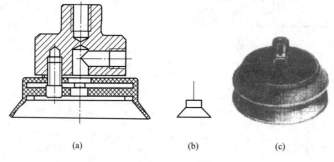

(a)　　　　　　　　　(b)　　　　　　　　　(c)

图 9-39　真空吸盘

（a）结构图；（b）职能符号；（c）实物图

3. 真空减压阀

如图 9-40 所示，真空阀用于控制真空泵产生的真空的通断，真空吸盘的吸着和脱离。真空阀的种类很多，其分类方法与气动换向阀的分类基本相同。按通口数目可分为两通阀、三通阀和五通阀。按控制方式可分为电磁控制真空阀、机械控制真空阀、手动控制真空阀和气控型真空阀。按主阀的结构形式可分为截止式、膜片式和软质密封滑阀式。

一般来说，间隙密封的滑阀、没有使用气压密封圈的弹性密封的滑阀、直动式电磁阀、他控式先导电磁阀和非气压密封的截止阀等都可以用于真空系统中。

对于 IRV□000 系列真空调压阀，其型号表示方法及外形图如图 9-41 所示。

9.5.2　真空元件回路

图 9-42 所示回路是以单一 IVR 真空减压阀调定吸盘吸附工件的控制压力。

图 9-43 所示回路是以多个 IVR 真空减压阀调定吸盘吸附工件的控制压力。回路以不同

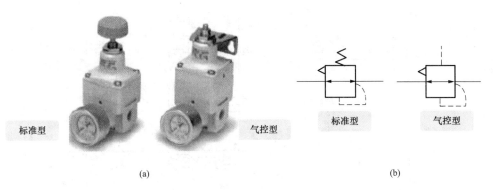

图 9-40 标准型和气控制型真空减压阀

（a）实物图；（b）职能符号

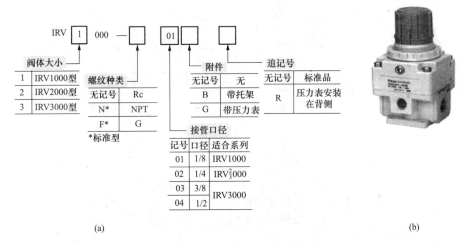

图 9-41 IRV□000 系列真空调压阀

（a）型号表示；（b）实物图

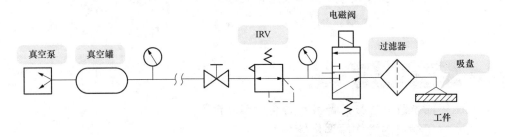

图 9-42 单一压力控制回路

的压力控制工件的吸附。

图 9-44 所示为采用三位三通阀的联合真空发生器，控制真空吸着和真空破坏的回路。当三位三通阀 4 的电磁铁 1YA 通电，真空发生器 1 与真空吸盘 7 接通，真空开关 6 检验真空度并发出信号给控制器，吸盘 7 将工件吸起。

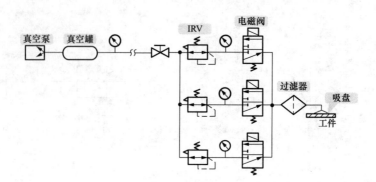

图 9-43　多级压力控制回路

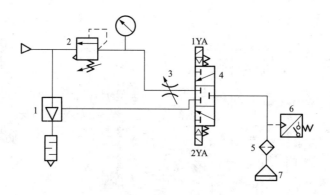

图 9-44　联合真空发生器回路

1—真空发生器；2—减压阀；3—节流阀；4—三位三通阀；
5—过滤器；6—真空开关；7—真空吸盘

当三位三通电磁阀不通电时，真空吸着状态能够持续。

当三位三通阀 4 的电磁铁 2YA 通电，压缩空气进入真空吸盘，真空被破坏，吹力使吸盘与工件脱离。吹力的大小由减压阀 2 设定，流量由节流阀 3 设定。

思考与练习

1. 气压传动系统共包括几部分？各有什么功能？

2. 活塞式压缩机的工作原理是什么？

3. 气缸的主要作用是什么？气液阻尼缸与普通气缸相比有哪些优点？

4. 理解气动马达的工作原理。

5. 气动控制阀有哪些类型？各有什么作用？

6. 气动溢流阀与液压溢流阀有哪些不同之处？

7. 正确理解常用气动逻辑元件的工作原理。

8. 常用的真空元件有哪些？都用在哪些场合？

第10章 气动回路及其应用

本章导读

- 了解气动基本回路根据功能也分为方向控制回路、速度控制回路、压力控制回路、顺序动作回路等，它们的功用与同名液压基本回路相同。
- 熟悉并掌握气动系统中的基本回路和常用回路的工作原理。
- 熟悉并掌握气液联动回路、延时回路、安全保护回路和气动逻辑回路的工作原理。
- 了解气动技术在生产实际中的广泛应用。

10.1 气动常用回路

气动系统也是由一些基本元件所组成的，能够实现某种特定功能的回路。其基本回路分为方向控制回路、速度控制回路、压力控制回路、顺序动作回路等，它们的功用与同名液压基本回路相同。

10.1.1 气液联动回路

在气压回路中，采用气液转换器或气液阻尼缸后，就相当于把气压传动转换为液压传动，这就能使执行元件的速度调节更加稳定，运动也能平稳。若采用气液增压回路，则还能得到更大的推力。气液联动回路装置简单、经济可靠。

1. 采用气液转换器的速度控制回路

图10-1所示为采用气液转换器的速度控制回路。它利用气液转换器1、2将气压变成液压，利用液压油驱动液压缸3，从而得到平稳易控制

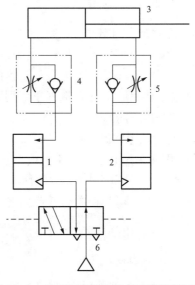

图 10-1 采用气液转换器的速度控制回路
1、2—气液转换器；3—液压缸；
4、5—单向节流阀；6—二位五通气控换向阀

231

的活塞运动速度。调节节流阀4、5的开度，就可以改变活塞的运动速度。这种回路，充分发挥了气动供气方便和液压速度容易控制的特点。必须指出的是：气液转换器中贮油量应不小于液压缸有效容积的1.5倍，同时需注意气液间的密封，以避免气体混入油中。

2. 采用气液阻尼缸的变速控制回路

图10-2（a）为采用行程阀的气液阻尼缸变速回路。活塞杆向右快速运动时，当撞块压下机动行程阀后，液压缸右腔的油只能从节流阀通过，实现慢速运动，如图10-2（b）所示。行程阀的位置可根据需要进行调整。高位油箱起补充泄漏油液的作用。

这种变速回路原理可用于普通气缸及其他类型气缸的变速控制。特别是带开关气缸的普遍采用，这样用磁性开关实现气缸位置的行程发信，控制二位二通电磁阀的换向来改变气缸运动的速度。同样，速度控制阀有多种连接方式，因此变速回路也是多样的，这里不一一列举。

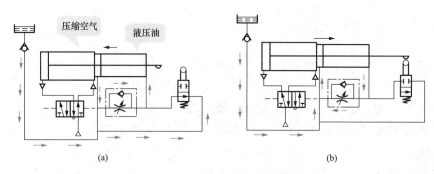

图10-2 采用行程阀的气液阻尼缸变速回路
（a）活塞杆缩回；（b）活塞杆伸出

10.1.2 延时控制回路

1. 延时断开回路

图10-3为延时断开回路。当按下手动阀A后，二位五通换向阀B立即换向，活塞杆伸出，同时压缩空气经节流阀流入气罐C中。经一定时间后，气罐中压力升高到一定值，阀B自动换向（阀B中阀芯左端气压作用面积大于右端气压作用面积），活塞杆返回。调节节流阀开度可获得不同的延时时间。

2. 延时接通回路

图10-4为延时接通回路。按下阀A，压缩空气经阀A和节流阀进入气罐C，一段时间后，气罐中的气压达到一定数值使阀B换向，气路接通。拉出阀A，气罐中的压缩空气经单向阀快速排出，阀B换向，气路排气。

10.1.3 安全启动回路

1. 安全启动回路

以图10-5（a）说明安全启动回路的动作原理。若电磁阀A_1得电，阀A_1换向，其输出经手动阀A_3通路加在阀A_2控制口，使阀A_2换向。此时，气源处理装置输出的空气通过节流阀，从阀A_2输出口2流入系统的流量很小，从而使系统的压力缓慢地建立起来，控制气缸和其他执行元件缓慢地回到初始位置。

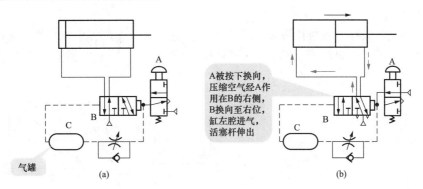

图 10-3　延时断开回路
（a）活塞杆退回；（b）活塞杆伸出

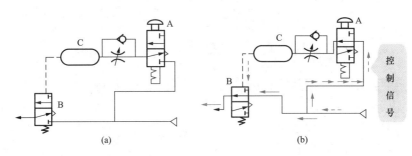

图 10-4　延时接通回路
（a）阀 A 被按下前；（b）阀 A 被按下后

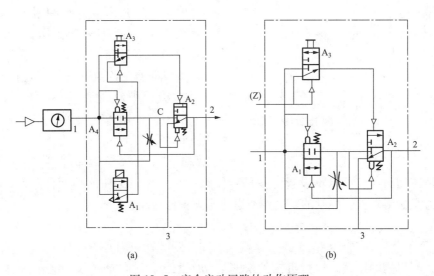

图 10-5　安全启动回路的动作原理
（a）以电磁阀来启动；（b）以单气控阀来启动

当阀 A_2 输出压力达到工作压力一半时，阀 A_4 全部打开。手动阀的手动按钮具有锁定功能。按下手动按钮，阀自动复位。同时，安全启动阀重新启动。

使用时应注意，只有在系统压力建立后，安全启动阀才可动作。

2. 急停回路

急停回路是气动控制系统中重要的安全保护措施，在工作过程中出现意外事故时，按动急停按钮立即停车。应该注意，急停信号除了手动信号外，还有各种自动急停信号，如失压、失电信号和故障信号等。急停方法有三种，如图 10-6 所示。

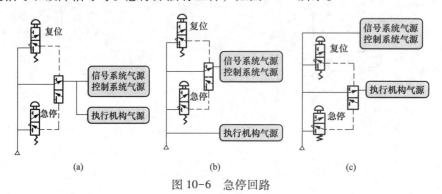

图 10-6　急停回路

（a）切断系统全部气源；（b）切断信号、控制系统气源；（c）切断执行机构气源

（1）切断信号系统、控制系统和执行机构的全部气源，如图 10-6（a）所示，回路处于排气状态，便于检修、维护。

（2）切断信号系统和控制系统的气源，执行机构仍然处于供气状态，如图 10-6（b）所示，气缸运动到终点才能停车。

（3）切断执行机构气源，控制系统仍保持供气状态，如图 10-6（c）所示，信号系统和控制执行机构处于浮动状态。

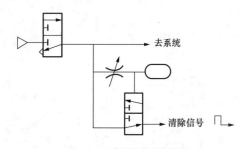

图 10-7　清零信号回路

急停后重新开车，只要按图中的急停复位阀，系统就继续按程序进行工作。

3. 清零信号回路

设备启动前，各执行元件应处在原始位置，常采用图 10-7 所示回路，在接通气源的同时产生清零信号，控制各执行元件自动复位，做好启动前的准备工作。

通常对于有记忆功能的阀（5/2 双控阀），可以设置清零回路，也可以不设置清零信号回路；对于无记忆功能的元件（5/2 单控阀），其输出状态是始终在弹簧控制的一边，所以可不设置清回路。

10.1.4　安全保护回路

由于执行机构的过载，执行机构的快速运动等原因，都可能危及设备或操作人员的安全。因此在气动回路中，常加入安全保护回路。

图 10-8 所示为一过载保护回路。在活塞向右运动过程中，若遇到偶然障碍而过载时，气缸左腔压力将升高，当超过预定值后，即打开顺序阀 3，使阀 2 换向，阀 4 随之复位，活塞立即向左退回。待排除障碍后，按动阀 1，活塞重新启动向右运动。

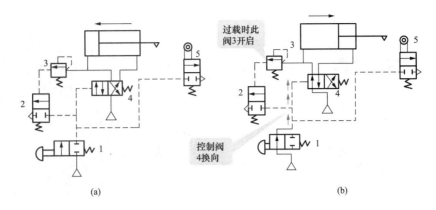

图 10-8 过载保护回路

（a）活塞杆缩回；（b）活塞杆伸出

1—手动换向阀；2、4—气控换向阀；3—顺序阀；5—行程阀

10.1.5 互锁回路

图 10-9 所示回路能防止各缸同时动作，是保证只有一个气缸动作的互锁回路。

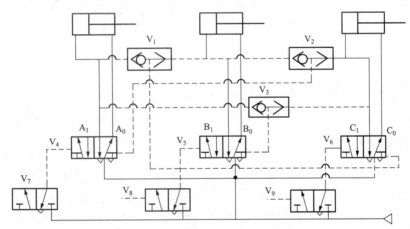

图 10-9 保证只有一个气缸动作的互锁回路

回路中主要利用梭阀 V_1、V_2、V_3 及换向阀 V_4、V_5、V_6 进行互锁。如阀 V_7 被切换，则其输出使阀 V_4 也换向，使气缸 A 活塞杆伸出；与此同时，缸 A 的进气管路的空气使梭阀 V_1、V_2 动作，锁住阀 V_5、V_6，所以此时阀 V_8、V_9 即使有输入信号，气缸 B、C 也不会动作。只有阀 7 复位后，才能使其他气缸动作。

10.1.6 双手操作回路

用两个二位三通阀串联的与门逻辑回路，就构成了一个最常用的双手操作回路。如图 10-10 所示，二位三通阀可以是手动阀或者脚踏阀。可以看出，只有当双手同时按下二位三通阀时，主控阀才能换向，而只按下其中一只三通阀时主控阀不切换，从而保证了只有用两只手操作才是安全的。

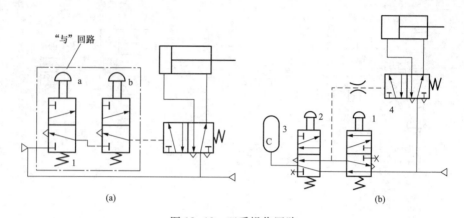

图 10-10　双手操作回路

（a）两阀 a、b 须同时按时阀 3 才可换向；（b）两阀不须同时即可按控阀 4 换向

但是，如果其中一只三通阀已经按下或者一个阀的弹簧失灵而不能复位时，此时只要单独按下另一只三通阀，气缸也能动作，显然这就不够安全。

图 10-10（b）所示为一种可靠性高的双手操作回路，只有同时按下两个手动阀，主控阀才能切换。如果其中一个因某种原因不能复位时，按下另一个并不能使气缸动作。如图示位置，工作开始，气室 3（C）已充满压缩空气。操作时，只要两个手动阀 1 和 2 不同时按下，气室就与大气接通排气，不能使主控阀切换。只有双手同时按下手动阀，由于气室中已预先充满压缩空气，则空气经阀 2 并通过节流阀使主控阀 4 换向。

10.2　气动应用实例

10.2.1　自动调节病床

在医院的住院病人中，有一些是行动不便的，特别是大小便需要有人照料。自动调节病床为这类病人解决了难题，病人只需轻轻压下一个按钮，便桶就可以从床下自动移至病人合适的位置，用完后病人只需松开按钮，便桶就可以移回原位，如图 10-11 所示。

自动调节病床由两只气缸控制，水平气缸 A 使便桶水平移动，垂直气缸 B 使可动床垫移开或复位。操作步骤如下：当病人压下按钮 S 时，气缸 B 后退，退到底后，气缸 A 退回，便桶到位；当病人松开按钮 S 时，气缸 A 前进，进到头后，气缸 B 上升，便桶、床垫恢复原位。控制系统如图 10-12 所示，b_0 为气缸 B 退到底后的行程开关，a_1 为气缸 A 伸到前端的行程开关，只有当气缸 B 将 b_0 压下后，气缸 A 才能退回，另外只有当气缸 A 压下 a_1 后，气缸 B 才能顶出。

气动调节病床的控制特点为 A、B 两缸，分别由行程开关限制其动作，而前进和后退的手控阀只需一个 S。在刚开始时（初始位置），气缸 A、B 伸出，当按钮阀 S 换向时，主控阀 I 换向，气缸 B 下降。此时，主控阀 II 的 A_0 侧，由于有"与"门 Z_2，只有当气缸 B 完全退回后，b_0 动作，才能使得 Z_2 有信号输出，使主控阀 II 换向（A_0），气缸 A 退回。

同理，在按钮阀 S 复位时，主控阀 II 的 A_1 侧进气，使主控阀 II 换向到 A_1 侧，气缸 A 伸出。此时，主控阀 I 的 B_1 侧由于有"与"门 A_1，只有当气缸 A 完全伸出后，a_1 动作，才能

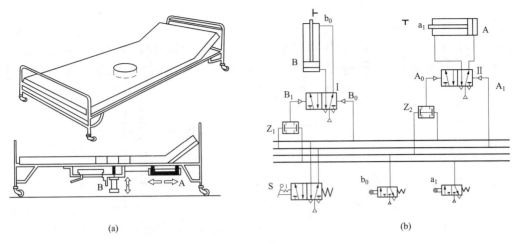

图 10-11　自动调节病床机及其气动控制系统

（a）自动调节病床；（b）气动控制系统

使 Z_1 有信号输出，使主控阀 I 换向到 B_1 侧，气缸 B 伸出。

10.2.2　气动联动生产线在雷管生产中的应用

在雷管生产装配中，手工操作移送组合膜，劳动强度大，工作环境处于易燃、易爆和多尘埃的恶劣场合。

为了改善工人生产条件，提高劳动效率，采用介质在管路中流动，这样易于实现系统的起动控制，能完成直线往复等运动，无污染、易供气、元件结构简单、标准的气动系统，构成了现在雷管生产装配中常用的气动联动生产线。

1. 工作原理

在 1、2 次装、压药工序，清擦及退模工序中，都应用了气动装置，配合传送带及油压机完成各工序的动作，从而组成了气动联动生产线；另外，在卡口机中也抛弃了陈旧的电气传动，采用气动传动。对于 3 装 3 压工序中的雷管装配压合工序，其工作程序如图 10-12 所示。

其气缸及开关位置即工况位置图如图 10-13 所示。

其气动控制系统如图 10-14 所示。

2. 动作说明

工作前：

（1）双向放大器 A、B 右端处于输出状态。

（2）K_0、K_1、K_2、K_6 为常闭信号开关，K_3、K_4、K_5、K_7、K_8、K_9 为常闭高压气开关，K_5、K_9 处于常开状态。

（3）气缸 G_3 活塞在前，G_1、G_2、G_4、G_5 活塞在后。

工作时：当上工序有组合模至本工序，由于传送带与组合模之间的摩擦力及模本身所具有的惯性力使组合模撞开 K_3，高压气进入 G_1 后腔，将组合模送至工作台，同时碰开 K_4，高压气由 K_4 通过 K_5 进入 G_2 后腔，将组合模推至滑板上，并碰开 K_2，信号气进入 A、B 左端，使 A、B 左端有高压气输出，这时高压气进入 G_1、G_2 前腔，使 G_1、G_2 复位。此时高压气进

入 G_3 前腔，将组合模拉入压合工作位置，碰开 K_7，使高压气进入 G_4、G_5 后腔，将小防险门关闭并推开油压机操作杆，使工作台上升至产品，待压力达到要求时，补偿器芯杆碰开 K_6，使信号气进入 A、B 右端，使 A、B 右端有高压气输出，待油压机工作台下降至终点碰开 K_8，使高压气进入 G_4、G_5 将门开启，并使操作杆复位。待门完全打开后碰开 K_9，使高压气进入 G_3，将组合模推出，至此完成一个工作循环。

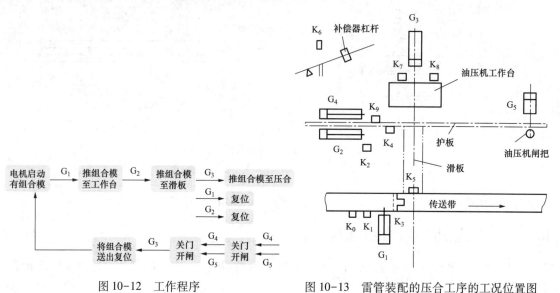

图 10-12 工作程序

图 10-13 雷管装配的压合工序的工况位置图

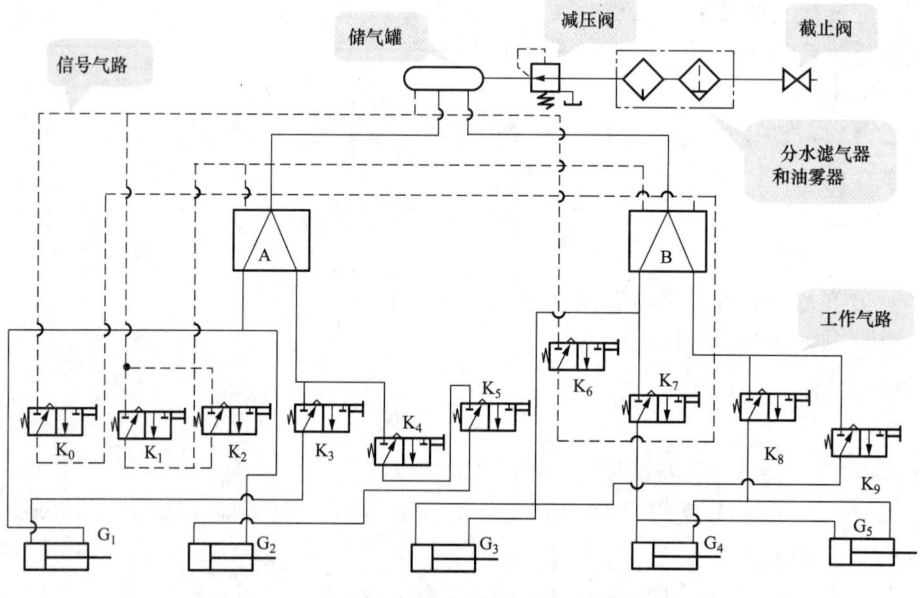

图 10-14 雷管装配的压合工序的气动控制系统图

复位：工作前或工作中气路发生混乱可按动 K_0，G_3 复位：按动 K_0，G_1、G_2 复位；按动 K_1，再按动 K_0。

双向液压锁 6 和 8 的作用：

(1) K_6、K_7、K_8、K_9 的安装支架及压板可根据实际情况用 2mm 厚铁皮制作。

(2) K_6 也可安装在适当位置由油压机工作台开关。

(3) 所用气动元件采用原生产线之合格品。

3. 气动联动生产线特点

(1) 数条雷管生产线采用一个空气压缩站，统一供给各生产线压缩气体，每条生产线分成数个工序，各工序除油压机装备防爆电动机外，无任何电气设备。由于气动装置能在易燃、易爆、多尘的场合下安全工作，再加以易爆工序都安装了防护板，从而基本保证了工人操作的安全性。

(2) 气缸缸径统一，根据工况的不同变换缸套和气缸杆长短，形式全部是单向推拉式，各气缸在控制元件的控制下，将气体的压力转换成机械能，完成各种逻辑动作，执行工序任务，在传送带的配合下各工序联成一条生产线，从而大大减轻了工人的劳动强度，提高了生产效率。

(3) 本生产线所采用的高压开关、信号开关、手动复位开关、双向气动放大器、分水滤气器油雾器、二通阀门等基本都是标准通用件，从而保证了气路的配套维修。

(4) 由于采用了手动复位开关，可以使组合模等模具在不到位的情况下，按动手动复位开关到位。

10.2.3 气动技术在飞机上的应用

1. 飞机气压传动系统简介

飞机气压传动能源系统的组成原理如图 10-15 所示。将地面气源接到充气嘴，打开各分路开关，压缩空气通过空气滤清器、单向阀进入各路储气瓶储存。当各路充气达到规定压力时，关闭各路充气开关。

当液压系统发生故障时，利用应急气动系统放下襟翼和起落架并进行应急刹车，以保证飞机安全着陆。

2. 应急放下襟翼系统

应急放下襟翼系统原理图如图 10-16 所示。当打开座舱内的襟翼应急放下手动开关时，应急储气瓶中的压缩空气经过此开关分

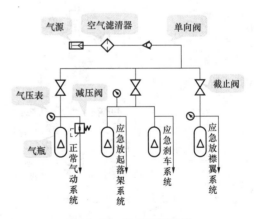

图 10-15 气动能源系统

成两路：一路到气控换向阀（又称为应急排油活门）6，断开作动筒的回油路使其直接通大气，以使襟翼放下时将回油油液排出机外；另一路经梭阀即转换活门 5 和液压锁 4 分别进入襟翼作动筒 3 的放下腔，将襟翼应急放下。

襟翼应急放下系统采用了与液压系统共用的管路和附件，其执行动作均利用液压附件，冷气系统仅向其提供能源并实现应急操纵。因此，除襟翼应急放下开关外，其他附件均是液

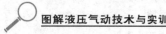
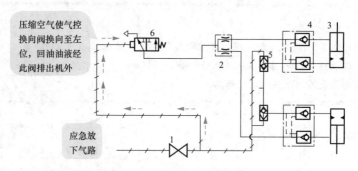

图 10-16　应急放下襟翼系统

1—应急放下开关；2—分流集流阀；3—襟翼作动筒；4—液压锁；5—转换活门；6—气控换向阀

压附件。其原理、结构和安装见液压系统说明。

3. 应急放下起落架

应急放下起落架系统原理图如图 10-17 所示。当打开座舱内的起落架应急放下手动开关时，应急储气瓶中的压缩空气经过此开关分成两路：一路到气控换向阀（又称为应急排油活门）6，断开作动筒的回油路，以便使起落架放下时将回油油液排出机外；另一路经 6 个梭阀（又称为转换活门 2）、舱门和起落架的上位锁作动筒、分别进入舱门作动筒 6 和起落架 8 的放下腔，将起落架应急放下。

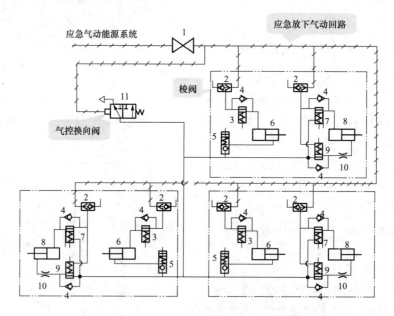

图 10-17　应急放下起落架系统

1—应急放下开关；2—应急转换阀；3—舱门锁；4—单向阀；5—协调阀；6—舱门作动筒；7—起落架上位锁；
8—起落架收放作动筒；9—起落架下位锁；10—限流阀；11—应急排油阀

起落架应急放下系统采用了与液压系统共用的管路和附件，其执行动作均利用液压附件，冷气系统仅向其提供能源并实现应急操纵。因此，除起落架应急放下开关外，其他附件均是液压附件。其原理、结构和安装见液压系统说明。

4. 应急刹车系统

应急刹车系统原理图如图 10-18 所示。使用应急刹车时，驾驶员操纵仪表板上的应急刹车手柄，通过连杆压通气压刹车阀，经过适当减压，通过控制手柄的拉力大小控制进入机轮内刹车作动筒的压力，进行刹车。松开手柄后，已进入机轮的冷气，通过气压刹车阀与大气接通，实现松开刹车。

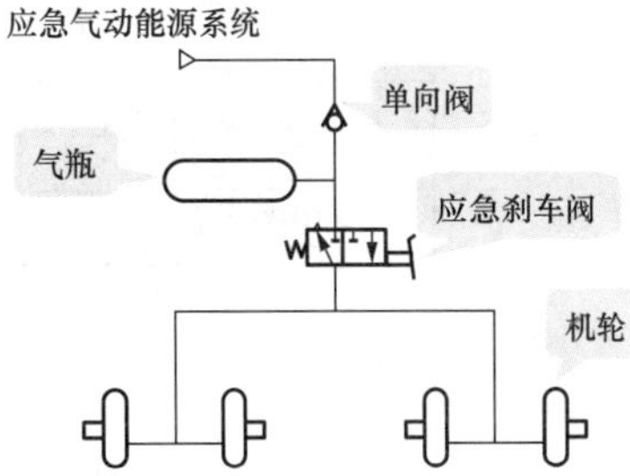

图 10-18 应急刹车系统

10.2.4 气动机械手

机械手是自动生产设备和生产线上的重要装置之一。它可以根据各种自动化设备的工作需要，按照预定的控制程序动作，例如实现自动取料、上料、卸料和自动换刀等。气动机械手是机械手中的一种，它具有结构简单、重量轻、动作迅速、平稳、可靠以及省能等优点。

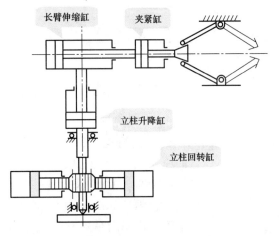

图 10-19 气动机械手结构示意图

图 10-19 是用于某专用设备上的气动机械手的结构示意图，它由夹紧缸、长臂伸缩缸、立柱升降缸和立柱回转缸四个气缸组成。对于夹紧缸，其活塞杆退回时夹紧工件，活塞杆伸出时松开工件。长臂伸缩缸，可实现伸出和缩回动作。立柱回转缸有两个活塞，分别装在带齿条的活塞杆两头，齿条的往复运动带动立柱上的齿轮旋转，从而实现立柱的回转。

该气动机械手若要求的动作顺序为：立柱下降 C_0→伸臂 B_1→夹紧工件 A_0→缩臂 B_0→立柱顺时针转 D_1→立柱上升 C_1→放开工件 A_1→立柱逆时针转 D_0。

该气动机械手的气动控制系统可按以下步骤进行设计。

1. 列出工作程序图

按照所要求的动作顺序，可写成 $C_0 B_1 A_0 B_0 D_1 C_1 A_1 D_0$ 程序式。其工作程序图见图 10-20 所示。图中 q 为启动信号。

2. 绘制信号—动作状态图

由图 10-20 机械手工作程序图中可看出，所要设计的气动系统属于多缸单往复系统。

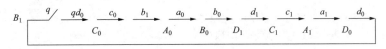

图 10-20 机械手工作程序

按图 10-20 可画出气动机械手 X—D 线图，如图 10-21 所示。从图中可看出原始信号 c_0 和 b_0 均为障碍信号，因而必须消障。

为了减少气动元件的数量，这两个障碍信号都是用逻辑回路法来消障的，其消障后的执

行信号分别为 $c_0^*(B_1)=c_0a_1$ 和 $b_0^*(D_1)=b_0a_0$。

X—D组		1	2	3	4	5	6	7	8	执行信号
		C_0	B_1	A_0	B_0	D_1	C_1	A_1	D_0	
1	$d_0(C_0)$ C_0									$d_0(C_0)=qd_0$
2	$c_0(B_1)$ B_1									$c_0^*(B_1)=c_0a_1$
3	$b_1(A_0)$ A_0									$b_1(A_0)=b_1$
4	$a_0(B_0)$ B_0									$a_0(B_0)=a_0$
5	$b_0(D_1)$ D_1									$b_0^*(D_1)=b_0a_0$
6	$d_1(C_1)$ C_1									$d_1(C_1)=d_1$
7	$c_1(A_1)$ A_1									$c_1(A_1)=c_1$
8	$a_1(D_0)$ D_0									$a_1(D_0)=a_1$
备用格	$c_0^*(B_1)$									
	$b_0^*(D_1)$									

图 10-21　气动机械手 X—D 线图

3. 绘制逻辑原理图

图 10-22 为气动机械手的气控逻辑原理图。图中右侧列出了四个缸八个状态，即 A_1、A_0、B_1、B_0……以及与它们相对应的主控阀。图中左侧列出的是由行程阀、启动阀等发出的原始信号（该图是简略画法，故不加小方框）。图 10-21 的中间部分为"与"的逻辑符号。这里需要说明的是启动信号 q 对 d_0 起开关作用，而其余两个"与"则起消障作用。

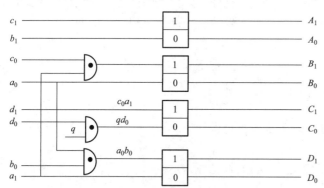

图 10-22　气动机械手的气控逻辑原理图

4. 绘制气动回路原理图

图 10-23 是按照图 10-22 气控逻辑原理图而绘制的机械手气动回路原理图。在 X—D 线图中可看出原始信号 c_0、b_0 为障碍信号，而且是用逻辑回路法消障，故它们是无源元件，即不能直接与气源相接。而按照消障后的执行信号表达式 $c_0^*(B_1)=c_0a_1$ 及 $b_0^*(D_1)=b_0a_0$。可知，原始信号 b_0 要通过 a_0 与气源相接；同样原始信号 c_0 要通过 a_1 与气源相接。

系统的工作循环分析如下：

（1）按下启动阀 q，从图中可看出控制气使 C 缸的主控阀处于左位，使 C 缸活塞杆退回，即得 C_0。

（2）当 C 缸活塞杆上的挡铁碰到 c_0 时，则控制气将使月缸的主控阀处于左位，使 B 缸活塞杆伸出，即得 B_1。

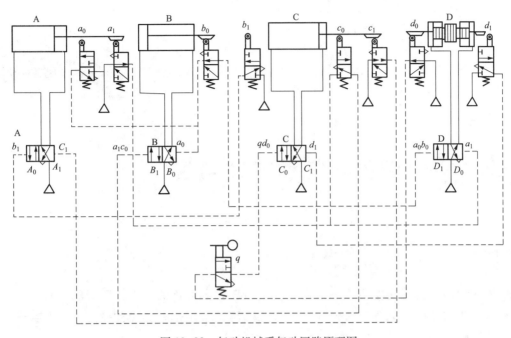

图 10-23 气动机械手气动回路原理图

（3）当 B 缸活塞杆上的挡铁碰到 b_0 时，则控制气使 A 缸的主控阀处于左位，使 A 缸活塞杆退回，即得 A_0。

（4）当 A 缸活塞杆上的挡铁碰到 a_0 时，则控制气使 B 缸的主控阀处于右位，使 B 缸活塞杆退回，即得 B_0。

（5）当 B 缸活塞杆上的挡铁碰到 b_0 时，则控制气使 D 缸的主控阀处于左位，使 D 缸活塞杆往右，即得 D_1。

（6）当 D 缸活塞杆上的挡铁碰到 d_1 时，则控制气使 C 缸的主控阀处于右位，使 C 缸活塞杆伸出，即得 C_1。

（7）当 C 缸活塞杆上的挡铁碰到 c_1 时，则控制气使 A 缸的主控阀处于右位，使 A 缸活塞杆伸出，即得 A_1。

（8）当 A 缸活塞杆上的挡铁碰到 d_1 时，则控制气使 D 缸的主控阀处于右位，使 D 缸活塞杆往左，即得 D_0。

（9）当 D 缸活塞杆上的挡铁碰到 d_0 时，则控制气使 C 缸的主控阀又处于左位，于是新的工作循环又重新开始。

说明

由图 10-21 气动机械手 X—D 线图中的执行信号（包括消障后的执行信号）均比所控制的动作要短（注意这里没有瞬时障碍信号），因而不会产生动作延迟现象。

第11章 液压与气动实训项目

本 章 导 读

- 加深对液压传动基本概念、液压元件、液压基本回路的认识和原理的理解。
- 认识和选用液压元件,设计和搭接液压回路,掌握基本的操作技能,培养实际分析和解决问题的能力。
- 培养良好的"5S(整理、整顿、清洁、清扫、素养)"素质。

11.1 液压元件的性能测试

一、液压泵的性能测试

(一)实验目的

通过对液压泵的测试,进一步了解泵的性能,掌握液压泵工作特性的原理和基本方法。

(二)实验条件

(1)液压试验台、液压泵。

(2)工具:内六方扳手2套、固定扳手、螺丝刀和卡簧钳等。

(3)辅料:铜棒、棉纱和煤油等。

(三)实验要求

(1)实验前认真预习,搞清楚相关液压泵的工作原理,对其结构组成有一个基本的认识。

(2)绘制测试用液压回路图。

(3)依照原理图的要求,选择所需的液压元件实际构造液压回路;同时检验性能是否完好。

(4)制表,将实验数据填写在设计的表格中。

(5)绘制泵的压力—流量特性曲线。

(6)导出结论。

（四）实验内容及实验步骤

1. 实验回路

参见图 11-1。

2. 实验步骤：

（1）依照图 11-1 所示的原理图选择所需的液压元件并检验其性能是否完好。

（2）将检验好的液压元件安装在插件板的适当位置，通过快速接头、软管按回路的要求连接，确认安装和连接无误，然后：

① 先将节流阀 4 的开口开得稍大些，然后将溢流阀 2 完全放松（逆时针旋转），启动液压泵 1，空载运行几分钟以排除系统内的空气。

② 将节流阀 4 完全关闭后慢慢调节溢流阀 2，使系统压力 p 上升至所需的压力值（顺时针方向转），如将系统压力调至 7MPa，然后旋紧螺母将溢流阀锁住。

③ 全开节流阀 4 的开口，使被试泵的输出压力为 $p=0$（或者接近零），此时测出来的流量为空载流量，此流量视为泵的理论流量。

④ 逐渐关小节流阀 4 的开口作为液压泵 1 的不同负载，对应测出并记录不同负载时的压力 p，流量 q、电机输入功率 W、转速 n。记录多组。

⑤ 停止数据采集。

⑥ 读取数据，生成泵的流量-压力特性曲线。

⑦ 实验完成后，旋松溢流阀 2 的手柄，待回路中压力接近于零时将电动机关闭，拆下元件并清理好元件，放入规定抽屉内。

（3）实验分析。

根据所测数据，绘制曲线图（与所附曲线图相比较）。若有数据采集系统，则曲线由数据采集系统直接产生。

（4）依据测试数据，计算出泵的容积效率，总效率。并提交实验报告。

液压泵的特性曲线参见图 11-2。

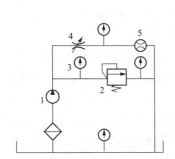

图 11-1　液压泵的性能测试原理图

1—被测叶片泵；2—溢流阀；3—压力传感器；
4—节流阀；5—流量传感器

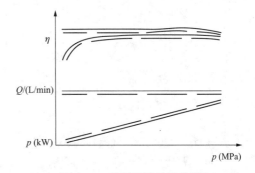

图 11-2　液压泵的特性曲线

二、溢流阀的特性测试

（一）实验目的

加强理解溢流阀稳定工作的静态特性。主要包括：调压范围、启闭特性等指标。进一步理解溢流阀工作参数突然变化瞬间的动态特性。掌握溢流阀静、动态性能的测试方法。

（二）实验条件

（1）液压试验台、被测溢流阀。

（2）工具：内六方扳手2套、固定扳手、螺丝刀和卡簧钳等。

（3）辅料：铜棒、棉纱和煤油等。

（三）实验要求

（1）实验前认真预习，搞清楚相关溢流阀的工作原理，对其结构组成有一个基本的认识。

（2）绘制测试用液压回路图。

（3）依照原理图的要求，选择所需的液压元件实际构造液压回路；同时检验性能是否完好。

（4）制表，将实验数据填写在设计的表格中。

（5）绘制溢流阀的压力—流量特性曲线。

（6）导出结论。

（四）实验内容与注意事项

1. 实验回路

参见图11-3。

2. 实验步骤

（1）调压范围的测定。

先导式溢流阀的调定压力是由先导阀弹簧的压紧力决定的，改变弹簧的压缩量就可以改变溢流阀的调定压力。

具体实验步骤：

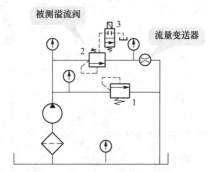

图11-3　溢流阀的性能测试原理图

1—溢流阀；2—被测溢流阀；3—电磁换向阀

1）根据如图11-3所示的原理图选择所需的液压元件，同时检验性能是否完好。

2）将检验好的液压元件安装在插件板的适当位置，通过快速接头和软管按回路的要求连接，确认安装和连接无误。

3）先将被测溢流阀2关闭（顺时针旋紧），再将溢流阀1完全打开（逆时针旋松）。

4）启动泵，运行半分钟后，调节溢流阀1（顺时针旋紧），使泵出口压力升至6MPa。

5）将被试阀溢流阀2完全打开（逆时针旋松），使泵的压力降至最低值。

6）调节被测溢流阀2的手柄，从全开至全关（先逆时针旋松，再顺时针旋紧），再从全关至全开（先顺时针旋紧，再逆时针旋松），观察压力的变化是否平稳，并测量压力的变化范围是否符合规定的调节范围。

（2）稳态压力—流量特性试验。

溢流阀的稳态特性包括开启和闭合两个过程。

实验曲线若用数据采集系统进行数据采集后会自动生成；若没有数据采集系统则采用人工读数记录数据，再用描点法绘制。

开启过程的实验步骤：

① 关闭溢流阀 1（顺时针旋紧），将被试阀 2 调定在所需压力值（比如 3MPa）。

② 打开溢流阀（逆时针旋松）1，使通过被试阀 2 的流量为零。

③ 逐渐关闭溢流阀 1 并记录相对应的压力、流量。

④ 通过对压力和溢流量的比值的分析，可以绘制特性曲线图，如图 11-4 所示。

开启实验作完后，再将溢流阀 1 逐渐打开（逆时针方向旋），分别记录下各压力处的流量。即得到闭合数据。

（3）特性曲线：卸压—建压特性试验。

溢流阀的特性曲线包括卸压—建压特性曲线，稳态压力—流量特性曲线；其中卸压—建压试验是动态试验，周期短，肉眼只能观察到现象，而且数据记录有一定的困难，所以由数据采集系统来完成相对容易些。

具体操作如下：

① 先关闭溢流阀 1，再将被试溢流阀 2 调定在所需试验压力下（比如 3MPa）。

② 将电磁阀 3 通电使系统处于卸荷状态。

③ 将电磁阀 3 断电。换向阀切换时，数据采集系统记录测试被试阀从所控制的压力卸到最低压力值所需的时间和重新建立控制压力值的时间。

电磁阀 3 的切换时间不得大于被试阀的响应时间的 10%，最大不超过 10ms。

当溢流阀是先导控制型式时，可以用一个卸荷控制阀换向阀切换先导级油路，使被试阀卸荷，并逐点测出各流量时被试阀的最低工作压力。

溢流阀性能的特性曲线参见图 11-4。

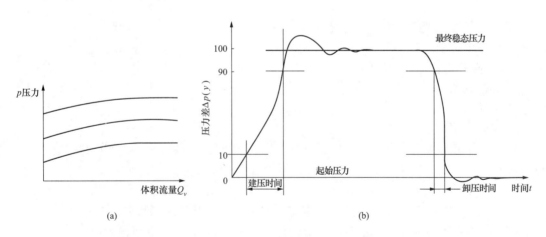

图 11-4　溢流阀的性能曲线

（a）稳态压力—流量特性曲线；（b）卸压—建压特性曲线

（4）实验完毕后，首先旋松回路中的溢液阀手柄，然后将泵关闭。确认回路中压力为零后方可将胶管和元件取下，清理元件放入规定的抽屉内。

3. 注意事项

（1）油源的流量应大于被试阀的试验流量，允许在给定的基本回路中增设调节压力、流量或保证试验系统安全工作的元件。

（2）测量点的位置。

1）测量压力点的位置：进口测压点应设置被试阀的上游，距被试阀的距离约为 5d（d 为管道通径）；出口测压点应设置在被试阀的 10d 处。注意在测量仪表连接时要排除连接管道内的空气。

2）测温点的位置：设置在油箱的一侧，直接浸泡在液压油中。

三、节流阀的特性测试

（一）实验目的

（1）学会测试各种节流调速阀的性能，并作其速度负载特性曲线。

（2）分析比较节流阀与调速阀的性能优劣。

（二）实验条件

（1）液压试验台、被测节流阀。

（2）工具：内六方扳手 2 套、固定扳手、螺丝刀和卡簧钳等。

（3）辅料：铜棒、棉纱和煤油等。

（三）实验要求

（1）实验前认真预习，搞清楚相关溢流阀的工作原理，对其结构组成有一个基本的认识。

（2）绘制测试用液压回路图。

（3）依照原理图的要求，选择所需的液压元件实际构造液压回路；同时检验性能是否完好。

（4）制表，将实验数据填写在设计的表格中。

（5）绘制溢流阀的压力—流量特性曲线。

（6）导出结论。

（四）实验内容与注意事项

1. 实验回路

参见图 11-5。

2. 实验步骤

（1）先关闭节流阀 4，将溢流阀 2 全部打开，启动泵半分钟，排除管内的空气。

（2）顺时针旋紧溢流阀 2，使系统输出压力至 6MPa。

（3）调节节流阀 4 的开口量至一定值，比如使油泵的输出压力值到 3MPa。

（4）如有数据采集系统，设置好数据采集参数，点击开始采集数据。

（5）完全打开溢流阀 2（逆时针方向旋转），使通过节流阀 4 的流量为零。

（6）逐渐关闭溢流阀 2（顺时针旋转），同时记录相对应的压力、流量值。

根据压差与流量的数值绘制曲线图；若有数据采集系统，则由数据采集系统直接来完成。

（7）停止数据采集，读取数据并生成流量—压力特性曲线，参见图 11-6 所示。

（8）实验完毕后，首先旋松回路中的溢液阀手柄，然后将泵关闭。确认回路中压力为零后方可将胶管和元件取下，清理元件放入规定的抽屉内。

3. 特性曲线

节流阀的稳态压力—流量特性曲线如图 11-6 所示。

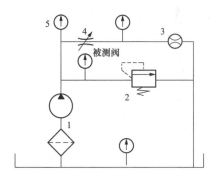 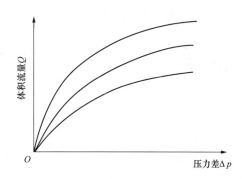

图 11-5 节流阀的性能测试原理图   图 11-6 节流阀的稳态压力—流量特性曲线
1—液压泵；2—溢流阀；3—流量传感器；
4—被测节流阀；5—压力传感器

4. 注意事项

（1）油源的流量要大于被试阀的试验流量，允许回路中增设调节压力、流量或保证试验系统安全工作的元件。

（2）测量点的位置。

1）测量压力点的位置：进口测压点应设置被试阀的上游，距被试阀的距离为 $5d$（d 为管道通径）；出口测压点应设置在被试阀的 $10d$ 处。

注意： 测量仪表连接时要排除连接管道内的空气。

2）测温点的位置：设置在油箱的一侧，直接浸泡在液压油中。

（3）实验用液压油的清洁度等级：固体颗粒污染等级代号不得高于 19/16。

读者可以参照前面的实验进行调速阀以及减压阀的特性测试。

11.2 液压泵的拆装

一、实验目的

掌握液压泵结构、性能特点和工作原理，会对液压泵简单故障进行分析处理。

二、实验条件

（1）液压泵：齿轮泵。
（2）工具：内六方扳手 2 套、固定扳手、螺丝刀和卡簧钳等。
（3）辅料：铜棒、棉纱和煤油等。

三、实验要求

（1）实验前认真预习，搞清楚相关液压泵的工作原理，对其结构组成有一个基本的认识。

（2）针对不同的液压元件，利用相应工具，严格按照其拆卸、装配步骤进行，严禁违反操作规程进行私自拆卸、装配。

（3）实验中弄清楚常用液压泵的结构组成、工作原理及主要零件、组件和特殊结构的作用。

四、实验内容及注意事项

在实验老师的指导下，拆解各类液压泵，观察、了解各零件在液压泵中的作用，了解各种液压泵的工作原理，按照规定的步骤装配各类液压泵。

1. 齿轮泵

CB—B 型齿轮泵的结构如图 11-7 和图 11-8 所示。

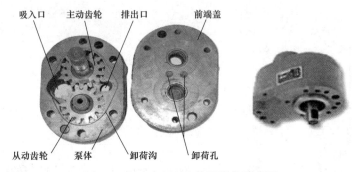

图 11-7　CB—B 型齿轮泵结构示意图

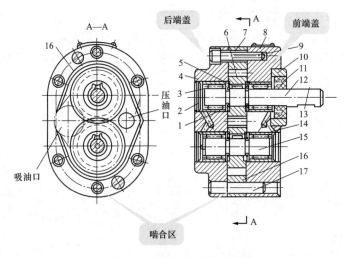

图 11-8　CB—B 齿轮泵的结构

1—轴承外环；2—堵头；3—滚子；4—后泵盖；5—键；6—齿轮；7—泵体；8—前泵盖；9—螺钉；10—压环；11—密封环；12—主动轴；13—键；14—泄油孔；15—从动轴；16—泄油槽；17—定位销

2. 工作原理

在吸油腔，轮齿在啮合点相互从对方齿谷中退出，密封工作空间的有效容积不断增大，完成吸油过程。在排油腔，轮齿在啮合点相互进入对方齿谷中，密封工作空间的有效容积不断减小，实现排油过程。

3. 拆装步骤

（1）拆解齿轮泵时，先用内六角扳手在对称位置松开 6 个紧固螺钉 9，之后取掉螺钉，取掉定位销 17，掀去前泵盖 8，观察卸荷槽、吸油腔、压油腔等结构，弄清楚其作用，并分析工作原理。

（2）从泵体中取出主动齿轮及轴和从动齿轮及轴。

（3）分解泵盖与轴承、齿轮与轴及泵盖与油封。

（4）装配步骤与拆卸步骤相反。

4. 拆装注意事项

（1）拆装中应用铜棒敲打零部件，以免损坏零部件和轴承。

（2）拆卸过程中，遇到元件卡住的情况时，不要乱敲硬砸，请指导老师来解决。

（3）装配时，遵循先拆的部件后安装、后拆的零部件先安装的原则，正确合理地安装，脏的零部件应用煤油清洗后才可安装，安装完毕后应使泵转动灵活平稳，没有阻滞、卡死现象。

（4）装配齿轮泵时，先将齿轮和轴装在后泵盖的滚针轴承内，轻轻装上泵体和前泵盖，打紧定位销，拧紧螺栓，注意使其受力均匀。

5. 主要零件分析

轻轻取出泵体，观察卸荷槽、消除困油槽及吸、压油腔等结构，弄清楚其作用。

（1）泵体 7 的两端面开有封油槽 d，此槽与吸油口相通，用来防止泵内油液从泵体与泵盖接合面处外泄，泵体与齿顶圆的径向间隙为 0.13~0.16mm。

（2）泵盖 8 与 4 前后泵盖内侧开有卸荷槽 e（图 11-8 中虚线所示），用来消除压力油。后泵盖 4 上吸油口大，压油口小，用来减小作用在轴和轴承上的径向不平衡力。

（3）油泵齿轮两个齿轮的齿数和模数都相等，齿轮与泵盖间轴向间隙为 0.03~0.04mm，轴向间隙不可以调节。

读者可以参照前面的实验进行叶片泵以及柱塞泵的拆装。图 11-9 为双作用叶片泵的结构示意图。

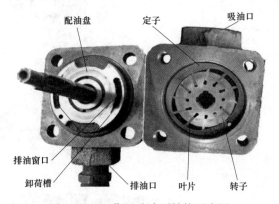

图 11-9 双作用叶片泵结构示意图

11.3 液压阀的拆装

（一）实验目的

掌握各种液压控制阀的结构、性能特点和工作原理，会对液压控制阀的简单故障进行分析处理。

（二）实验条件

（1）液压控制阀：电磁换向阀、溢流阀和节流阀。

（2）工具：内六方扳手2套、固定扳手、螺丝刀和卡簧钳等。

（3）辅料：铜棒、棉纱和煤油等。

（三）实验要求

（1）实验前认真预习，搞清楚相关液压控制阀的工作原理，对其结构组成有一个基本的认识。

（2）针对不同的液压控制阀，利用相应工具，严格按照其拆卸、装配步骤进行，严禁违反操作规程进行私自拆卸、装配。

（3）实验中弄清楚常用液压控制阀的结构组成、工作原理及主要零件、组件和特殊结构的作用。

（四）实验内容及注意事项

在实验老师的指导下，拆解各类液压控制阀，观察、了解各零件在液压控制阀中的作用，了解各种控制阀的工作原理，按照规定的步骤装配各类液压阀。图11-10为DA/DAW型先导式卸荷溢流阀的示意图，图11-11为三位四通电磁换向阀的结构示意图。

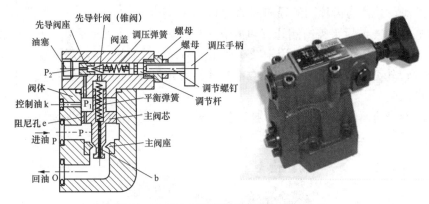

图11-10　DA/DAW型先导式卸荷溢流阀

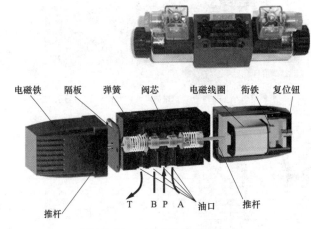

图11-11　三位四通电磁换向阀

T—回油腔　P—压力腔　A，B—工作腔

思考题：试比较溢流阀、减压阀和顺序阀三者之间的异同点。

11.4　液压缸的拆装及性能测试

一、液压缸的拆装、装配实训

（一）实验目的

掌握液压缸的结构（如图 11-12 所示）、性能特点和工作原理，会对液压缸的简单故障进行分析处理。

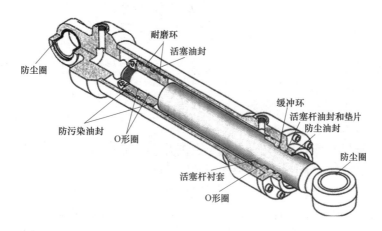

图 11-12　液压缸的结构示意图

（二）实验内容

（1）液压缸：单杆活塞缸。

（2）工具：内六角扳手、一字螺丝刀、十字螺丝刀和卡簧钳等。

（3）辅料：铜棒、棉纱和煤油等。

（三）实验要求

（1）实验前认真预习，搞清楚相关液压缸的工作原理，对其结构组成有一个基本的认识。

（2）针对不同的液压元件，利用相应工具，严格按照其拆卸、装配步骤进行，严禁违反操作规程进行私自拆卸、装配。

（3）实验中弄清楚常用液压缸的结构组成、工作原理及主要零件、组件和特殊结构的作用。

（四）拆装步骤

（1）拆卸液压缸前，应使液压缸回路中的油压降为零。卸压时应先拧松溢流阀等处的手轮或调压螺钉，使压力油卸荷，然后切断电源或切断动力源，使液压装置停止运转。

（2）拆卸时应防止损伤活塞杆顶端螺纹、油口螺纹、活塞杆表面和缸套内壁等。为了防止活塞杆等细长件弯曲或变形，放置时应用垫木支承均衡。

（3）由于液压缸的具体结构不尽相同，拆卸的顺序也不尽相同，要根据具体情况进行判断。

法兰连接式液压缸，应先拆除法兰连接螺钉，用螺钉把端盖顶出，不能硬撬或锤击，以免损坏；内卡键连接式液压缸应使用专用工具，将导向套向内推，露出卡键后，再将卡键取出，然后用尼龙或橡胶质地的物品把卡键槽填满后再往外拆；螺纹连接式液压缸，应先把螺纹压盖拧下；在拆除活塞杆和活塞时，不能硬性将活塞杆组件从缸体中拉出，应设法保持活塞杆组件和缸筒的轴心在一条线上缓慢拉出。

（4）在零件拆除检查后，应将零件保存在较干净的环境中，并加装防止磕碰的隔离装置，重新装配前，应将零件清洗干净。

（五）拆装注意事项

（1）拆卸前后要设法创造条件防止液压缸的零件被周围的灰尘和杂质污染。例如，拆卸时应尽量在干净的环境下进行；拆卸后所有零件要用塑料布盖好，不要用棉布或其他工作用布覆盖。

（2）液压缸拆卸后要认真检查，以确定哪些零件可以继续使用，哪些零件可以修理后再用，哪些零件必须更换。

（3）装配前必须对各零件仔细清洗。

（4）要正确安装各处的密封装置。

（5）螺纹连接件拧紧时应使用专用扳手，扭力矩应符合标准要求。

（6）活塞与活塞杆装配后，须设法测量其同轴度和在全长上的直线度是否超差。

（7）装配完毕后，活塞组件移动时应无阻滞感和阻力大小不均等现象。

（8）液压缸向主机上安装时，进出油口接头必须加上密封圈并紧固好，以防漏油。

（9）按要求装配好后，应在低压情况下进行几次往复运动，以排除缸内气体。

二、液压缸的装配与调试

1. 液压缸的装配

（1）装配前的准备工作：检查被装零件是否符合图样要求的尺寸精度及表面粗糙度（以及技术要求等）；对所有被装零件去除毛刺、清洗等。

（2）活塞与活塞杆组装：装配后两者的同轴度误差应小于 $\phi 0.04$mm；活塞杆的直线度误差应小于 0.1/1000。

（3）安装缸盖：装上缸盖后，应调整活塞与缸体内孔、缸盖导向孔的同轴度，然后均匀紧固螺钉，以使活塞在全行程内移动灵活、轻重一致。

（4）液压缸在机床上安装后，必须检测液压缸轴线对机床导轨的平行度，其值应小于 $\dfrac{0.05 \sim 0.10\text{mm}}{1000\text{mm}}$，同时还应保证轴线与负载作用轴线同轴，以免因存在侧向力而导致密封件、活塞和缸体内孔过早磨损而损坏。

（5）液压缸的密封圈不应调整得过紧，特别是 V 形密封圈，若过紧，活塞运动阻力会增大，密封圈工作面无油润滑会导致严重磨损。一般伸出的活塞杆上能见到油膜，但也不能泄漏，这样才是密封圈松紧合适了。安装 V、Y 型密封圈，特别注意密封圈唇口必须对着压力油方向，千万不能装反。

2. 液压缸的调试

一般待液压缸安装完毕后，应进行整个液压装置的试运行。在检查液压缸各个部位无泄漏、无异常之后，应排除液压缸内的空气。有排气阀的液压缸，先将排气阀打开，一般在0.5~1.0MPa 压力下让液压缸空载全程快速往复运动，使缸内包括管道内空气排尽后，再将排气阀关闭。

对于有可调式缓冲装置的液压缸，还需调整起到缓冲作用的节流阀，以便获得满意的缓冲效果。调整时，先将节流阀节流口调得很小，然后慢慢地调大，调整到合适后再锁紧。在试运行中，应检查进、回油口配管部位、密封部位及各连接处是否牢固可靠，以防事故发生。

三、液压缸的性能测试

（一）实验目的

（1）了解液压缸的启动压力特性。

（2）了解在液压系统中缸的压力与时间的一种相互关系；负载效率（液压缸加载）。

（二）实验内容及实验器材

（1）实验内容：液压缸的性能测试。

（2）实验器材：液压传动教学实验台、溢流阀（自动式）、电磁换向阀（M 型三位四通阀）、双作用液压缸、压力表、流量传感器。

（三）液压缸的性能测试原理

参考液压系统性能测试原理图（图 11-13）。

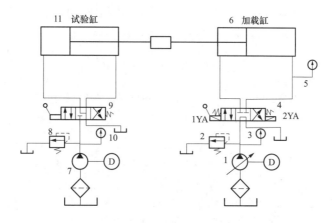

图 11-13　液压缸的性能测试原理图

1—加载泵；2、8—溢流阀；4—电磁换向阀；3、5、10—压力表及压力变送器；
6—加载液压缸；7—定量泵；9—手动换向阀；11—被试液压缸

（1）测量压力点的位置：进口测压点应设置被试阀的上游，距被试阀的距离为 5d（d 为管道通径）；出口测压点应设置在被试阀的 10d 处。

注意：测量仪表连接时要排除连接管道内的空气。

（2）测温点的位置：设置在油箱的一侧，直接浸泡在液压油中。

（3）液压油的清洁度等级：固体颗粒污染等级代号不得高于 19/16。

（四）实验步骤

（1）依照图 11-13 所示原理图选择所需的液压元件，同时检验性能是否完好。

（2）将检验好的液压元件安装在插件板的适当位置，通过快速接头和软管按回路的要求连接，确认安装和连接无误，参见图11-14。

图11-14　液压缸的性能测试回路连接图

（3）旋松溢流阀2与8完全（逆时针转），启动泵空载运行几分钟，排除系统内的空气。

（4）调节溢流阀8使系统压力 p 上升至所需的压力值（顺时针方向转），如将定量泵系统压力调至6MPa，并旋紧螺母将溢流阀锁住，如有数据采集系统，开始采集数据。

（5）调节溢流阀2，使变量泵（加载泵）的输出压力为1MPa，手动操作换向阀9，观察并测量液压缸的运动速度。

（6）逐渐旋紧溢流阀2，建议以0.5MPa逐渐加载，对应测出并记录不同负载时的运动速度。记录多组。

（7）停止数据采集。

（8）读取数据，生成泵的泵的压力-时间特性曲线，并绘制缸的速度-负载（或压力）曲线。

（9）实验完成后，旋松溢流阀2和8的手柄（逆时针方向），待回路中压力为零时将电机关闭，拆下元件，清理好元件并放入规定抽屉内。

（五）实验分析

根据所测数据，绘制曲线图（与所附曲线图相比较）。若有数据采集系统，则曲线由数据采集系统直接产生。其特性曲线参照图11-15所示。

使被试液压缸在一定压力下工作，调节加载缸的工作压力，使被试液压缸在不同负载下匀速运动，按公式 $\eta = \dfrac{W}{pA} \times 100\%$（其中 $W = P_z A_z$，即加载缸的压力与活塞面积之积）计算出在不同压力下的负载效率。

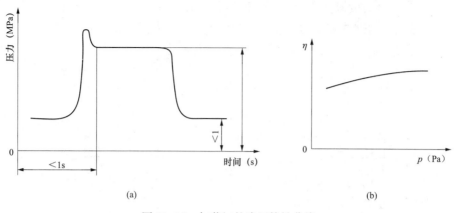

图 11-15　加载缸的液压特性曲线

（a）压力—时间波形图；（b）效率—压力曲线图

11.5　节流调速回路性能实验

（一）实验目的

（1）理解节流调速回路的组成和不同的结构方式及工作原理。

（2）通过对节流阀的 3 种调速回路方式的实验，得出它们的调速回路特性曲线，并分析它们的调速性能。

（3）通过对节流阀和调速阀进口节流调速回路的对比实验，分析比较它们的调速性能。

（二）实验条件

（1）液压实验台。

（2）液压元件：液压泵、溢流阀、三位四通电磁换向阀、节流阀、调速阀和液压缸等。

（三）实验原理

采用节流阀的节流调速回路包括进油节流调速、回油节流调速以及旁路节流调速，进油节流调速实验可参考图 11-16，回油节流调速、旁路节流调速可参考图 11-17 和图 11-18。

当节流阀的结构形式和液压缸的尺寸大小确定之后，液压缸活塞杆的工作速度，与节流阀的通流载面 A_T、溢流阀的调定压力 p_p 及负载 F_L 有关。液压缸的工作速度 v 与负载 F_L 之间的关系称为回路的速度—负载特性。当活塞以稳定速度 v 运动时，活塞的受力平衡方程式为：

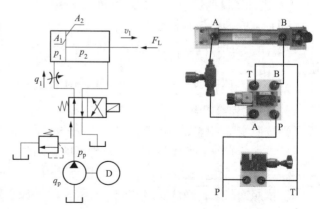

图 11-16　进油节流调速系统原理图

$$p_1 A_2 = p_2 A_2 + F_L$$

式中　p_2——液压缸回油腔压力，由于回油腔通油箱，$p_2 = 0$；

　　　　p_1——液压缸的进油腔压力，$p_1 = F_L/A_1 = p_L$，p_L 为克服负载所需的压力，称为负载压力。

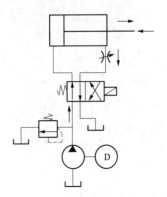　　　　　　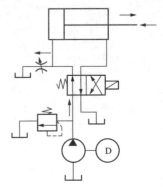

图 11-17　回油节流调速系统原理图　　　　　图 11-18　旁路节流调速系统原理图

因此液压缸的工作速度 v 为：

$$v = \frac{q_1}{A_1} = \frac{KA_T \left(p_p A_1 - F_L\right)^{1/2}}{A_1^{3/2}}$$

式中　　v——液压缸的工作速度；

　　　　K——取决于节流阀阀口和油液特性的液阻系数；

　　　A_T——节流阀通流面积；

　　　A_1——液压缸无杆腔的截面面积；

　　　F_L——负载力；

　　　p_p——溢流阀调定后的定值。

这个方程反映了液压缸的工作速度 v 与负载 F_L 的关系。按不同节流阀通流面积 A_T 作图，可得进油节流调速回路中的速度负载特性曲线。

（四）实验内容与实验步骤

（1）了解进油节流调速回路的组成及性能，绘制速度——负载特性曲线，并与其他节流调速行行比较。

（2）分析图 11-16 的回油节流调速和图 11-17 的旁路节流调速性能。

（3）实验步骤如下：

1）按照实验回路图的要求，选取所需的液压元件并检查性能是否完好。

2）将检验好的液压元件安装在插件板的适当位置，通过快速接头和软管按回路要求连接；然后把相应的电磁换向阀插头插到输出孔内。

3）依照回路图，确认安装和连接正确；放松溢流阀、启动泵、调节溢流阀的压力，调节单向节流阀开口大小。

4）电磁换向阀通电换向，通过对电磁换向阀的控制就可以实现活塞的伸出和缩回。

5）同时通过调节溢液阀的压力大小，也可控制回路中的整体压力，进而调节了活塞的运动速度。

6）在运行的过程中通过调节单向节流阀开口的大小，就可以控制活塞运动的快慢。

7）实验参数：

① 工作缸活塞杆的速度 v：用长刻度尺测量行程 l，直接用秒表测量时间 t，则 $v = l/t$（mm/s）

② 负载 F_L 采用液压缸加载方式，通过加载缸与工作缸同心对顶加载。调节加载缸工作腔的油压大小即可获得不同的负载值。

③ 对各种节流调速方式，当每次按不同数值调定节流阀开度 A_T，或溢流阀调定压力后，改变负载 F_L 的大小，同时测出相应的工作缸活塞杆的速度 v 及有关测点的压力值。以速度 v 为纵坐标，以负载 F_L 为横坐标，做出各种调速方式的一组速度—负载特性曲线。

8）实验完毕后，首先旋松回路中的溢液阀手柄，然后将泵关闭。确认回路中压力为零后方可将胶管和元件取下，清理元件放入规定的抽屉内。

11.6 顺序动作回路

（一）实验目的
（1）理解顺序动作回路的组成和不同的结构方式及工作原理。

（2）通过对压力控制、行程控制和时间控制三类顺序动作回路的实验，分析比较它们的特性。

（3）了解并掌握顺序回路的工作过程：液压缸运动顺序、液压缸运动速度、启动与停止。

（二）实验条件
（1）液压实验台。

（2）液压元件：液压泵、溢流阀、三位（或二位）四通电磁换向阀、顺序阀、压力继电器、接近开关、液压缸等。

（三）实验原理
在多缸工作的液压系统中，往往要求各执行元件严格地按照预先给定的顺序动作。例如，自动车床中刀架的纵横向运动，夹紧机构的定位和夹紧等。

顺序动作回路按其控制方式不同，分为压力控制、行程控制和时间控制三类，其中前两类用得较多。

（1）以压力控制的顺序动作回路。

压力控制就是利用油路本身的压力变化来控制液压缸的先后动作顺序，它主要利用压力继电器和顺序阀来控制顺序动作。用顺序阀控制的顺序动作回路如图 11-19 所示。

（2）以行程控制的顺序动作回路。

行程控制顺序动作回路是利用工作部件到达一定位置时，发出信号来控制液压缸的先后动作顺序，它可以利用行程开关、行程阀或顺序缸来实现。用行程开关控制的顺序动作回路如图 11-20 所示，用行程阀控制的顺序动作回路如图 11-21 所示。

（四）实验步骤
（1）按照实验回路图的要求，选取所需的液压元件并检查性能是否完好。

（2）将检验好的液压元件安装在插件板的适当位置，通过快速接头和软管按回路要求连接，然后把相应的电磁换向阀插头插到输出孔内。

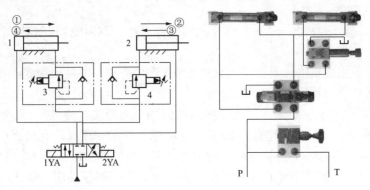

图 11-19　用顺序阀控制的顺序回路

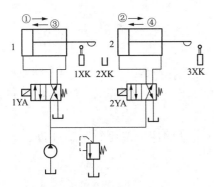

图 11-20　行程开关控制的顺序回路

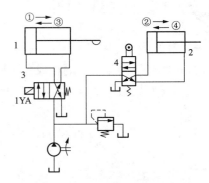

图 11-21　用行程阀控制的顺序回路

（3）依照回路图，确认安装和连接正确；放松溢流阀、启动泵，调节溢流阀的开口；使系统输出压力到 6MPa，再调节顺序阀的压力大小（约 2MPa）。

（4）使电磁换向阀通电换向，通过对电磁换向阀的控制就可以实现活塞的伸出和缩回。

（5）通过调节溢流阀的压力大小就能控制整过回路的整体压力大小，同时也控制了活塞的运动的速度。

（6）当电磁阀左位接入，液压油进入左缸 A 的左腔，活塞右行，当行至终点，右边的顺序阀在压力作用下打开，油液通过顺序阀进入右缸 B 从左向右运动，行至终点。实行①、②的顺序动作。这种回路顺序动作的可靠性在很大程度上取决于顺序阀的性能用其压力的调定值。

（7）实验完毕后，首先旋松回路中的溢流阀手柄，然后将泵关闭。确认回路中压力为零后方可将胶管和元件取下，清理元件放入规定的抽屉内。

11.7　差动连接回路

（一）实验目的
（1）通过选用和安装差动连接动作回路，了解差动动作回路的组成元件。
（2）理解差动连接动作回路的工作原理及特性。

（二）实验条件

（1）液压实验台。

（2）液压元件：液压泵、溢流阀、三位四通电磁换向阀、二位三通电、单向节流阀、液压缸等。

（3）电器元件：行程开关。

（三）实验原理

液压缸差动动作回路液压系统原理图如图 11-22 所示。其电磁铁的动作顺序表如表 11-1 所示。

（四）实验步骤

（1）按照图 11-22 液压差动连接回路取出所选用的液压元件，并检查型号是否正确。

（2）将液压元件安装在试验台面板上，并布置在合适位置，通过软管和快换接头按图 11-21 所示回路图将油路连接成差动回路。

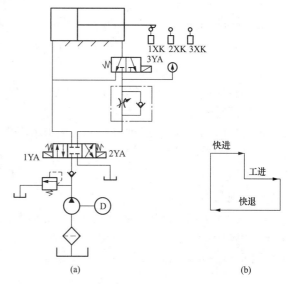

图 11-22　液压缸差动性能测试系统原理图
（a）原理图；（b）动作工艺过程图

（3）把所用电磁换向阀和行程开关进行编号（图 11-21 所示 1YA、2YA、3YA 和 1XK、2XK、3XK），并用相应的号码牌对应挂上，以免出错。

（4）把电磁铁 1ZT、2ZT、3ZT 插头线对应插入在侧面板"输出信号"插座内。

（5）根据差动回路表 11-1 所列法的动作顺序（工况表示 2XK、3XK、1XK），把行程开关插头线对应插入左侧面板"输入信号"插座内。

（6）根据表 11-1 所列动作顺序，用小插头对应插入矩阵板上插座内。

（7）旋松溢流阀，启动 YB—4 泵，调节溢流阀压力为 2MPa（20kgf/cm^2），调节单向节流阀至较小开口。

（8）把选择开关指向"顺序位置"，先按"复位"按钮后，再按"启动"按钮，则差动回路即可实现动作。

（9）实验完毕后，首先旋松回路中的溢流阀手柄，然后将泵关闭。确认回路中压力为零后方可将胶管和元件取下，清理元件放入规定的抽屉内。

表 11-1　　　　　　　　　　　液压缸差动连接系统的电磁铁动作顺序表

动作名称 ＼ 电磁铁	1YA	2YA	3YA
快进	+	-	-
工进	+	-	+
快退	-	+	+
停止	-	-	-

11.8 气动元件及气动系统的认识

（一）实验目的

（1）通过认识气动元件及气动工作回路，了解气动技术中元件的工作原理、作用及应用。

（2）通过认识气动工作回路了解气动技术的作用及实际应用情况。

（二）实验条件

（1）自动化生产线、气动机械手、加工中心换刀系统等。

（2）气压元件：空气压缩机、气动三联件、溢流阀、减压阀、换向阀、单向节流阀、气压缸、真空发生器、油雾器、油水分离器、过滤器、气动三联件等。

（三）实验原理

一个气压传动系统如图 11-23 所示，它包括气源部分、储存部分、气源净化部分、处理部分、控制部分、执行部分。气动三联件包括空气过滤器、调压阀、压力表，如图 11-24 所示。带压力表的调压阀如图 11-25 所示等。

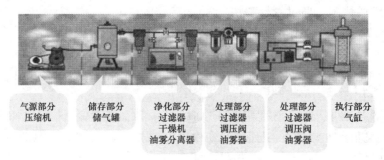

| 气源部分
压缩机 | 储存部分
储气罐 | 净化部分
过滤器
干燥机
油雾分离器 | 处理部分
过滤器
调压阀
油雾器 | 处理部分
过滤器
调压阀
油雾器 | 执行部分
气缸 |

图 11-23　气动系统的组成

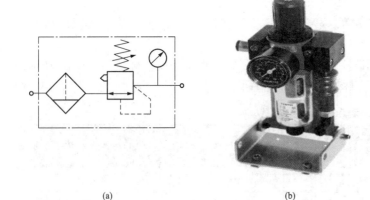

| (a) | (b) |

图 11-24　气动三联件

（a）图形符号；（b）实物

图 11-25　带压力表的调压阀

自动化生产教学系统由六套各自独立而又紧密相连的工作站组成，如图 11-26 所示。

它包括上料检测站、搬运站、加工站、安装站、安装搬运站和分类站。这些站的动作是通过 PLC 控制气动执行元件来实现的。该自动化生产教学系统上使用了大量的气动元件，包括多种电控气动阀、多种气动缸、气动夹爪、真空吸盘、真空发生器、过滤减速阀等。

图 11-26　自动化生产教学系统实物图

11.9　邮包分发机构的气动回路设计

（一）实验目的

（1）通过进行气动回路掌握气动元件在气动回路中的作用。

（2）掌握气动基本回路的作用及应用。

（3）能设计一个邮包分发机构的气动回路。

（二）实验内容

图 11-27 所示为邮包分发机构示意图。邮包分发机构将从带斜坡的传送带齐齐滑下，到达托盘后被送到 X 射线机进行检查。通过按钮开关使托盘迅速回到原位，然后松开按钮开关，使活塞杆作向前运动，将邮包向前（上）送至检查口。如此重复运动，试拟订一个气压传动回路。

（三）实验步骤

（1）根据机构的动作要求和气压传动的基本回路，试选择各气压传动元件。

（2）试画出该气压传动系统的回路图（参见图 11-28）。

（3）确定机构的动作步骤及气路的走向。

1）静止位置。气缸 8 未加压，活塞杆由于复位弹簧的作用而处于尾端位置，即托盘在传送带承接处。

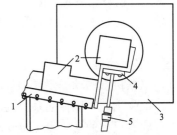

图 11-27　邮包分发机构示意图
1—传送带；2—邮包；3—X 射线机；
4—托盘；5—气缸（连活塞）

2）初始位置。单作用气缸的初始位置在前端，因为压缩空气通过静止位置常开的阀2施加于气缸活塞，即图示位置。

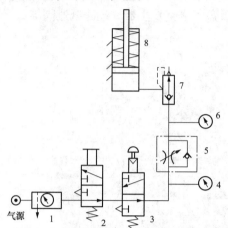

图 11-28　邮包分发机构气压传动系统原理图
1—气压三联件（由过滤器、减压阀、压力表、油雾器组成）；
2—二位三通阀；3—按钮式二位三通阀；4、6—压力表；
5—单向流量阀；7—快速排气阀；8—气缸（连活塞）

3）通过操纵按钮式二位三通阀3，气缸中的空气通过快速排气阀7而排出，活塞杆（连托盘）迅速回程。如果将按钮开关继续按着，活塞杆将停留在尾端位置，并可以等待下一个邮包滑送入托盘。

4）松开阀3的按钮开关，活塞杆向前运动将邮包送入X射线机上。

（四）注意事项

该回路虽简单，但要注意以下问题：

（1）如果控制阀3的按钮开关只是短暂地一按，活塞杆将会退缩某一距离后又会伸出。

（2）从气缸到快速排气阀7的连接管（塑料管）要越短越好，这样活塞回程快。

（3）调速阀5两端装上两个压力表，是借其可用压力表通过调节节流止回阀来设定向前运动的时间。

（4）气压传动系统安装后必须仔细检查，要用肥皂水或鸡毛之类检查接口处是否漏气。

11.10　传输分送装置用气动回路设计

（一）实验目的

（1）通过进行气动回路掌握气动元件在气动回路中的作用。

（2）掌握气动基本回路的作用及应用。

（3）能设计一个传输分送装置用的气动回路。

（二）实验内容

试设计传输分送装置用的气动回路。火花塞的圆柱栓被两个、两个地送到多刀具加工机上进行加工，其分送过程是采用两个双作用气缸，它们在一个控制器控制下进行一进一退的交替运动。

（三）实验步骤

（1）根据机构的动作要求和气压传动的基本回路，试选择各气压传动元件。

（2）试画出该气压传动系统的回路图（参见图11-31）。

（3）确定机构的动作步骤及气路的走向。

在初始位置时，上方气缸（1.0/1）位于尾端，下方气缸（1.0/2）位于前端，圆柱栓被气缸（1.0/2）的活塞杆挡住，见图11-29。起动信号使气缸（1.0/1）作前向运动，气缸（1.0/2）作反向运动，两个火花塞柱滚入加工机，在设定的时间 $t_1 = 1s$ 后，气缸（1.0/1）

回程，气缸（1.0/2）同时进程。

下一个工作循环将在时间间隔 $t_2 = 2s$ 后进行。

系统是通过装在阀门上的按钮开关来起动，并用一个定位开关阀门来选择单循环或是连续循环工作状态，在供气中断后，分送装置不得自行恢复工作循环。气动系统的位移步骤图如图 11-30 所示。

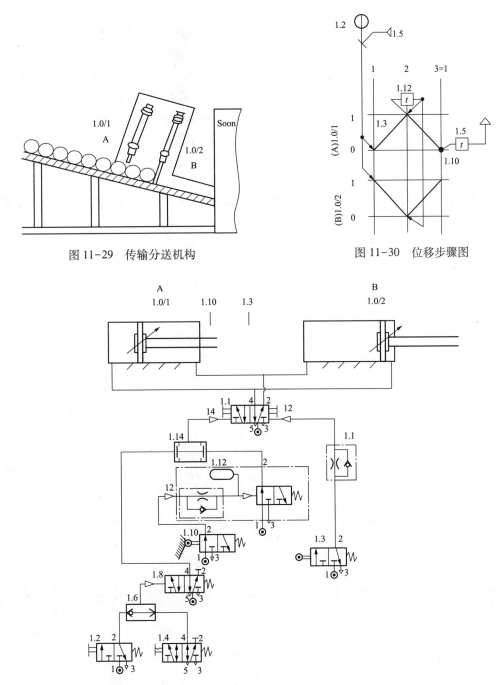

图 11-29 传输分送机构

图 11-30 位移步骤图

图 11-31 传输分送装置的气动系统原理图

根据要求和条件，该传输分送装置的气动系统原理图可以参见图 11-31。

该回路的动作步骤情况如下：

（1）自锁。阀门（1.2）、（1.4）、（1.6）和（1.8）组成了"中断优先"的自锁回路。如果带定位开关的阀门（1.4）开通，按下阀门（1.2）的按钮开关，阀门（1.8）将输出恒定的信号，当阀门（1.4）复位时自锁中断。该系统在供气中断后重新供气的情况下不会自行起动开始新的工作循环。

（2）初始位置。气缸（1.0/1）的初始位置在尾端，气缸（1.0/2）在前端位置，阀门（1.10）的滚轮杆被压下，因此通过延时阀（1.12）输出一个信号。

（3）步骤 1 至 2。按下起动按钮开关阀（1.2）、阀门（1.8）换向，这样与阀门（1.14）左、右两端都有信号输入，阀门（1.14）的输出信号使主控阀（1.1）换向，两个气缸同时作相反的运动达到终端，两个火花塞栓被送入加工机，这时由于滚轮杆行程阀（1.3）被压下，输出信号到延时阀（1.5），压缩空气经节流阀进入贮气室，延时时间 t 设定为 1s。

（4）步骤 2 至 3。当达到延时时间，延时阀（1.5）的二位三通阀动作，动作压力为 300kPa，主控阀（1.1）换向，两气缸又运动到各自的相反终端位置，重力使火花塞栓滚下。

滚轮杆行程阀（1.10）被压下，输出信号到延时阀（1.12），经 $t=2s$ 延时后，与门阀（1.14）右端收到压力信号，这时可以开始新的作循环。

（5）连续循环。如果带定位开关的阀门（1.4）开通，按下阀门（1.2）的按钮开关，系统将连续循环工作，如果将阀门（1.4）返回初始位置，系统将在一个工作循环结束后停止。

参 考 文 献

［1］周曲珠．图解液压与气动技术．北京：中国电力出版社，2010．

［2］吴卫荣．液压技术．北京：中国轻工业出版社，2006．

［3］张利平．现代液压技术应用 220 例．北京：化学工业出版社，2004．

［4］黄涛勋．液气压传动．北京：机械工业出版社，2007．

［5］路甬祥．液压气动技术手册．北京：机械工业出版社，2002．

［6］简引霞．航空液压与气动技术．北京：国防工业出版社，2008．

［7］范苓苓．液压工必读．北京：化学工业出版社，2007．

［8］吴卫荣．气动技术．北京：中国轻工业出版社，2008．

［9］张应龙．液压维修技术问答．北京：化学工业出版社，2007．

［10］毛好喜．液压与气动技术．北京：人民邮电出版社，2009．

［11］徐永生．气压传动．2 版．北京：机械工业出版社，2005．

［12］孟延军，陈敏．液压传动．北京：冶金工业出版社，2008．

［13］田源道．电液伺服阀技术．北京：航空工业出版社，2008．

［14］刘延俊．液压与气压传动．2 版．北京：机械工业出版社，2006．

［15］张利平．液压传动系统设计．北京：化学工业出版社，2005．

［16］张雅琴，姜佩东．液压与气动技术．北京：高等教育出版社，2009．

［17］张兴军，吴晓路．液压传动．北京：高等教育出版社，2012．

［18］黄涛勋．液气压传动．北京：机械工业出版社，2007．

［19］张应龙．液压识图．北京：化学工业出版社，2007．